# 发展心理学

李晓东 主 编
孟威佳 副主编

北京大学出版社
PEKING UNIVERSITY PRESS

**图书在版编目(CIP)数据**

发展心理学/李晓东主编．—北京：北京大学出版社，2013.2
(21世纪教师教育系列教材)
ISBN 978-7-301-22055-9

Ⅰ.①发… Ⅱ.①李… Ⅲ.①发展心理学 Ⅳ.①B844

中国版本图书馆CIP数据核字(2013)第022470号

书　　名　发展心理学
著作责任者　李晓东 主编　孟威佳 副主编
责任编辑　陈 静
标准书号　ISBN 978-7-301-22055-9
出版发行　北京大学出版社
地　　址　北京市海淀区成府路205号　100871
网　　址　http://www.pup.cn　新浪微博:@北京大学出版社
电子信箱　zyl@pup.pku.edu.cn
电　　话　邮购部 62752015　发行部 62750672　编辑部 62767346
印 刷 者　三河市博文印刷有限公司
经 销 者　新华书店
　　　　　730毫米×980毫米　16开本　15印张　250千字
　　　　　2013年2月第1版　2023年6月第6次印刷
定　　价　45.00元

---

# 主 编 简 介

李晓东，女，1965 年生。深圳大学师范学院心理系教授，博士生导师。香港中文大学心理学博士，北京师范大学博士后。中国心理学会教育心理学分会理事。广东省高校第四批“千百十”省级培养对象。深圳市首批教育科研专家工作室主持人。主要从事发展心理学、教育心理学、教师教育研究。

在《心理学报》、《心理科学》、《心理发展与教育》、《心理科学进展》、《教育研究》等国内权威期刊发表论文 60 余篇，主编《小学生心理学》和《教育心理学》，主持并完成多项全国教育科学规划重点课题及教育部人文社科项目。

# 编写说明

读大学时，我对发展心理学产生了浓厚兴趣，并决定报考发展心理学专业研究生，从此走上了发展心理学的研究与教学道路。时光飞逝，从教竟也有二十余年，如果有人问我:“假如只允许你教一门课，在众多的心理学科目中，你会选择哪一个?”我会毫不犹豫地回答:“发展心理学。”从教时间越长，我越感受到发展心理学的魅力所在。

我理解的发展心理学是一门兼具基础性和应用性的学科，通过基础理论和研究方法的学习，可以让学生受到良好的学术训练并打下扎实的知识基础；同时在学习的过程中，学生们也将了解人的一生发展脉络，知晓自己的过去(儿童和青少年)、现在(青年)和将来(中老年)，增进自我认识，更好地规划人生；利用所学知识，服务不同年龄的人群。本书的编写也努力体现上述目标。

本书的写作以年龄为主线，每个年龄的心理发展都包括生理发展、认知发展和人格与社会性发展三个部分。在编写时，我们着重突出以下特点。第一，特别注意把年龄特征写出来，让学生或读者能清楚地了解每个年龄阶段个体发展的特点，以及不同年龄阶段的心理发展的差异。例如，讲思维发展时，婴儿期我们主要介绍婴儿对简单物理知识、数概念和因果关系的理解；学前期主要介绍概念与推理能力的发展；学龄期主要介绍科学思维、逻辑推理和学业技能的发展；青少年期主要介绍其思维的突出特点如理想性和批判性等；成年期主要介绍后形式运算思维的特点。第二，将最新的研究成果介绍给读者。国外近年来发展心理学研究有几个特点，一是婴儿心理研究成果非常丰富，在研究方法上极具创新性，得出了非常重要的结论；而我国关于低龄儿童心理发展的基础数据则可以用匮乏来形容，希望通过这些研究的介绍可以促进我国相关研究的开展。二是结合其他心理学分支的研究探讨心理发展，如发展心理学家对工作记忆、错误记忆、自传体记忆和前瞻记忆这些认知心理学的研究主题也有所涉猎，以揭示其发生发展的年龄特征。第三，努力介绍我国发展心理学家的研究成果。以往学习发展心理学时，学生们普遍的感觉是在学习西方发展心理学，都是西方的儿童或个体发展的结论。虽然发展具有一定的普遍性，但文化的差异也不能忽视。基于此，在本书中结合相关主题，尽量把中国学者的研究也加以介绍，让读者可以更好地理解中国人的发展，以及我国发展心理学的进展。第四，从读者的角度写作，提高可读性和可用性。尽量提供实验的基本流程或数据，以方便读者理解。

本书由李晓东负责设计、统稿和审定工作，孟威佳协助部分章节的设计与审定工作。具体执笔人分工如下：第一、二、四、五章，李晓东；第三章，高秋凤；第六章，袁冬华，李晓东；第七章，李晓东，高秋凤；第八章，庞爱莲，李晓东。

本书在编写过程中，参考了大量国内外同行的研究报告，在此向这些研究者表示衷心的感谢。同时感谢北京大学出版社陈静编辑为本书的出版所付出的辛勤劳动。

李晓东

2012 年 11 月 26 日

# 目　　录

# 第一章　发展心理学的研究内容与方法

发展心理学是心理学的一个分支，是研究有机体（人或动物）在生命历程中所发生的身体、认知和社会性变化的学科。本书所指的发展心理学是个体发展心理学，即研究人类个体在整个生命过程中，其心理发生、发展的特点与规律的学科。

## 第一节　发展心理学的研究内容

发展心理学关注的是人的发展，发展究竟意味着什么，它与成熟和学习存在怎样的关系。从科学研究的角度，发展心理学家最为关心的是哪些基本问题呢？对这些问题的不同回答代表了不同的发展观，而对这些问题的不断探讨则推动了发展心理学的进步。

### 一、什么是发展

谈到发展，人们往往想到的是更高、更快、更强。发展心理学中的发展不仅包含了上述积极的一面，而且也包含了高峰过后的衰退与丧失。因此，发展更应该被视为一种变化，是个体从受孕到死亡之间所发生的系统变化。这种系统变化意味着有序、有一定模式并且是持久的改变，那些短暂的情绪、思想和行为的变化不能算在发展之列。同时发展心理学也关注发展中的连续性，即在心理的哪些方面个体是保持不变的（Shaffer，2004）。发展心理学的任务就是描述个体心理随着年龄的增长而产生的变化及其原因。

德国心理学家 Baltes 等人认为终生发展有六大关键特征：① 发展是终其一生的，是个体在适应情境的能力方面终生变化的过程。每个阶段都受前一阶段影响，也会对后一阶段产生作用。每个阶段都有自己独特的特征与价值，不能说某个阶段比另一阶段更为重要。② 发展包括获得与丧失。发展是多维度、多方向的。个体获得某个方面能力的同时，在另一领域可能面临的是丧失。③ 生物和文化影响的相对重要性在一生中会发生转变。生物的影响随着年龄的增长会减弱，但环境的影响会增强，从而起到代偿作用。④ 发展也包含对资源分配的变化。资源的三个主要功能是帮助生长、维持现状或恢复。在童年和成年早期，资源主要用来帮助生长；在老年时则用来调节丧失；在中年时则用在三种功能之间的平衡方面。⑤ 发展是可修复的。很多能力如记忆、力量与耐力通过训练和练习都可以得到显著改善。⑥ 发展受历史与文化环境的影响（转引自 Papalia，Olds，Feldman，2005）。

成熟（maturation）与学习是发展的重要过程。成熟是指个体按照基因里所包含的程序表现出来的生理上的变化。这些程序遵循一个内在的时间表，它规定了个体在何时会走路、会说话。从出生到死亡，变化的序列对所有人来说都是相同的。由成熟所带来的变化有三个属性（Bee，1999）。第一，普遍性，即不受个体文化背景的影响，如每个民族的儿童基本都是在 1 岁左右会说话，在 3 岁左右基本掌握母语；第二，顺序性，即技能和特征的展开模式是相同的，如婴儿动作的发展遵循同样的规律；第三，不受练习或训练的影响，如青春期的到来。当然成熟所产生的变化也不是绝对不受环境影响，就像一粒种子需要有充分的营养与水分才能生长一样，个体成熟也必须有适宜的环境支持。成熟与生长（growth）在概念上是有区别的，生长是对变化的一种描述，成熟则是对变化的解释。生长是数量的逐步变化，可能是成熟带来的，也可能与成熟无关，如孩子长高了，可能是他的营养条件显著改善，也可能仅仅是因为他长大了，前者与成熟无关，后者则是成熟造成的。

学习是由经验给个体的思想、情感和行为带来的变化。虽然有较好的身体素质，但要成为一个高水平的运动员必须接受系统的训练；只有受到良好的教育，个体才会在智力、品德、人格和社会性发展等方面得到长足的发展。成熟与学习在发展中的作用并不矛盾，在大多数情况下，发展是两者共同作用的产物。当儿童的心智尚未准备好时，接受教育，可能会拔苗助长，适得其反；而儿童的心智已经达到了接受教育的程度时，如果没有机会学习，则有可能错过发展的敏感期，造成一生的遗憾。

Aslin（1981，转引自 Bee，1999）提出了成熟与经验之间可能存在的五种关系模型，见图 1-1。图中虚线代表的是某些技能或行为在没有某种特定经验时的发展路径，实线代表的是加入了经验后的发展路径。（a）模式代表的是完全的成熟效应，没有环境作用。（b）模式代表的是对于某种已经发展成熟的技能或行为要保持其水平，必须有适当的环境输入，例如先天就有的某些机能存在用进废退的现象。（c）模式代表的是环境的促进作用，指某种技能或行为因为经验的作用会比正常情况下发展得早一些。(d) 模式表示一种特定经验带来的永久性获得或持久的较高水平的表现,如同样生长在贫穷家庭里的孩子,在婴儿期及童年早期就接受特殊的丰富课程计划的孩子比没有接受这种教育的孩子在童年期的智商要高。(e) 模式则是一种纯粹的环境效应,指一种特定的行为如果没有特定的经验是无从发展的,如第二语言的获得。

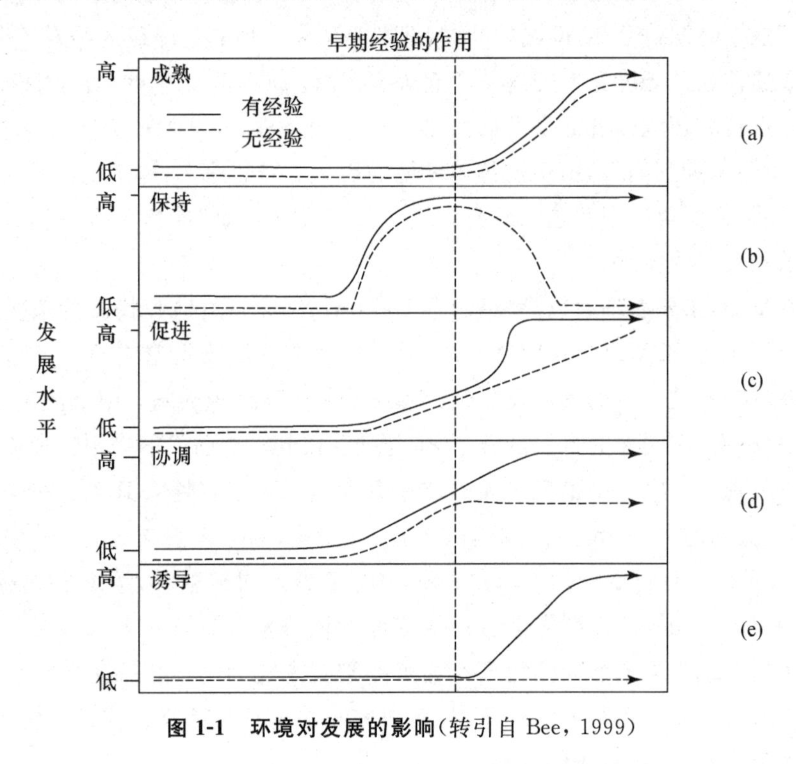


**图 1-1 环境对发展的影响**(转引自 Bee, 1999)

## 二、发展心理学研究的基本问题

心理学家在研究个体心理发展时,通常要回答四个方面的问题:第一,天性与教养(即遗传与环境)的问题,意在回答儿童心理发展的影响因素;第二,发展的普遍性和个别差异问题;第三,发展的连续性和可变性;第四,发展是量的增加还是质的改变。其中后面三个问题涉及对发展的本质的看法。

### (一) 天性与教养

儿童心理发展受遗传的影响有多大?受生长的环境影响有多大?两者是怎样相互作用的?儿童心理发展是由出生时就已建立好了的模式决定的?还是受出生后的经验影响的?这些基本理念很重要,它影响到我们如何对待儿童。如有些儿童有一些不良行为习惯，可能他们的父母亲也恰巧有同样的行为习惯，如果教师据此就将儿童的行为习惯归因为遗传，就会放弃对他们的帮助教育。如果政府或其他组织认为一个人的成长发展与其生存与教育环境有很大关系，就会从改善环境入手，为儿童的健康成长提供更好的教育。

从科学心理学创建以来的心理学史来看，关于遗传和环境问题的争论大体经历了三个时期：① 20 世纪初叶，问题的提法是一种非此即彼的绝对二分法，强调是遗传还是环境在人的发展中起决定作用；② 20 世纪中叶，心理学家开始注意到遗传和环境两者都是发展的必不可少的条件，并开始研究各自的作用；③ 20 世纪末期到当下，由于遗传与环境的科学研究的深入，越来越显示两者的复杂关系，因而对这个问题的研究就进入到探究两者是“如何起作用的”，分析两者的相互制约关系。

在早期，主要表现为以高尔顿(F. Galton，1822—1911)为代表的遗传决定论和以华生(J. B. Watson，1878—1958)为代表的环境决定论之争。遗传决定论的基本观点是个体的发展及其个性品质早在生殖细胞的基因中就决定了，发展只是这些内在因素的自然展开，环境与教育仅起一个引发的作用。他通过家谱调查发现名人家族中出现名人的比率大大地超过了普通人家族。在他的调查中，从英国的名人(政治家、法官、军官、文学家、科学家和艺术家等)中选出 977 人，调查他们的亲属(有血缘关系)中有多少人同样著名，结果发现有 332 人。而对人数相等的对照组即普通人家族的调查发现只有一个人出名。高尔顿认为这两组人群出名人的比率有显著差别就是能力受遗传决定的证明。但是高尔顿的研究存在很大的缺陷，如对研究对象的环境因素没作认真分析，两组人的家庭背景、物质条件等都相差太大。

环境决定论的主要观点是儿童心理的发展完全是外界影响的被动结果。华生曾经用一段著名的论断来表明他极端的环境决定论思想：“给我一打健全的婴儿，并让他们在我自己的特殊天地里成长，我保证他们当中任何一个都能训练成我所选择的任何一类专家——医生、律师、艺术家或巨商，甚至是乞丐和小偷，无论他的天资、爱好、脾气以及他祖先的才能、职业和种族怎样。”(Watson，1925；转引自李丹，1987)他用条件反射的方法，证明儿童对许多事件产生的怕、怒、爱等情绪多数都是习得的。

现在，很少有人持极端的观点，大家都赞同遗传与环境相互作用论。我国心理学家朱智贤教授认为遗传素质是心理发展的生物前提，是心理正常发展的物质基础。儿童心理发展主要是由儿童生长的环境条件和教育条件决定的，其中教育起着主导作用。遗传规定了心理发展的可能性,而环境和教育则提供了心理发展的现实性。不同的社会环境和教育条件决定着心理发展的方向、水平、速度和内容。

**阅读栏 1-1　格塞尔的成熟论及双生子实验**

美国心理学家格赛尔(A. Gesell)选择了一对身高体重健康状况均相同的双胞胎 T 和 C 参加爬梯实验。T 从出生后的第 48 周开始学习爬楼梯,每天训练 10 分钟,连续 6 周,到 52 周时终于学会独立爬楼梯。C 从出生后的第 52 周开始学习爬楼梯,仅仅学习了 2 周,到 54 周时就能独立爬楼梯了。据此他认为在儿童达到成熟之前进行训练虽能稍微提早某些机能的出现时间,但未经特殊训练的儿童在达到可执行某种任务的年龄时,只要稍加训练即可赶上。因此在养育儿童时应遵循其内部的生物时间表,不要主观地认为儿童应该做什么,而应考虑他们能做什么。

**阅读栏 1-2　行为遗传学对遗传作用的研究**

行为遗传学主要采取两种技术来探讨遗传的作用,一是比较双生子之间的关联程度,二是比较领养的子女与亲生父母及养父母的关联程度。

双生子技术的逻辑是双生子拥有相同的生长环境,但基因的相似度不同,如果同卵双生子在心理功能上(比如智力)的相关高于异卵双生子,说明遗传在起作用。

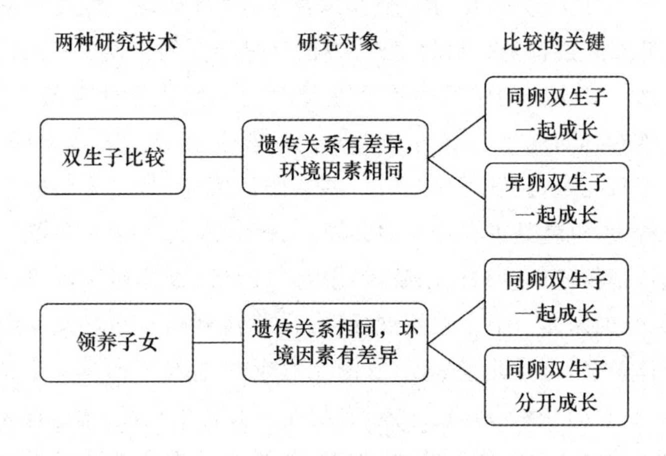


领养子女技术是比较共同抚养或分开抚养的同卵双生子。其逻辑是双生子基因相似度一样,但生长环境不同,如果共同抚养的同卵双生子相关系数高于分开抚养的同卵双生子,说明环境因素也很重要。

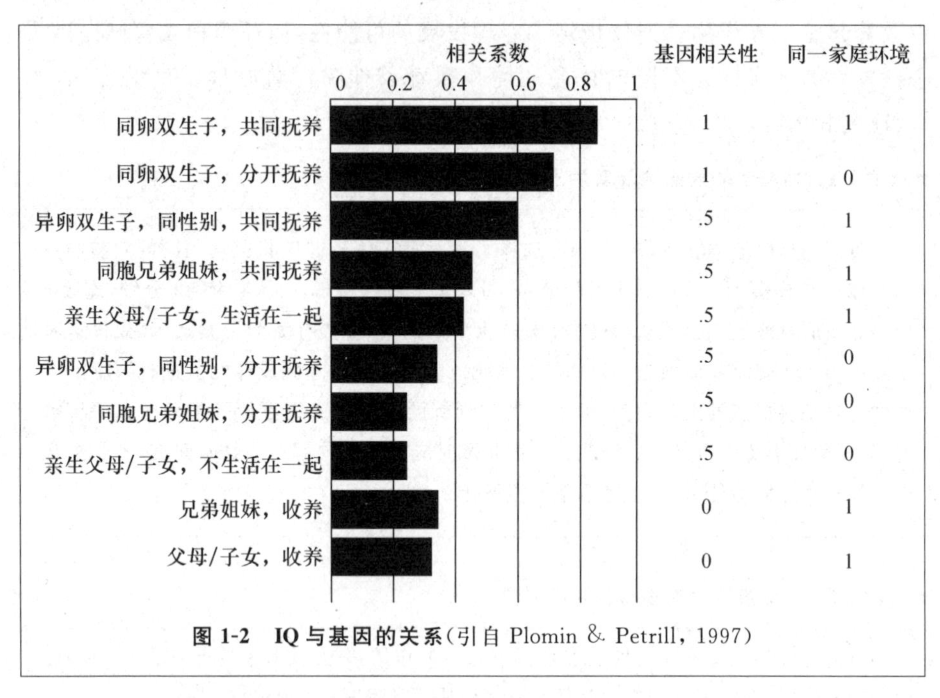

**图 1-2 IQ 与基因的关系**(引自 Plomin & Petrill, 1997)

### (二) 发展的普遍性和个别差异

是否对所有儿童,不管他们的文化、性别或环境如何,其发展模式都是一致的? 是否在每一种文化里,在每一个儿童身上,发展都是一样的? 发展的哪些方面对所有儿童来说都是一致的,哪些方面又是不同的? 发展的独特性以什么方式表现出来? 对这些问题的回答就涉及对发展的普遍性和差异性的看法。儿童的发展既有共同规律,又有个别差异。一般说来,无论是哪个国家、哪种文化背景下的正常儿童,其发展总是有一些共同的规律,从出生到成熟都要经历一些共同的阶段,也就是说存在一些共同的、普遍的、规律性的特征。如儿童智力的发展大体都要经历感知运动阶段、前运算阶段、具体运算阶段和形式运算阶段,这是共性的东西。但是在发展速度、最终达到的水平以及发展的优势方面却存在个体差异,有些儿童早慧,有的儿童晚熟,同样年龄的儿童其思维发展水平未必相同;有的儿童有运动才能,有的儿童有音乐天赋,同样有天赋的儿童最终取得的成就也不尽相同。总之,教育、教学必须根据儿童发展中的普遍规律进行,同时要针对儿童的个别差异,因材施教。

### (三) 连续性和可变性

儿童哪些方面的特征随着年龄的增长仍保持一致,哪些方面随着年龄增长而不断发生变化? 对于儿童来说,有些人格、身体方面的特征随着年龄的增长,仍保持着相当的一致性，如有的孩子从小就爱说爱笑，长大了仍然活泼外向，是各种活动的积极参与者；有的儿童小时候很文静，长大了仍沉默寡言，愿意生活在自己的世界里。某些方面又发生着明显变化，会走会跑，会读会写等。发展心理学就是要研究儿童的心理在什么方面、以什么方式发展变化的，在什么方面是颇为一致和稳定的，并据此制定教育对策。

### （四）发展变化的本质

儿童心理的发展是指从不成熟到成熟的过程，主要表现为心理活动从未分化向分化、专门化发展；从不随意性、被动性向随意性、主动性发展；从认识客体的直接的外部特征向认识事物的内部本质发展；对周围事物的态度从不稳定向稳定发展。儿童心理的发展既是量的增加，又是质的改变，是一个不断从量变到质变的过程，表现为连续性与阶段性的统一，量变和质变的形式如图 1-3 所示。

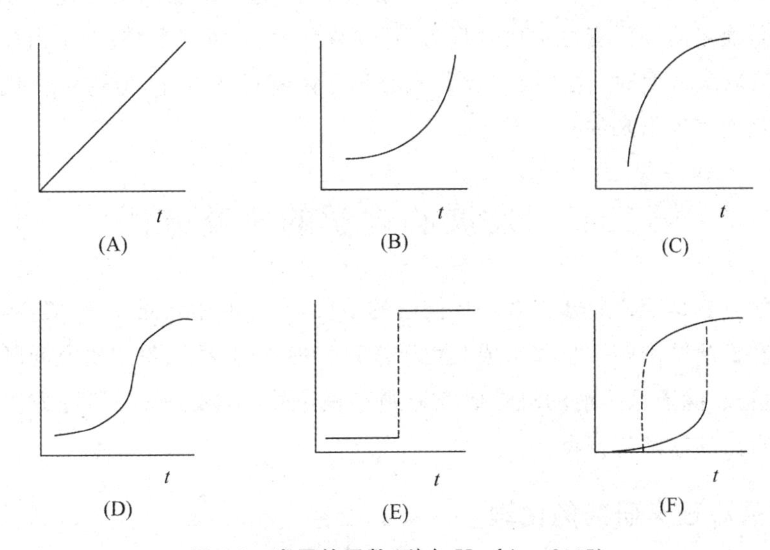


**图 1-3　发展的函数**（引自 Hopkins，2005）

发展是时间的函数，分为连续的变化和不连续的变化。量变及连续的变化可以是线性的变化，如(A)和(B)；也可以表现为由连续的变化发展到一个稳定的状态，如(C)和(D)；不连续的变化如(E)和(F)。

儿童心理发展中，每个年龄阶段所表现出的本质特征，称为儿童心理发展的年龄特征。儿童心理年龄特征是指在一定的社会和教育条件下，儿童在每个不同的年龄阶段中表现出来的一般的、本质的、典型的心理特征。

首先，儿童的心理年龄特征受社会和教育条件的影响和制约，因此不存在一成不变的年龄特征。儿童心理的年龄特征总是会打上特定历史和文化、教育的烙印,但社会教育又有稳定继承的一面,是有规律地作用于儿童的。儿童对社会知识、经验的掌握顺序是服从于人类知识、经验本身积累的顺序的。

其次,儿童心理发展是连续性与阶段性的统一,每个阶段既含有上一阶段的特征,又有下一阶段的萌芽,但是每个阶段总是有占主导地位的本质特征,这些特征是从个别的儿童心理发展事实中概括出来的。如经过大量研究表明小学儿童的思维特点是以具体形象思维为主,但在小学高年级阶段已出现抽象逻辑思维的萌芽。

最后,儿童心理年龄特征是相对稳定的,但不是绝对不变的。稳定性表现在:① 在一定的社会条件下,一定年龄阶段的大多数儿童总是处于一定的发展水平上,表现出基本相似的心理特点。② 许多年龄特征(特别是认知能力方面的年龄特征)的变化,有一定的范围和幅度。③ 每一阶段的变化过程和速度大体都是稳定的。可变性主要表现为不同的社会生活条件下,特别是当社会教育条件有较大改变时,往往会引起儿童心理年龄特征的变化,但这种变化往往不是立刻就表现出来的。

## 第二节　发展心理学的研究方法

科学方法是获得新知识及解决问题的手段,主要由建立假设、收集资料、分析资料和推演结论四个步骤组成。由于学科特性不同,要回答的研究问题也有自己的特点,除遵循一般的科学研究原则和程序外,不同学科在研究方法上往往还有自己的原则与特点。

### 一、发展心理学研究的伦理

尊重客观事实、实事求是,是每个研究者都应遵守的基本原则和职业伦理,也是确保研究结果真实可信的前提。在研究人的心理发生、发展的过程中,对收集来的每个数据、每份资料都必须如实记录、客观分析,研究者绝不能为了得到自己想要的结果对数据随意取舍,更不允许更改数据。按照客观性原则所做的研究,应能加以重复验证,即他人可按照同样的方法、程序和步骤进行重复性研究,并得到相同的结果。

心理学研究人员在制定研究计划时还应该思考重要的伦理问题。例如,这样做,对研究对象是否会产生不利影响?有时这些不利影响是显而易见的,因而比较容易避免，如研究者想证明母亲怀孕时吸烟可能会对婴儿产生不利影响，就不能将孕妇随机分成两组，一组吸烟，一组不吸烟，然后观察比较她们的婴儿日后成长发展是否存在显著的不同。但有时危害是潜在的、内隐的，如心理方面的伤害，当你为考察儿童在失败时的表现而告诉参加实验的儿童，他的成绩不佳时，儿童的自尊可能受到威胁。

主要以儿童为研究对象的发展心理学家对于研究中的伦理问题要更加重视，因为儿童相对于成人更加脆弱，他们在认知和社会能力方面均未成熟、缺少生活经验，在理解研究目的、过程和结果方面明显存在困难。为了帮助研究者在研究开始之前合理地做出决定，美国心理学会及儿童发展研究学会给出了一些基本指引，主要包括免受伤害、知情同意、保护隐私及在研究中欺骗的使用和事后安慰(Shaughnessy，2004)。

**(一) 免受伤害**

任何研究都不得对研究对象的身体和心理造成伤害。研究者在从事研究之前应该问自己这样一个问题，即："我是否愿意别人这样对待我?"已所不欲，勿施于人。更为规范的作法是对风险/利益进行评估(the risk/benefit assessment)，如果利益大于风险则研究计划可以执行，如果风险大于利益则必须放弃研究。利益主要指该项研究对社会和个人会带来哪些贡献，风险包括可能产生的身体伤害、社会伤害或心理伤害(如情绪困扰)等。每项研究都可能存在一定的风险，但应力争使风险降低至最低限度，即个体参加研究所面临的风险不应高于他们在日常生活中或在常规的身体或心理测验中面临的风险。

发展心理学研究对象的主体是儿童和青少年，对于不同年龄的研究对象来说，其面临的风险是不一样的，有些风险随着年龄的增长而下降，有些风险则随着年龄的增长而上升(Thompson，1990)。例如，对于年幼儿童来说，由于缺少应对技巧，在面对陌生的实验人员以及实验情境时会产生很大的情绪困扰，而年长的儿童则可以很好的应对这种局面。但另一方面，正是由于认知和社会能力的不足，那些可能会对年长儿童和青少年造成心理压力的能力评价、社会比较信息等却很少对年幼儿童产生影响。

风险/利益评估除了研究者本人需要认真考虑之外，为更好地保障研究对象的权益，还应请同行参与评估。当学生从事研究时，则需要导师认真帮助把关。

**(二) 知情同意**

研究对象应自愿参加研究并具有随时终止和退出研究的权利。知情同意

(informed consent)是指一个人在对研究的性质、不参与研究的后果以及所有可能影响其参加意愿的因素都有了清晰了解的基础上而做出的愿意参加某研究的明确表达(Shaughnessy, et al.,2004)。对未成年人来说,要参加实验应取得其家长或其他监护人的同意,但目前的趋势是尽量取得儿童本人的同意,例如美国规定对于7岁以上的儿童,应争求本人意见决定是否参加研究,对于小于7岁的儿童或者智障儿童,要参加研究则需要获得其家长或其他监护人的同意。但这也存在一定的问题,即儿童是否真正能表达参加研究的意愿,特别是对于年龄较小、有沟通或学习障碍的儿童来说,存在一定困难。这就要求研究者一方面要尽量用儿童能够理解的语言向其解释研究的目的、他们在研究中扮演的角色、不参加实验也不会对其有不好的结果等问题,同时也要密切注意儿童是否有退出的想法,包括言语或非言语方面的线索,如紧张、害怕等。

当然有时是不需要获得知情同意的,比如在公开场所观察个体的行为。

### (三) 保护隐私

隐私(Privacy)是指个体有权决定有关他们自己的信息以何种方式向他人交流。研究者应遵循保密的原则(confidentiality),对受试者的信息进行妥善保管和利用。如何判断一个行为是否属于个体的隐私呢? Dierner 和 Crandall (1978)提出三个标准:第一是信息的敏感性,有些信息比其他信息更为敏感,如关于个体的性行为、宗教信仰或犯罪活动的信息肯定比了解他预测哪支球队会赢,更为敏感。在前一种情况下个体更关心研究者如何使用这些信息。第二是行为发生的情境,在公众场所的行为如出席音乐会等一般被认为不属于隐私。第三是收集信息的方法以及运用信息的方式。如果以群体平均数或者比例处理数据,或者以代码的方式记录个体的信息时,可以有效地保护个体的隐私(Shaughnessy, et al., 2004)。

但是保护隐私和免受伤害有时可能是矛盾的,比如在访问中发现青少年有自杀倾向或者未婚先孕等,如果出于保护隐私的原则,不采取任何措施,则青少年可能受到更大的伤害,青少年也会因没从成人那里得到适当帮助而感到无助。

### (四) 欺骗的使用和事后安慰

研究者有时为了研究的目的而运用了欺骗受试者的技术,例如,沙赫特(S. Schater)在研究认知因素对情绪的影响时并没有告知受试者真实的研究目的。这其实是违背了受试者的知情权利,但有时如果不采用欺骗的技术,研究者可能就无法了解受试者的真实表现。例如,在阿希(S. Asch,1907—1996)的从众实验中，如果真正的受试者知道其他参与实验的人都是实验者的助手，他们可能就不会受其他人的判断的影响。

研究者在采用欺骗技术时应先想一想是否有其他可替代的方法，在明知研究会给受试者带来身体上的疼痛或者严重的情绪困扰时不应欺骗对方，也不可以为了让受试者参与研究而欺骗他们。当采用了欺骗技术后，研究者有责任及时向受试者解释研究的真正目的、为什么要欺骗他们并对他们进行安慰，以解除可能给受试者带来的不适。

## 二、发展心理学研究的主要类型

发展心理学家在做研究时，要做三个决定：采用何种研究设计，运用何种研究方法及如何对研究进行分析。测量发展变化的发展心理学研究设计主要有横断研究、纵向研究和系列交叉设计。

### （一）横断研究

横断研究是指在特定时间内同时观测不同的个体来探索其发展状况的研究设计形式。例如要比较不同年龄儿童的利他行为，可以同时让 6 岁、8 岁和 10 岁的儿童面对一个年龄较小且可怜的孩子，观察他们是否会把自己有限的资源（如糖果、文具等）与对方分享，借以确认这种分享行为是否会随着年龄增长而增多。

横断研究设计的最大优点是在短时间内能够收集到不同年龄的研究对象的资料。如上面的研究，研究者不必等到儿童从 6 岁长到 10 岁才确定儿童是不是随着年龄增长而越慷慨，他只要同时抽取不同年龄的儿童进行观察就可以得出结论。而且横断研究设计可以同时研究较大样本，成本低，费用少，省时省力。

但是横断研究也存在明显的缺点。第一，由于横断研究的被试来自于不同的族群（cohort），可能会将时代变迁的结果与年龄变化的结果混同起来，而无法确定真正的原因。所谓族群是指同一年龄层且经历过相似文化环境及历史事件的人。不同族群的人参与同一横断设计的研究，所发现的与年龄有关的效应，可能不是年龄或发展的关系，而是由存在于这些被试当中的其他差异造成的。例如长期以来，许多横断研究都指出青年人在智力测验上的分数比中年人高，而中年人又比老年人高。但这并不能说明一个人的智力随着的年龄的增加而下降。这些研究中，老年人所受的学校教育较少，因此他们的智力测验分数较低，但他们的智力并没有下降。另外如价值观的问题，老年人与青年人的差异也不能简单归为年龄的原因，因为两代人所处的生活环境已经发生了重大的改变。一般来说,如果要比较的两组人年龄差距超过10岁就易产生族群效应。第二,在某一具体历史时间所做的研究结果不能简单地推论到其他时期,尤其是受社会文化影响较大的心理现象。第三,横断研究不能解答起因、顺序和一致性问题。如横断研究只能告诉我们不同年龄儿童的偏差行为的差异,但是不能回答这种差异产生的原因及影响因素,不能回答儿童的偏差行为将来会不会发展成违法犯罪行为,也不能回答儿童在六七岁时有这种行为,他长大了会不会还是表现出这种行为。

### (二)纵向研究

纵向研究指对同样的个体在不同的时间进行追踪研究的一种设计形式,要求对同一儿童进行间隔而重复的观察与测量。研究期限短则两三年,长达十几年。它的优点在于经由重复地测试相同的研究对象,可获取样本中每个人各种特性或发展模式的稳定性资料。可以回答发展顺序及一致性或不一致的问题。缺点是费时、昂贵、样本小、容易流失。儿童可能会搬家、生病、因不断被重复测试而感到厌烦或父母因为某些原因不许子女继续参与研究,这样样本不但减少而且可能不再具有代表性,令研究结果难于推论。同样由于时代、社会和环境的变化,也存在着在某一时间内做的研究不能随意推论到其他时期的问题,例如,现在人们常以70后、80后和90后分别代表出生于20世纪70、80和90年代的人,并认为他们的价值观念等存在很大的不同。纵向研究还存在其他的不足,如测量的等价性问题,对于3个月、12个月和4岁的孩子来讲,哭叫未必具有相同的功能。此外由于研究者反复与受试者接触,有些研究可能会产生霍桑效应(行为向积极方向变化),也有研究可能会产生摧毁效应("screw you" effects,损害个体的表现),就看研究者的兴趣是什么(Lewis,2005)。

发展心理学研究最为关心的就是变化,无论横断研究还是纵向研究设计都只能回答诸如"儿童在多大的时候可以理解某种概念""X是在Y之前、之后或者同时发展的吗"等问题,而对于"儿童是通过哪些过程学会某种知识的""策略A能否迁移到策略B"等问题却无能为力。因为这类研究研究设计时间跨度较大,无法提供有关学习过程的详细信息(Siegler,2006)。为了解决上述问题,近年来微观发生法(microgenetic method)越来越受到重视。微观发生法具有三个主要特点:第一是观察的广度从变化开始一直持续到其达到一个相对稳定的整个时间段。通过这种观察可以获得个体发生转折时期的详细信息,也可以保证个体发生的突然进步、退步或者平衡阶段的信息都不被忽略,个体之间的变异及个体内部的变异均可兼顾。第二是观察的密度相对于纵向研究设计来说要大得多。具体可根据任务本身来决定。第三是对被观察的行为要进行反复分析（trial-by-trial analysis），可以对变化的过程进行量化和质化的分析。

**阅读栏 1-3　微观发生法研究举例**

Steiner (2006)采用微观发生法，研究了资优（gifted）儿童和普通儿童在玩一款名为“太空竞赛”的电脑游戏时的策略发展状况。被试为小学二年级学生。对儿童完成情况进行录像，根据录像将儿童完成游戏时使用的策略分为四个水平：水平 1——儿童没有显示出在使用策略解决问题；水平 2——儿童利用已有的先前经验解决问题，如先前发现一只船速度很快，就会选择与之相似的船只；水平 3——儿童根据船的一个或两个特征形成假设并进行检验，但不与其他船只进行比较。如选择红色的船看看红色是否影响速度，但不会对红色的船与其他船进行比较；水平 4——儿童会固定两只船的一或两个特征不变，来考察这些特征的作用，如儿童在检验船只的颜色的作用时，会选择颜色不同但形状相同、机翼相同的飞船进行比较。图 1-4 和图 1-5 是普通儿童和资优儿童在 15 次实验中策略发展的趋势。从图中可看出，无论是普通儿童还是资优儿童在每个阶段都存在策略使用的多样性，但两者在策略发展的轨迹方面存在很大不同。

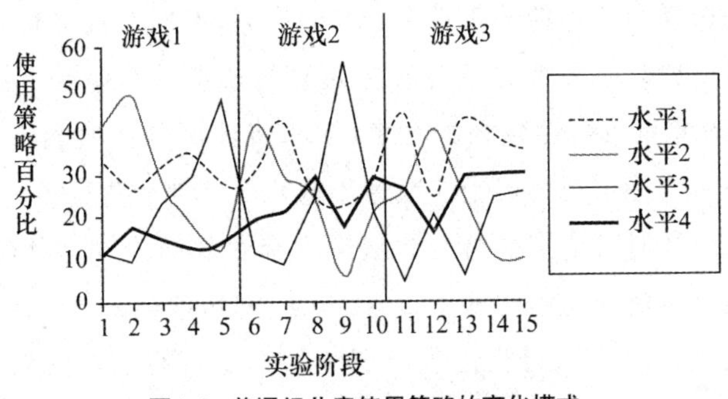


图1-4　普通组儿童使用策略的变化模式

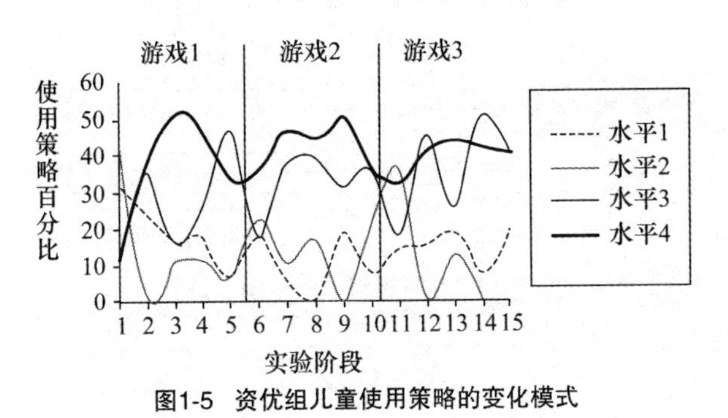


图1-5　资优组儿童使用策略的变化模式

微观发生法的优点是：① 可以揭示变化的路径：即变化是量变还是质变？② 变化发生的速率：是突变还是渐变？③ 变化的广度：变化是领域特异的还是可以推广至不同领域？④ 变化的变异性：个体在相同领域中的相似任务上的表现的变异性怎样？能否从不同的个体身上看到相似的模式？⑤ 变化的来源：行为变化的哪些方面代表了变化的来源？

微观发生法的缺点是：反复测验会让受试者特别是儿童产生厌烦情绪，并降低动机，可能导致受试者的流失。重复呈现刺激会产生练习效应，因此在实验设计中必须有控制组，以确定这些变化在多大程度上是由于实验程序造成的，又在多大程度上可归因于发展的结果。它同样存在费时费力的缺点。最后，高密度的测验虽然产生了丰富而详细的信息，但是要把这些数据转化成简单明确的结果与结论比较困难。

**(三)系列交叉研究**

系列交叉研究也称连续设计，是横断研究与纵向研究的综合运用，兼具两者的优点。先选择不同年龄的儿童为研究的对象，然后在短时期内重复观察这些对象。如要研究某一训练方案对改善儿童的攻击行为是否有帮助。选择 6 岁、8 岁和 10 岁儿童攻击性较强的儿童，随机将他们分成实验组和控制组，控制组不接受任何训练。观察接受训练的儿童并与控制组儿童相比较，以得出训练方案是否有效及对哪个年龄组的儿童最为有效的结论。这是典型的横断研究的方法。两年后对样本中的 6 岁、8 岁和 10 岁儿童再进行测量(这时他们已分别为 8 岁、10 和 12 岁)，可得出这个训练方案是否有长期效果的结论，这又属于纵向研究。图 1-6 为系列交叉设计的示意图。

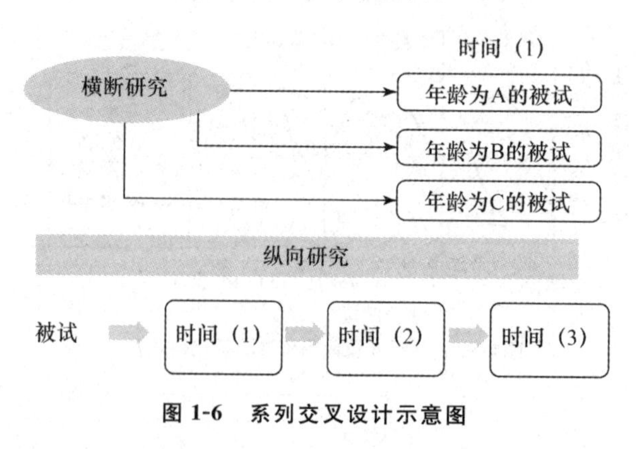


**图 1-6　系列交叉设计示意图**

系列交叉研究比标准的纵向研究有更多的优点：第一是省时。如在上例中，只需要两年，就可以得知训练方案对6～10岁儿童的长期效应，而标准的纵向研究要获得相同的信息却需要四年的时间。第二，得到的有关长期效应的信息比纵向研究多。如果选择纵向研究，我们只能获得6岁儿童接受该训练方案的长期效果；但系列交叉设计允许我们进行第二次的横断比较，以决定该训练方案对6岁、8岁和10岁儿童是否有同样的长期效应。

虽然系列交叉是目前最强的设计，但仍存在有关结论是否能推论至其他族群的问题。

## 三、发展心理学的研究方法

在发展心理学研究当中，在确定了研究设计的类型之后，就要决定采用何种具体的方法来收集信息、检验假设。这里主要介绍观察法、访谈法、个案研究法、问卷法、测验法、实验法和文化比较法等。

### （一）观察法

观察法是发展心理学较为常见的一种方法，是指研究者通过感官或一定的仪器设备，有目的、有计划地观察儿童的心理和行为表现。在进行观察之前，要设计周密的计划，包括对要观察的行为下操作性定义，确定观察的情境或场所，以及时间和单元，确定记录的方法及分析资料的方法，关于行为的操作性定义及观察记录样例见表1-1及表1-2。

**表1-1　学前儿童攻击和利他行为的操作性定义**

| |
|---|
| 1. 攻击：那些有可能导致身体或心理伤害的动作 |
| a. 人际间身体攻击——碰撞、踢打、推搡或扔东西 |
| b. 物品之争——抓或拿走另一个人的东西 |
| c. 非直接攻击——指向物理环境的行为（如，用手打墙，往地板上扔东西，踢玩具） |
| d. 剧烈攻击——暴力行为或危险行为 |
| 2. 利他或移情介入：指向他人的友善和关心行为 |
| a. 儿童帮助他人，与他人合作，安慰或同情他人（如，拍拍一个正在哭的人的肩膀，或拥抱他一下，亲受伤的同伴，说“没事了”，“小心点”，给奶瓶） |
| b. 儿童和另一个孩子分享物品或请他和自己一起玩游戏 |

（引自Sattler & Hoge，2008）

表 1-2 不恰当谈论的事件记录样例

目标儿童：吉姆　比较：2004 年 3 月
对照儿童：泰德　班级：琼斯女士

| 工作日 | 时间 | | | 总计（吉姆/泰德） |
|---|---|---|---|---|
| | 上午 9:00～9:30 | 上午 11:00～11:30 | 下午 2:00～2:30 | |
| 周一 | 4/1 | 3/0 | 2/0 | 9/1 |
| 周二 | 3/0 | 2/0 | 0/0 | 5/0 |
| 周三 | 4/1 | 4/1 | 1/0 | 9/2 |
| 周四 | 2/0 | 2/0 | 1/1 | 5/1 |
| 周五 | 1/0 | 1/0 | 0/1 | 2/1 |
| 总计 | 14/2 | 12/1 | 4/2 | 30/5 |

注：整个表总结了对两个儿童的观察记录：吉姆，目标儿童；泰德，对照儿童。表中的数字表示的是吉姆或泰德与其他儿童不恰当交谈的次数。吉姆的次数在斜线左边，泰德的次数在斜线右边。记录显示，在 7 个半小时的观察中，吉姆与人不恰当交谈的次数是泰德的 6 倍。他的不恰当行为大多发生在周一和周三上午 9:00—9:30 以及 11:00—11:30 之间，不恰当行为很少发生在周五下午 2:00—2:30 之间。要确定儿童环境中的什么因素导致了不恰当行为的增加和减少，需要进一步调查。此外，需要进一步的观察来确定观察到的行为模式的稳定性。

（引自 Sattler & Hoge，2008）

根据观察的条件不同可将观察法划分为自然观察法和结构性观察法。自然观察法指在日常生活环境中观察个体的行为，通常是指在家庭、学校、幼儿园或游戏场所对儿童的行为进行仔细地观察并予以记录。根据研究的目的自然观察法又可分为：① 样本描述法。指在预先选择好的情境中对特定的对象、按照时间的顺序进行连续的观察并记录一切发生的行为，包括儿童的所作所为，以及他人对其言行的反应，不加选择地描述所发生的一切。其优点是内容丰富详尽，可确定行为发生的原因及可能影响的因素，缺点是可能存在记录的可靠性及资料量化困难等问题。② 时间样本法。指在固定的时间间隔内观察预先选定的行为，在观察开始之前，要先研究观察时间的长度、间隔及次数。其优点是可对观察资料进行量化处理，但这种方法仅适用于常常出现的行为，不适用于极少发生的行为。由于仅限于在特定的时间内进行观察，不能保证行为的完整性。③ 事件样本法。以某一事件发生的整个过程为观察对象，要求观察者深入到儿童的生活或游戏场所中等待事件的发生并对事件的经过和前因后果加以记录。其优点是保持行为自然流程的完整性，能够探讨影响行为的因素，了解情境与行为间的关系，更可用于不常发生的行为，其缺点是不易量化。④ 特质评定法。观察者事先准备好评定量表，量表的内容主要是关于人格特质的，观察者根据观察所得的印象，对被试的人格特质进行等级评定。这种方法简便易行，适用范围广(苏建文，1991)。

自然观察法的最大优点是它是唯一能告诉我们人们是如何在日常生活中表现行为的方法，而且它可用在缺乏语言表达能力的婴幼儿身上。要确保观察研究的效度，必须注意避免观察者偏见，即为证实所提的研究假设而对自然发生的事件掺入过多的个人见解。同时也要注意观察者的到来会影响到儿童正常的表现，可以事先放置一个不为儿童所知的摄像机，将儿童的行为录下来进行分析，也可以在研究进行之前，观察者与儿童熟悉起来，令儿童对观察者的出现习以为常，从而减低他们的影响。

结构性观察是一种经过严密设计的观察，尤其适合于研究在自然情境中很少发生或不被社会所允许的行为。结构性观察一般在实验室进行，其程序为在儿童面前呈现一个被认为会促进所有研究的行为的刺激，然后以不被儿童觉察的方式(单向玻璃或录像)对儿童进行观察，看儿童是否会表现出所期待的行为。如在一个有很多有趣玩具的房间里，要求儿童不要动这些玩具，然后研究者借故离开，看这些儿童在没有人监督的情况下会不会做出违规的行为。

### (二) 访谈法

访谈法是研究者通过与研究对象进行口头交谈，了解和收集有关心理特征和行为特性的资料的一种方法。

根据对访谈内容和过程的控制程度可将访谈法分为结构性访谈法和非结构性访谈法。结构性访谈法要求所有的研究对象都必须依照一定的次序来回答相同的问题，这种标准化或结构性格式的目的，在于使每一个研究对象都接受相同的情境，这样对于他们的不同反应才能加以比较。这种方法一般用来检验理论或假设。非结构性访谈指事先不制定标准程序或问题，由访问者与研究对象就某些问题自由交谈，受访者可随便提出自己的意见。这种方法可能获得一些研究者未曾料到的信息，但不适于对理论或假设的检验。当然非结构性访谈并不意味着没有任何计划，访问者仍然要引导受访者谈论与主题相关的问题。

访谈法适用于一切具有口头表达能力的不同文化程度的对象，它的优点是能有针对性地收集研究数据，情境自然，可追问或重复。如当研究者发现所记录的回答不完全,或者还想进一步了解一些情况时,可再对被试进行访问。缺点是不适用于年龄太小或不能清楚了解他人说话的儿童。研究者必须确信他们所得到的回答是真实准确的,而不是被访者按照社会期待的方式所作的回答。如果是研究年龄趋势,还必须保证不同年龄的儿童都以相似的方式来解释问题,否则在研究中所发现的年龄趋势可能并不是儿童在感觉、思想或行为上的真正变化,而只是反映出儿童在理解能力及沟通能力方面的差异。此外,由于时间、经费及人力的限制,不可能对大样本的人进行访问,难免会以偏概全。访谈的资料也难以量化。

要确保访谈成功,访问者要作充分的准备。首先访问者要对研究计划有详细的了解,熟悉访谈内容,了解访谈对象的一些背景材料。其次,带齐访谈工具,包括所要访问的基本问题的文字说明,记录用的纸笔、录音机、照相机和摄影机等。第三,访谈成功与否很大程度上取决于受访者的态度,因此访问者要善于营造轻松和谐的气氛,取得被访者的信任,使其乐于回答提问。第四,访问者要善于把握方向与主题,使谈话始终围绕访问目的进行,避免脱离主题的漫谈。此外,还要针对被访者的年龄及心理特点巧妙提问,以获取他们的真实态度和想法。最后,访谈记录也很重要,这是分析和得出结论的直接依据。记录方式有当场记录和事后记录两种。当场记录可以从容书写,忘了可以再问。但也要注意,过长的记录会使谈话中断,影响交谈情绪。不要为了详细记录而忘了要点,因为要点比细节更重要,所以记录时要权衡轻重,其他细节可等回家后再进行整理,这样的资料可用性高。如果受访者允许录音、录像,记录要点的方法就更为有用,在整理资料时可相互比照,减少错误。事后记录则较为麻烦,不易做到准确,容易遗漏信息。事后记录主要适用于受访者不允许对访谈内容进行现场记录的情况。这种方法要求访问者尽量把访谈要点记牢,必要时找机会重复一两次,以免忘记。同时要注意,不仅要记录谈话内容,观察到的表情、动作等非语言表达方式也要记录下来。

有一种与访谈法极为相似的方法叫临床法,因其与临床心理学家作诊断访谈类似而得名,是研究者通过研究被试对一个问题、一项工作或一个刺激的反应来验证假设的一种方法。当被试有所反应时,研究者通常会续问一些问题或要求他们再做一些工作,以进一步澄清研究对象的本意。这些步骤可以一直持续到研究者收集到足以验证其假设的完善资料为止。在研究开始时,研究对象所必须回答的问题是一样的,但后续的问题则根据研究对象的答案而定。因研究对象的答案常不同,因此,很少有两个研究对象会面对相同的测试情境。著名心理学家皮亚杰(J. Piaget,1896—1980)在这方面进行了开创性的工作,表1-3是他运用临床法研究6岁儿童对世界的看法的一个例子。

在使用临床法对儿童进行研究时,应注意两点:一是要避免暗示,以免儿童受影响而产生特定的回答;二是要尽可能多地对儿童理解问题的本质形成假设并检验其合理性。在分析儿童的回答时既不要理所当然地以为所有答案都如同其表面价值一样是十全十美的,也不要认为其一文不值。例如,有时儿童可能因为对问题不感兴趣或者没理解问题而随意作答,或者为取悦研究者而答,这些答案通常都是不稳定的,可以通过换个问法的方式来辨别儿童的答案是否属于这一类。也可以通过提出相反的建议来挑战儿童的答案,如果儿童还是表现出与原来的答案类似的思考方式,就可以相信儿童的思维是系统有规律且相对稳定的。例如在表1-3中,如果"你在外面走路的时候,太阳在干什么?"这个问题会让儿童倾向于作拟人化的回答,那么当面临一个矛盾的问题"两个人朝相反方向走,太阳会怎么样"时,儿童就会改变自己的答案,如果儿童没有作出改变,说明儿童的回答不是由于问题本身而是由其思考方式决定的(Donaldson,2005)。

**表1-3　临床法举例**

| |
|---|
| 成人:当你在外面走路的时候,太阳在干什么?<br>儿童:它跟着我。<br>成人:那你回家的时候呢?<br>儿童:它就跟着别的人。<br>成人:是与以前相同的方向吗?<br>儿童:或者是相反的方向。<br>成人:它想往哪个方向走就可以往哪个方向走吗?<br>儿童:是的。<br>成人:那要是两个人朝相反方向走怎么办?<br>儿童:有很多个太阳。<br>成人:那你见过这些太阳吗?<br>儿童:当然了,我走得越多,我见到的就越多,太阳就越多。 |

J. Piaget(1932) 转引自 Hopkins, Barr, Michel, et al. (ed.) The Cambridge encyclopedia of child development.

临床法备受争议之处在于它的解释力。将用不同程序对不同个案加以测试得到的资料加以比较,是困难的;在非标准化的测试过程中,研究者自己的理论基础可能会影响他所问的问题或所提供的解释。由于用这种方法得出的结论常受到研究者主观看法的影响,因此,需要再利用其他的研究方法来加以验证。

### (三) 个案研究法

个案研究法是针对个别儿童,作深入的研究。通常是先仔细地描述一个或多个个案,并试图根据对这些个案的描述形成结论。在准备记录的过程中,研究者必须收集许多与个案有关的个人资料,如家庭背景、社会经济地位、教育及工作史、健康记录、生活中重要事件的自我陈述及各种心理测验的表现等。这些资料来自于与个案或其父母(如果个案年龄较小,有些资料本人不能提供)交谈的结果,但这种交谈,研究者所提问题是因个案不同而有差异的,因此是非结构性的。弗洛伊德就是应用个案研究法,从分析病人的生活史中形成了他的人格理论。

个案研究法的主要缺点有三个方面:第一,研究结论的效度取决于所获得的个案资料的正确性。这种方法不正确的概率颇高,特别是年纪大的个案,要将幼年时所发生的事件的前因后果正确无误地回想起来是不容易的。第二,在使用个案研究法时,研究者并非使用标准化的问题来询问不同的个案,因此个案之间的资料是难以比较的。第三,依据某个特殊个案得出的结论不一定适用于其他的人,即结论难以推广。因此通过个案研究法得出的结论,需要用其他研究方法加以验证。

### (四) 问卷法

问卷法与访谈法很相似,只不过是将要研究的问题印在纸上,并要求参与者以写的方式作答。问卷(questionaive)一词的原意是"一种为了统计或调查用的问题表格"。通常研究者使用的问卷有两种形式:开放式问卷和封闭式问卷。

开放式问卷只提出问题,要求被试按照自己的实际情况或看法作答,不做限制。例如:

"你认为应该在幼儿园开设识字课程吗?"

也可以为:

"你认为应该在幼儿园开设识字课程吗?为什么?"

这种形式是研究者希望获得被试喜欢或不喜欢某事物的原因。开放式问卷的优点是对探索性研究十分有用,可提供行为的方向、问题的焦点、主要价值观念等。缺点是资料分散,不易统计。

封闭式问卷指根据研究需要,把所有问题及可供选择的答案全部印在问卷上,被试不可随意回答,必须按照研究者的设计,在给定的答案中作出选择。上面的问题在封闭式问卷中可变为：

幼儿园应该开设识字课程

(1) 完全不赞同　(2) 不赞同　(3) 中立　(4) 赞同　(5) 完全赞同

在这个问题中，被试只能在规定好的答案中选择一个，不管他是不是完全同意。

封闭式问卷的优点是可在短时间内获得大量的资料，省时，经济。由于问题和答案都是预先进行了操作化和标准化设计，所得资料便于统计分析。问卷法只适合于书面语言能力达到一定程度的被试。如果问卷设计不当，可能会导致被试作出不真实的回答。如果问卷的回收率太低，也会影响结论的可推论性。

一份标准的问卷通常包括指导语、被试的基本资料（如性别、年龄等）、问题、选择答案等。问题是问卷设计的关键，在设计问题时要考虑问题的类型是否正确而合适，是否符合研究假设，题目应为研究目的所必需，不能浪费和贪多，乱出题目。还要注意题目应该表述清晰明确，避免含混不清。

在使用问卷法对儿童进行研究时，还要注意问卷中的题目不宜过多，内容应是儿童熟悉的，还要注意打消儿童的顾虑，避免儿童按照社会期许的方式作答。

### (五) 测验法

测验法是运用标准化的测验量表，按照规定的程序对个体进行测量，从而研究人的心理发展特点和规律的研究方法。测验量表是发展心理学的一种重要研究工具，具有评估、诊断和预测的重要功能。要发挥这些功能，测验的编制需要有周密而具体可行的计划。一般要经过编制测验题目、预测、项目分析、信度与效度分析、建立常模等标准化过程。应用标准化测验量表的好处是可将儿童在测验上的得分与常模进行比较，从而了解其发展水平。测验法既可用于比较同龄儿童之间的差异，也可用来了解不同年龄阶段儿童的差异。测验法的优点在于编制严谨科学，便于评分和对结果作统计处理，有现成的常模可直接进行对比研究。它的不足是灵活性差，对施测者要求高，被试的成绩可能会受练习和受测经验的影响。

测验可按不同的标准分类，如按测验的功能可分为智力测验、创造力测验、人格测验、成就测验等；按测验材料可分为文字测验和非文字测验；按测验对象可分为个别测验和团体测验；按时限和难度可分为难度测验和速度测验等。有时，同一个测验根据不同标准可以划分到不同类别中，因此测验的划分是相对的。表 1-4 是用于评估儿童时常用的几种测验。

在使用测验的过程中，研究者应注意以下几个方面：

1. 对主试进行训练,使其熟悉测验手册的内容,对指导语和施测程序有详细的了解。

2. 准备好所有测验用的材料,选择适当的环境,严格按照测验手册的规定包括指导语、时间限制进行施测。

3. 测验的形式应符合研究对象的特点,如对年幼儿童个别施测较为恰当。

4. 为保证测验的有效性和权威性,不得随意将测验内容泄露出去。

**表 1-4 评估儿童常用的几种测验**

| |
|---|
| 1. 智力测验:其分数反映的是与同龄人相比个体在智力测验中的表现,即他的表现在多大程度上偏离了平均水平。在预测儿童在学校的表现方面,智商是最好的指标之一。<br>2. 成就测验:用于测量儿童实际学习了什么,多数成就测验针对某一特定学科,用难度不同的题目来测量儿童的学习情况。成就测验可以评估儿童的优势和劣势,如一个儿童可能有很好的运算能力,但在科学概念的理解上却有困难。这种测验常用来评估学生是否存在学习障碍,以及确定儿童是否得到了足够的、恰当的指导。<br>3. 神经心理学测验:测量感觉运动、知觉、语言和记忆的技能,可以帮助确定大脑受损的部位,以及儿童在语言加工、注意或视觉—运动技能等方面是否存在严重的困难。<br>4. 投射性测验:用于评估儿童心理或情感功能的测量工具。其原理是当对模糊刺激作出反应的时候,个体会把自己无意识的感受和人格特点投射进去。当儿童在某个情境中的行为或感受存在难以解答的问题时,可以采用投射性测验。<br>5. 自我报告和行为测量:这种量表数量众多,可以用来评估儿童的情感或行为。 |

### (六) 实验法

实验法是研究者通过有意识地操纵和控制一定的变量以观测个体反应,进而揭示变量间因果关系的一种研究方法。实验法可分为实验室实验和现场实验两种类型。

实验室实验是在专门的实验室内,利用一定的仪器设备研究心理现象的一种方法。有关儿童的感知、记忆、思维等心理过程都可以在实验室进行。实验法的关键是对变量的控制,一般通过随机化来控制实验中无关变量带来的干扰。在概率的原则下,无论是被试取样、被试分组、实验顺序和自变量的呈现方式都具有相等的机会,这样就可以防止在实验中出现系统性的误差。实验室实验的长处在于控制严密,科学性高,结果记录客观准确,便于分析。由于实验室实验对变量有严格控制并通过操纵一些变量引起一定的行为反应,因此能够揭示变量间的因果关系。缺点是样本数量小,脱离现实生活,由于实验环境常经过设计且过于人工化,儿童在实验环境中的表现和自然环境下的表现可能不同,因此生态学效度较低,影响实验结果的类化。

以儿童为研究对象进行实验室实验时，要特别注意实验不能对儿童身心健康产生任何的不良影响。还要考虑儿童的生理和情绪状态，避免时间过长导致儿童疲劳。实验环境尽量布置得生活化，让儿童感到舒适自然。

现场实验是一种在现实的生活环境中进行的实验研究，它是一种准实验设计。如要研究一种新的教学方式能否有效地提高学生的数学学习成绩，可在同一年级选择在数学成绩上相同或相近的两个班，然后随机地将一个班确定为实验班接受新的教学方式，另一个班为对照班仍接受原来的教学方式。经过一段时间的教学，再对两班进行相同的数学测验并进行统计检验，在控制了前测成绩后，实验班的后测成绩优于对照班，则可得出这种新的教学方式好于原来教学方式的结论。

现场实验在内部效度上不如实验室实验，但在外部效度上是优于实验室实验的，它以控制上不太严格的缺陷换取了实验条件和环境的真实性，其结果有较大的实用价值。

在用实验法研究发展时存在两个局限。首先，出于道德的原因，有些变量无法操纵，如想了解孕妇喝酒对孩子的影响，我们不可能将孕妇分为两组，让一组每天喝一定量的酒，另一组不喝，进而观察酒精对孩子有何影响。其次，在发展心理学的研究中，研究者最感兴趣的一个自变量就是年龄，但是我们不可能将被试随机分配到不同的年龄组当中去。

### （七）文化比较法

文化比较法是针对一个或多个发展维度，对来自不同文化或亚文化背景的研究对象加以观察、测试和比较的一种研究方法。

发展心理学家常常只是根据某一种文化或亚文化团体中的儿童及青少年，在特定的时间内进行研究，但其研究结果对于不同时代或不同文化中的儿童是否适用的问题值得商榷。文化比较法可以回答上述问题。它主要有两个目的，一是透过不同文化间的比较，可以了解人类发展是否存在普遍性规律，防止将在一个文化背景下得出的结论过度类化。二是了解文化因素对个体发展的影响。文化因素往往导致个体在思考、行动和情绪表达的方式等方面的差异。文化比较法主要有两种方式，一是人类学常用的民族志，对某一单一文化或情境进行详细的观察和描述，有时需要花费几年的时间，以确定是不是在不同文化下存在相同的发展模式。二是采用相同的或等价的工具对不同文化情境中的儿童进行比较，如可以对中国儿童和美国的儿童进行比较，也可以是汉族儿童与少数民族儿童进行比较。

在运用跨文化研究方法时，应注意几个问题。第一是等价(equivalence)的问题，在不同的文化群体中获得的分数能否用相同的方式进行解释，分数在不同的文化中是否具有相同的意义。比如，运用家长评定的方法评估青少年的行为，家长的回答很可能受到文化规范的影响。第二，要考虑文化的独特性和共同性问题。根据文化相对主义(relativism)的观点，每种文化都是一个独特的发展系统，必须用其自己的术语去分析与理解，因此不能用标准的实验和工具去研究，应该采用质化的研究方法。而文化的普遍主义(universalism)观点认为从逻辑上讲要进行比较，相应的概念必须对所有的个体或总体来说是相等的。第三，文化水平和个体水平的数据应该兼顾。通常会把一个样本的平均值简单地解释为一种文化的特质，而后又倾向于认为任何来自该文化的个体都具有该特质。如认为一个群体在集体主义量表上平均值很高，就认为其所有成员都是高度集体主义取向的，显然这是不恰当的(Poortinga，2005)。

**阅读栏 1-4　发展心理学的特殊性与研究方法选择**

发展心理学在研究时有很多研究类型和研究方法可供选择，其用处在于根据一个方法得到的结果可用另一种方法加以检查或确认，如果用不同的方法得到一致性的结果，说明研究者所得到的发现是真的、确实存在的现象。每一种研究方法都会对了解人的发展有所贡献，并不存在最佳方式。

发展心理学研究个体从出生、成熟、衰老直至死亡的整个生命过程中，身体的、社会的和认知的发展变化与年龄的关系。其特殊性主要有两点：第一，发展心理学研究对象年龄跨度很广，从出生至死亡，包括了整个生命全程。对不同的年龄阶段个体来说，要研究他们的心理特点就需要针对他们的年龄特点采用不同的研究方法，或者在运用同样的方法时也要针对个体的年龄作一些适当调整。例如研究儿童的情绪，年龄大的儿童如小学生可以用语言表达他们的情绪体验，研究者就可以通过访谈了解他们的情绪特点。可是婴儿尚不具备这种表达能力，就需要研究者借助于实验、录像等技术进行研究。再如问卷法是一种常用的研究方法，但一般只适用于小学三年级以上具有读写能力的被试，如要用于年龄稍小的儿童，在调查时就要把问卷上的问题念给儿童听。对于涉及态度、道德品质及行为的调查，青少年及成人被试可能会受社会期待效应的影响，按照社会赞赏的方式而不是实际情况作答，这就需要运用适当的方式加以控制。第二，发展心理学探讨各种心理现象与年龄的关系，年龄是一个特殊的自变量，它不可操纵，不能把被试随机地分配到各年龄组。而且也很难把不同年龄个体的心理差异完全归于年龄。如比较4岁和6岁儿童寻找物体的策略，可能会发现6岁儿童运用的策略更为合理，但是这些儿童除了年龄不同外，他们的认知能力、生活经验也不同，它们与年龄变量是混淆在一起的。因此不能简单将这些儿童在寻找物体的策略运用上的差异归因为年龄。

## 思考与练习

1. 如何理解发展心理学研究的伦理原则？你认为这些原则重要吗？为什么？
2. 发展心理学要解决的基本问题有哪些？
3. 发展心理学研究的主要设计形式有哪些？其优缺点是什么？
4. 在选择发展心理学的具体研究方法时，应该考虑什么？

# 第二章　发展心理学的基本理论

理论在科学研究中占有重要地位，它为我们提供解释现象的科学框架和原则并帮助我们把研究与实践结合起来。理论是对环境现象的反映，科学研究的基本范式是根据理论形成假设从而产生新的研究。当假设得到验证时，理论得到支持并加强。如果假设没有得到支持，那么理论可能要作必要的修改。如果没有理论，研究的发现只是一些零散的事实，既无法对现象进行概括，也难以对发现进行推广。好的理论应具有的特征见表2-1。科学家的任务就是要把研究结果与已有的理论联系起来。发展心理学的基本理论有些是立足于从出生至青少年这一阶段的发展变化的，也有些是着眼于人的一生发展的，还有并不强调发展的年龄特征，而试图解释一般规律的。本章主要介绍发展心理学的三个主要理论派别——精神分析发展理论、认知发展理论和行为主义发展理论，并介绍虽不能称之为理论但对教育有特别重要意义的生态学的发展观。

**表 2-1　优秀理论的特征**

- 准确地反映事实；
- 通过一种能够非常清晰地得以理解的方式表达出来；
- 在预测未来事件以及解释过去事件上很有用处；
- 能够在实践的意义上加以应用(对顾问、教师、儿科医师等人有实际价值)；
- 理论前后一致，而不是自我矛盾；
- 不是建立在大量假设的基础上(没有得到证明的观点)；
- 能够被证明是错误的(所以，也能够被显示出可能是正确的)；
- 建立在令人信服的证据基础之上；
- 能够对崭新的观察资料加以考虑；
- 提供一种鼓舞人心的、不寻常的发展观；
- 对它们所提出的问题，提供一种合理的答案；
- 引发崭新的研究与发现；
- 在长时期内，持续引起关注；
- 它是令人满意的，因为它通过有意义的方式对发展进行解释与说明。

(Thomas，1999；转引自 Lefrancois，2004)

# 第一节　精神分析发展理论

精神分析发展理论的创始人弗洛伊德(S. Freud,1856—1939)是奥地利的精神病科医生,在治疗神经症患者的过程中,他对心身关系、人格结构等问题产生了浓厚兴趣,经过多年的探索,提出了人格的精神分析理论,其中包含了对儿童发展的看法。时至今日,这些观点对儿童心理治疗,儿童和青少年心理辅导,幼儿园教法及儿童发展的研究领域仍有重要影响。与很多发展心理学家不同,弗洛伊德不是直接观察儿童的发展过程,而是花费大量时间倾听成年的神经症患者回忆童年,并依据这些从联想和梦中抽取的记忆,勾画出人格的成长。美国心理学家埃里克森(E. H. Erikson,1902—1994)针对弗洛伊德学说的不足,提出了人格发展的心理社会观,对精神分析理论的发展作出了杰出的贡献。本节将介绍这两位心理学家的人格发展理论。

## 一、弗洛伊德的人格发展理论

弗洛伊德认为人们面对日常生活中无法解决的问题和压力时会感到痛苦。为了逃避这种因无法解决的冲突而带来的痛苦,就会通过把问题推出意识之外来加以自动解决。病人会“主动遗忘”事件。弗洛伊德认为这种遗忘并不是真的从心里消失,而是进入了无意识状态,即被压抑了。虽然压抑的结果似乎令当事人在心理上感到更平安,但无意识并不是沉寂的,它会连续不断地以不同的方式去表达自己。病人所出现的躯体症状(如头痛或身体某些部位麻痹了)或神经症状(如恐惧、焦虑、强迫症等)都是无意识的表达方式。弗洛伊德认为,要治愈病症,必须将这些发生于病人早期生活中的问题、被压抑了的冲突带到意识中,病人必须认识到问题的根源,并以一种建设性的、在情感上令人满意的方式将最初的冲突情境说出来。弗洛伊德以自由联想和释梦两种方法来挖掘病人的无意识。自由联想是让病人在放松状态下不加编辑地描述出现在头脑里的任何事件。在这种状态下,被压抑的愿望会以一种经过伪装的形式进入意识。弗洛伊德认为梦是人们在睡眠中试图满足愿望和解决问题的产物,因而对梦的解析是了解人的无意识的一个窗口。弗洛伊德通过这两种方法获得了大量关于人格异常的人的幼年生活资料,通过分析他认为幼年的生活经验对人格发展有重要影响,并提出了一套关于人格发展的理论。

### (一)人格的结构

弗洛伊德认为人格由本我(Id)、自我(ego)和超我(superego)构成。

本我是人格中最原始的部分，亦即弗洛伊德在早期所提出的无意识。它包括一些基本的生物反射和驱力。人出生时，人格全是本我，其最主要的功能在于追求立即满足本能的需要，追求最大的快乐并使痛苦减至最小，因此是受快乐原则(pleasure principle)支配的。所谓快乐，按照弗洛伊德的观点，即是减低紧张。当个体产生某种需要时，就会处于一种紧张状态，这种紧张令人不快，促使人采取行动消除紧张并恢复到一种宁静的状态。婴儿的人格几乎都是本我，除了身体的舒适外，他们很少担忧其他事情，总是试图尽快消除紧张。但婴儿本身并不具备满足其本能需要的能力，这种"无能"令婴儿必然体验到挫折感。例如，婴儿必须等待母亲来喂食，其因饥饿而激起的心理能量才能得到释放。渐渐地，伴随着经验的增加，本我会对所期待的物体产生幻觉并使自己得到暂时的满足。如婴儿产生母亲的乳头的幻觉，或一个饥饿的人在梦中得到了一块面包，饥饿的需要就能获得满足。弗洛伊德把这种幻想称为初级过程思维(primary process thinking)。但是人不能依靠幻觉或简单地按照本能冲动的愿望行动而生存，而必须学会与现实打交道。如小孩子必须学会不能见到食物就冲动地抓取。如果他打算从一个大孩子的手中夺取食物的话，可能得到的是一顿揍。儿童必须学会在行动之前对现实进行思考。这促使了人格的第二种结构——自我的发展。

自我是人格的执法者，受现实原则(reality principle) 支配。自我只有在对现实有准确的观察、思考过去的类似经验并对未来有现实的计划后才行动。这种理性的思维叫做二级过程思维(secondary process thinking)，也即我们通常所指的一般的知觉或认知过程。自我的功能主要有两点：第一是寻求较为实际的方式来满足本能的需要；第二是控制本我的不合理冲动。自我的功能最初主要表现为身体的或运动的。例如刚学走路的儿童抑制随意走动的冲动，考虑去避免碰撞的地方，就是在练习自我控制。弗洛伊德强调自我的功能在某种程度上是独立于本我的，但它必须借助本我的能量。他将自我与本我的关系比喻为骑手与马的关系。马提供运动的能量，而骑手则决定前进的目标并控制马运动的方向。在弗洛伊德看来，自我既是本我的仆人，也是本我的主人。自我不仅能延迟满足本我的需要直到有合适的情境出现，还能考虑多种行动方式，并选择一种最佳的方式来满足本我的基本需要。

自我控制本我的盲目激情以使有机体免受伤害，但除了安全的考虑，人还可以出于道德的原因对自己的行为进行控制。人们关于是非的标准构成了人格的第二个控制系统——超我。

超我是已内化的道德标准,从自我发展而来,代表着理想,追求完美。是人格当中的仲裁者。它包括两个部分:一是良心(conscience),二是理想我(ego ideal)。良心是超我当中具有惩罚性、负面的和批判性的部分,它告诉我们不应当做什么。一旦人们违背了它的要求时,超我就用内疚感进行惩罚。因此良心是道德的仲裁者。理想我代表的是积极的志向,是个人追求完美的动力。理想我可以是具体的,如一个小男孩想成为像某个著名球星那样的运动员,这个球星就是他的理想我。理想我也可以是抽象的,如想成为一个为正义和自由而献身的人。

3～6 岁的儿童渐渐地能将父母的道德标准和价值观内化,成为自己的道德标准和行为准则,用来判断和约束自己的行为。一旦超我出现了,儿童就不需成人来指出他们行为的好坏,他们已经知道自己行为的对错,并对不好的行为感到羞耻。因此超我是内在的检察官,它坚持让自我找出能被社会接受的方式来满足本我不合宜的冲动。

弗洛伊德认为本我、自我和超我在指导人的行为中各有分工,冲突在所难免。自我在本我、现实和超我之间要保持一种平衡,必须以一种既符合现实又不违背超我的原则下满足本我的生理要求。由于自我本身没有能量,而任务又如此艰巨,自我因担心不能满足本我、现实和超我的需要而产生焦虑。当自我感到不能驾驭本我的冲动时,如当一种危险的、被压抑的愿望要爆发时,就会体验到一种“神经症焦虑”(neurotic anxiety)。当自我料到会受到超我的惩罚时,它又会体验到“道德焦虑”(moral anxiety)。当我们在外部世界中遇到危险时,自我又总是受到“现实焦虑”(realistic anxiety)的支配。因此人们难免要发出“生活如此不易”的感叹。弗洛伊德认为健全的人格必须能够维持本我、自我和超我三者之间的一种平衡状态,本我和超我位于两个极端,自我居中,三者互相起调节与平衡的作用。倾向任何一个极端都会造成心理失调。

### (二)性心理发展阶段论

弗洛伊德是个本能决定论者,他认为人格发展的基本动力是本能,尤其是性本能的驱动。与一般人狭义理解的性有所不同,弗洛伊德所谓的“性”除了与生殖活动有关之外,还包括吸吮、大小便、皮肤触摸等一切能直接或间接引起机体快感的活动。

虽然性本能是天生的,但弗洛伊德认为它的本质是随着生理成熟而不断改变的。当性本能成熟时,它的能量即力比多(libido)就会慢慢地从身体的某一部位转移到其他部位去，儿童的心理发展就进入了另一崭新的性心理发展阶段。儿童性心理的发展对其人格发展有重要影响。按照力比多所处的位置，弗洛伊德把儿童性心理发展分为五个阶段。① 口腔期(the oral stage,0～1岁)，性本能通过口腔活动得到满足，如咀嚼、吸吮或咬东西。若母亲对婴儿的口腔活动不加限制，儿童长大后的性格将倾向于开放、慷慨及乐观；若其口腔需要受到挫折，则未来性格发展可能偏向悲观、依赖和退缩。可见，弗洛伊德认为早期的经验对人格的发展会有长期的影响。② 肛门期(the anal stage,1～3岁)，随着括约肌的逐渐成熟，婴儿获得了依照自己的意愿大小便的能力。按自己的意愿大小便是满足婴儿性本能的最主要的方式。但这一时期也正是成人对婴儿进行大小便训练的时期，要求婴儿在找到适当的场所之前必须忍住排泄的欲望，这与婴儿的本能产生了冲突。弗洛伊德认为母亲在训练婴儿大小便时的情绪气氛对其未来人格发展影响重大。过分严格的训练，可能会形成顽固、吝啬的性格；而过于宽松又可能形成浪费的习性。③ 性器期(the phalic stage, 3～6岁)，这一时期的儿童开始对自己的性器官产生兴趣，性器官成为全身最敏感的部位，儿童常以抚摸性器官获得快感。弗洛伊德认为这一时期的儿童都会产生想与异性父母有性爱关系的欲望，即所谓恋母情结或恋父情结。在正常发展的情况下，恋母情结或恋父情结会通过儿童对同性父母的认同，吸取他们的行为、态度和特质进而发展出相应的性别角色而获得解决。④ 潜伏期(the latency stage, 6～11岁)，这个阶段，儿童的性本能是相当安静的，有关性的和侵犯的幻想大部分都潜伏起来，埋藏在无意识当中。性器期时性的创伤已被遗忘，一切危险的冲动和幻想都潜伏起来，儿童不再受到它们的干扰。儿童可以自由地将能量消耗在为社会所接受的具体活动当中去，如运动、游戏和智力活动等。⑤ 两性期(the genital stage, 也称青春期)，一般女孩11岁开始，男孩13岁开始。随着生殖系统逐渐成熟，性荷尔蒙分泌的增多，性本能复苏，其目的是经由两性关系实现生育。这一时期的心理能量主要投注在形成友谊、生涯准备、示爱及结婚等活动中，以完成生儿育女的终极目标，使成熟的性本能得到满足。

弗洛伊德的人格发展理论自问世以来，受到的最主要批评有两方面：一是他理论当中的泛性论思想，即把性本能的活动看做人格发展的内在动力。人们很难认同人类行为是被动地由性和本能冲动来支配的。二是他的研究方法和研究对象。用自由联想和梦的解析这样的技术所获得的资料主观性强，难以量化。研究对象是少数的精神病人，以他们的生活史为素材所发展的理论难以推论到正常的儿童或成人。而且他们对童年生活的回忆是否准确也不无疑问。

因此很少有人全盘接受弗洛伊德的思想，但也不能完全否定他的贡献，他的思想对于现实仍具有一定的指导意义。

## 二、埃里克森的心理社会发展论

对精神分析理论的进一步发展贡献最大的莫过于美国的精神分析医生埃里克森了。针对弗洛伊德理论的不足之处，埃里克森提出了自己的发展观。首先，他认为发展是内在本能与外部文化和社会要求的相互作用的结果而非性本能的产物，因此称自己的理论为心理社会阶段论。第二，他认为儿童是主动的探索者，能够适应环境并希望控制环境，并不是被动地受环境的影响。只有了解现实世界，才能成功地适应，进而发展出健康的人格。第三，人格的发展并非止于青春期，而是终其一生的。他将人的一生分为八个阶段，每个阶段都有其独特的发展任务，亦面临相应的发展危机，只有将危机化解，才能顺利地进入下一个阶段，发展健康的人格，否则将产生适应困难。第四，他认为发展健康的人格特征才是人类发展应追求的目标，因此他的理论是基于健康人格特征的，并不像弗洛伊德重视的是人格异常者的治疗和成长。

按照人在一生中所处的特定时期经历的生理成熟和社会要求，埃里克森将人的一生分为八个阶段。

第一阶段：信任对不信任（0～1 岁）。这一阶段婴儿的主要任务是发展对外界的信任感，信任的含义是感到他人是可靠的、可以依赖的。照顾婴儿的人如果不能满足婴儿的需要或对婴儿经常采取不一致的态度，婴儿就会认为世界是危险的，他人不值得依赖。

第二阶段：自主行动对羞怯怀疑（1～3 岁）。随着生理的成熟，儿童有了控制自己行为的愿望和能力，希望自主行动，学会照顾自己。当儿童认为自己在他人眼中不是一个好孩子时就会产生羞怯感，当他们认为自己受制于人时，就会对自己的能力产生怀疑。

第三阶段：自动自发对退缩愧疚（3～6 岁）。这一时期的儿童精力旺盛，常常试着做一些超出自己能力的事，他们的目标或行为常和父母的要求发生冲突，令儿童感到内疚。

第四阶段：勤奋进取对自贬自卑（6～11 岁）。这一时期正值小学教育阶段，是自我发展的最关键时期。儿童在求学的过程中，必须学会适应学校的生活，遵守学校的规章制度，在学习和各项活动中达到一定的标准。儿童只有勤奋学习，努力进取才能学会他应当掌握的认知和社会技能，体验到成功感。如果儿童在学习和交往中屡遭失败，就会产生自卑感。儿童在学校当中所经历的成功与失败的体验，对其人格成长具有重要影响。如果儿童体验到的成功多于失败，他就会养成勤奋进取的性格，会勇敢地面对学习和生活中的挑战。如果儿童体验到的是失败多于成功，甚至都是失败没有成功，他就会形成自卑的性格，对新的学习任务产生畏惧感，可能会逃避现实，对今后人格的发展产生不利影响。

第五阶段：同一性对角色混乱(12～20 岁)。青少年逐渐面临职业选择、交友、承担社会责任等问题。由于他们不能肯定自己是什么样的人，于是产生了“我是谁?”的疑问。在对自我的探索过程中，如果能将自己在各方面将要承担的角色同一起来，就会顺利地度过青春期，否则就会感到迷惘、痛苦。

第六阶段：友爱亲密对孤独疏离(20～40 岁)。主要任务是与他人建立亲密的感情关系，体验友谊和爱情。如果无法建立这种亲密的感情关系，就会感到孤独。

第七阶段：精力充沛对颓废迟滞(40～65 岁)。热心承担社会责任，关心家庭、养育后代。不愿或无力承担这种责任的人就变得颓废迟滞或自我中心。

第八阶段：完美无缺对悲观绝望(65 岁以后)。回首往事，觉得一生充实、有意义而产生完善感。对往事感到悔恨会产生悲观的情绪。

每一个发展阶段都由一对矛盾构成，它们是一个连续体中的两极，健康地解决每一个危机或冲突并不意味着必须得到完全正面的结果，丝毫没有负面的体验。两者应当有一个恰当的比率。如在第一阶段，不仅要让儿童学会信任，也要适当地让他体验到不信任感，这样才会学会保护自己。在第四阶段，对小学生来说，体验与发展勤奋进取的性格固然重要，但是过分强调能力，儿童就会觉得失败是难以接受的，没有抗挫折的能力，可能会变成工作狂。同时也要注意，并不是只有在前一阶段的危机得到解决以后，才能进入下一发展阶段。生理的成熟及社会的期望要求个体必须面对新的发展任务，在埃里克森看来，只要人活得足够长，就要经历所有的发展阶段，顺利度过前一阶段会增强后一阶段成功的机会。

## 三、精神分析发展理论对于教育的意义

长期以来，家长和学校对学生智力发展的重视远胜于其人格的发展，这种教育取向造成的一个负面结果是学生普遍感到学业压力大、焦虑，有心理问题和行为问题的青少年也日渐增多，以致我们不得不反省教育的目标到底是什

么。教育最重要的目的应该是使儿童和青少年变得更健康、更快乐、更自信。精神分析理论特别关注人格的健康成长，这对于今天我们提倡素质教育、培养学生的健康人格无疑具有一定的启示。

精神分析发展理论对我们一个最大的启示就是要重视儿童的早期经验。个体在童年期接受的抚养与教育方式对其人格发展具有重要影响。儿童入学后，大部分时间都是在学校中度过的，教师如果能给儿童营造一个自由、民主、尊重、关爱的课堂环境，让儿童在求知中得到快乐，在学习中得到成长，一定会有助于儿童的健康发展。其次，教师对儿童的态度也要适当调整。当教师发现儿童有违反纪律等不良表现时，不要认为这是对自己权威的挑战，并因此作出强烈反应。儿童的不良表现可能并不是针对教师的，也许是因为他们在生活中受到忽视、遭受挫折的反应。根据弗洛伊德的观点，当人们遇到一些痛苦事件时会把它压抑到无意识当中，经过伪装再以其他的形式表现出来。因此教师在发现儿童有一些反常表现时，首先应关注儿童的生活，了解他们的经历和感受，再作反应。第三，弗洛伊德认为社会对儿童提出的有些要求，过于严格和刻板，特别是要求儿童对于某些本能必须完全克制，会使儿童无端地对自己的身体及其他自然的功能感到羞耻。弗洛伊德认为学校应该开展性教育，让儿童了解关于人和动物的繁衍的知识。虽然小学阶段处于弗洛伊德所说的潜伏期，性本能的活动比较安静，但儿童性发育的年龄较过去已有所提前，部分高年级小学生第二性征已开始发育，适当地对小学生进行性教育，帮助他们接受自己开始变化的身体形象，处理因身体变化而带来的心理问题，对于儿童形成自信、健康的心理品质是十分重要的。

人在成长中不可避免地要面临各种危机，中小学生主要面临的危机是在学校生活中如何取得较多的成功体验形成自强自信的性格，避免因遭遇过多的失败而自贬自卑。这就要求学校教育尽可能提供给学生多一些成功的机会，让每一个学生都有成功的体验。要达到这一目标就不能以学业成就这一单一尺度论英雄。要建立多维度的成功评价体系，让学生的优点和特长得到发挥，受到肯定。同时教育学生以自我为参照标准进行纵向比较，淡化横向的社会比较，使学生能够更多地体验进步，产生自豪感。

## 第二节　认知发展理论

瑞士心理学家皮亚杰提出的认知发展理论，是 20 世纪最有影响的发展理论之一。与他同年出生的苏联的著名心理学家维果茨基(L. Vygotsky,1896—1934),虽英年早逝,但他的思想却越来越受到心理学界的重视。本节将分别介绍皮亚杰与维果茨基的认知发展理论。

## 一、皮亚杰的认知发展理论

### (一) 皮亚杰认知发展论的基本观点

皮亚杰在从事智力测验的研究过程中,发现所有儿童对世界的了解都遵从同一个发展顺序,在认知过程中犯同类的错误、得出同样的结论。年幼儿童不仅比年长儿童或成人"笨",而且他们是以完全不同的思考方式进行思维的。为了更好地了解儿童的思维,他放弃了标准化测验的研究方法,开创了用临床法研究儿童智力的先河。通过细致的观察、严密的研究,皮亚杰得出了关于认知发展的几个重要结论。其中最重要的是他提出人类发展的本质是对环境的适应,这种适应是一个主动的过程。不是环境塑造了儿童,而是儿童主动寻求了解环境,在与环境的相互作用过程中,通过同化、顺应和平衡的过程,认知逐渐成熟起来。皮亚杰认为智力结构的基本单位是图式,它是指有组织的思考或行动的模式,是用来了解周围世界的认知结构。同化是指个体将外界信息纳入到已有的认知结构的过程,但是有些信息与现存的认知结构不是十分吻合,这时个体就要改变认知结构,这个过程即是顺应。平衡是一种心理状态,当个体已有的认知结构能够轻松地同化环境中的新经验时,就会感到平衡,否则就会感到失衡。心理状态的失衡驱使个体采取行动调整或改变现有的认知结构,以达到新的平衡。平衡是一个动态的过程,个体在平衡—失衡—新的平衡中,实现了认知的发展。

皮亚杰认为个体从出生到青少年期,认知发展可分为四个阶段。

1. 感知运动阶段(出生~2 岁),个体靠感觉与动作认识世界,又可以进一步分为 6 个子阶段。

(1) 反射练习阶段(0~1 个月),婴儿重复和提高先天就有的反应,练习无条件反射的能力,如吸吮乳头。

(2) 初级循环反应阶段(1~4 个月),婴儿重复自身的某种活动方式,尤其是那些带给他们愉快感受的动作,动作与视觉之间缺乏协调。"初级"的意思是这些行为来自于前一阶段的反射,如吸吮拇指。

(3) 次级循环反应阶段(4~8 个月),婴儿的注意集中在对物体的操作上,他们开始有意识地操纵物体和改变环境以重复体验那些令人愉快的动作,如一再摇动玩具听其发出的声音。

（4）二级反应协调阶段（8～12 个月），婴儿发展出更复杂的目标导向的行为，能够区分不同的目的应该采用的不同的方法。例如，当一个物体在婴儿和玩具之间时，婴儿会移走物体拿到玩具。当一个玩具离婴儿较远时，他可能会爬过去拿；或者通过抓玩具下面的布，使玩具移动到自己面前来。在这个阶段，婴儿获得了客体永存（object permanence）的初步概念。客体永存是皮亚杰提出的一个概念，指个体能够意识到一个不在视野范围内的人或物体依然是存在的。4～8 个月大的婴儿，玩具被藏起来后，他们看不见了，就会认为不存在了，因此不会费力去寻找。8～12 个月大的孩子则会寻找玩具，但他们会犯 A 非 B 错误（A，not-B error），即婴儿会倾向于到他们第一次发现玩具的地方寻找，而不是到玩具最后被藏起来的地方寻找。

（5）三级循环反应（12～18 个月），婴儿不再只是重复那些喜爱的活动，而是开始用尝试错误的方法来探索新的动作会产生怎样的结果，并找到实现目标的最佳方式。如当婴儿用手捏橡皮鸭时它会发出声音，婴儿也会看看用脚踩它是不是也会发出同样的声音。

（6）心理综合阶段（18 个月～2 岁），婴儿能够将行为图式内化为心理符号或意象并用来指导未来的行为。婴儿拥有了内部表征能力，通过词、数字和意象这些符号来代表记忆中的物体与事件，不再只受即时经验的束缚，具有了延迟模仿（deferred imitation）的能力，即当榜样不在眼前时对其行为的模仿。内部表征使得婴儿具有了假装的能力，他们可以假装自己在开车、在吃饭。不仅如此，内部表征使婴儿可以回忆过去并预测未来，因而可以用顿悟的方式解决问题。

2. 前运算阶段（2～7 岁），儿童不再依赖感知或动作进行思考，而是拥有了符号功能，开始用语言或表象来表征事件与物体。对儿童来说，延迟模仿、绘画、象征性游戏都是运用符号功能的范例。之所以称为前运算，是因为在皮亚杰看来，这一阶段的儿童尚未获得可以让他们进行逻辑思维的运算图式。皮亚杰对前运算儿童思维特点的描述也主要集中在其思维的局限与不足上。

（1）泛灵论（animism）

皮亚杰认为 2～4 岁的儿童处于前概念的阶段，他们的思想和概念用成人的标准看显然是不成熟的。年幼儿童常常把没有生命的物体，如太阳、月亮、风、云等看做是活的，因为它们会动，这种思维叫做泛灵论。学前儿童的泛灵论思维主要用于自然的东西，而不适用于人工的东西，如这阶段的大多数儿童不认为汽车是活的。

(2) 自我中心(egocentrism)

自我中心是指儿童在思考问题时总是以自己的角度为出发点,这并不是说前运算阶段的儿童很自私,而是指他们以为别人看到的世界与他们看到的是一样的。自我中心表现在两个方面:一是自我中心的语言,尤其是4岁前的儿童在对话时往往是各讲各的,有点鸡同鸭讲的意味,但4岁之后这种语言开始减少,例如在吵架时,儿童了解到自己的话引起了对方的不满,说明儿童可以注意到对方的想法。二是自我中心的空间视角。皮亚杰设计了一个名为三座山的任务,将一个有三座山的立体模型放在桌子上,一个玩偶放在桌子的对面,要求儿童从照片中找到一张代表玩偶看到的模型的样子,结果发现,大多数学前儿童挑选的照片都是自己看到的模型的样子。

(3) 集中化(centration)

集中化是指幼儿在思考问题时,只凭知觉所及,将注意集中到事物的单一维度而忽视了其他维度的现象。正是思维存在集中化的现象,使得幼儿在守恒任务中出现错误。例如,在液体守恒任务中,给幼儿观看两个一样的杯子装有等量的水,将其中一个杯子里的水倒入另一个细长的杯子里,问幼儿新杯子里的水是否与原来杯子里的水一样多,5岁孩子会认为新杯子里的水多一些,因为新杯子的水面高一些,而没有意识到新杯子虽然比原来的杯子高一些,但也细一些。

(4) 缺少可逆性思维

可逆性(reversibility)思维是指可以从正向思考问题也可以从逆向思考问题。幼儿还缺少这种思维能力,例如,问一个4岁的小男孩有没有兄弟,他回答说"有",又问他兄弟叫什么名字,他说叫小明。再问他小明有没有兄弟,他却回答"没有"。

3. 具体运算阶段(7～11、12岁)

这一阶段的儿童可以运用内部的心理运算解决问题。所谓运算是一种心理动作,儿童在心理进行可逆或补偿的动作,并不需要实际动手操作。具体运算是指儿童只能对于具体的事物或情境按照逻辑法则进行推理。

(1) 思维具有可逆性,能够完成守恒任务。

守恒是指物体某方面的特征(如重量或体积),不因其另一方面的特征(如形状)改变而改变。在液体守恒任务中,具体运算阶段的儿童可以运用三种形式的论断达到守恒。第一,同一性论断。例如上述液体守恒任务中,儿童认为既没增加水,又没拿走水,因此它们是相等的。第二,互补性论断。儿童认为高度的增加补偿了宽度的下降。第三,可逆性论断。儿童认为可将新杯子中的水倒回原来的杯子中,因此是相同的。不同的守恒任务,儿童通过的年龄是不同的,图 2-1 列出了几种主要守恒任务的平均通过年龄(费里德曼,2007)。皮亚杰称此现象为水平落后(horizontal decalage),儿童在该阶段的思维是非常具体的、与特定情境密切相连,因此不能将在一类守恒任务上获得的学习迁移到另一类守恒任务,尽管这些守恒任务所蕴含的原则是相同的。

| 守恒的类型 | 特征 | 物理外表的变化 | 平均的通过年龄 |
|---|---|---|---|
| 数量 | 集合中元素的数量 | 重新排列 | 6~7 岁 |
| 物质(质量) | 有延展性物质的量(如黏土或液体) | 改变形状 | 7~8 岁 |
| 长度 | 线段或物体的长度 | 改变形状或构造 | 7~8 岁 |
| 面积 | 表格覆盖的面积 | 重新排列 | 8~9 岁 |
| 重量 | 物体的重量 | 改变形状 | 9~10 岁 |
| 容量(体积) | 物体的容量(如排水量) | 改变形状 | 14~15 岁 |

**图 2-1 常用的守恒任务及儿童通过年龄**(引自费里德曼,2007)

皮亚杰认为守恒并不是教育的结果,它与儿童的神经成熟和对环境的适应有关。当儿童对事物的不同方面开始注意,并在心理上产生冲突时,是达到守恒的关键期。

(2) 掌握了类包含的概念。

小学儿童掌握了一类物体与其子类的关系。如给学前儿童呈现一束由 4 朵红花和 2 朵白花组成的花束,问儿童"红花多还是白花多",儿童一般都能正确回答红花多。但是当问到"红花多还是花多"时,学前儿童就不能正确回答。

但是小学儿童，由于具备了类包含的能力，对此类问题多能正确回答。

(3) 能够完成序列化的问题。

序列化指能以物体的某种属性为标准对其进行排序，从而进行比较。如小学生可以按高矮、大小、长短等标准对物体进行排序。与序列化有关的另一个概念是传递性(transitivity)，是指对一序列中各元素的关系进行推理的能力。如对于“小红比小明高，小明比小兰高，谁最高?”这样的问题，小学儿童已可以解答，但值得注意的是，小学生这种传递推理能力仅限于具体的事物，他们还无法应付抽象的问题。如对于“A 比 B 高，A 比 C 矮，三人中谁最高?”这样的问题，小学儿童往往不能正确解答。

(4) 掌握了群集的概念。

小学生已经明白两个子集可以组成一个新的集合，如男生人数＋女生人数＝学生总数。他们也可以逆推，如男生人数＝学生总数－女生人数。

4. 形式运算阶段(11、12～14、15 岁)，能在头脑中把形式和内容分开，使思维超出所感知的具体事物或形象，进行抽象的逻辑思维和命题运算。

(1) 具有了假设—演绎推理(hypothetical-deductive reasoning)的能力。

演绎推理是从一般到具体的推理，青少年开始明白如果前提是正确的，那么结论也是正确的，与事件是否真实无关。具体运算阶段的儿童在思考不存在的问题或从未发生的事件时会感到困难，但形式运算阶段的孩子则具备了思考假设命题并得出逻辑结论的能力。让我们看看，9 岁儿童(具体运算阶段)和 11 岁儿童(形式运算阶段)在完成一项名为“第三只眼”任务上的不同表现。该任务是这样的：“假设给你第三只眼睛，你会把它安放在身体的哪部分？请画出来并给出理由”。结果，所有 9 岁儿童都把第三只眼放在前额的两眼之间，与他们关于眼睛的具体经验相一致，给出的理由也缺乏想象力，如“我把它放在两只眼睛的旁边，如果一只眼睛没有了，我还可以用另外两只眼睛看”，他们对这项任务的评价也相当负面，认为相当愚蠢和无趣。相反，11～12 岁的儿童非常喜欢这项作业，表现出极大的想象力，如“我把第三只眼睛放在头顶的发辫上，这样任何方位我都可以看得到”(Shaffer，2004)。

(2) 具有了归纳推理(inductive reasoning)能力。

归纳推理是从具体观察推广到一般结论的推理形式，科学家常常通过归纳推理形成假设并系统地检验假设。英海尔德和皮亚杰(1958)做了一个钟摆实验以检验青少年的科学推理能力。研究者给出不同长度的绳子、不同重量的砝码，任务是找出影响钟摆摆动速度的因素。前运算阶段的儿童对此问题无能为力，他们看起来毫无章法，选择随意且不能理解或报告发生了什么。具体运算阶段的儿童能够发现变化绳子的长度和砝码的重量可以改变速度，但是他们往往同时变化这两个因素，因此无法得出是其中一个因素重要还是两个因素都重要。直到形式运算阶段的青少年才开始系统地对所有假设进行检验，每次只改变一个因素：首先是绳子的长度；其次是砝码的重量；第三是砝码释放的高度；最后是所用的力的大小。在改变一个因素时，其他三个因素都保持不变。用此种方法，最终会发现只有绳子的长度才是影响钟摆摆动速度的唯一因素。

皮亚杰在进行上述年龄阶段的划分时，提出下列重要原理：① 认知发展的过程中是一个结构连续的组织和再组织的过程，过程的进行是连续的，但它造成的后果是不连续的，故发展有阶段性；② 发展阶段是按固定顺序出现的，出现的时间可因个人或社会变化而有所不同，但发展的先后次序不变；③ 发展阶段是以认知方式的差异而不是个体的年龄为根据。因此，阶段的上升不代表个体的知识在量上的增加，而是表现在认知方式或思维过程品质上的改变。

### （二）皮亚杰认知发展论的教育意义

1. 皮亚杰认为知识的获得是儿童主动探索和操纵环境的结果，学习是儿童进行发明与发现的过程。他认为教育的真正目的并非增加儿童的知识，而是设置充满智慧刺激的环境，让儿童自行探索，主动学到知识。这意味着我们在教育中要注意发挥学生的主体性，不要把知识强行灌输给学生，相反，要设法向儿童呈现一些能够引起他们的兴趣、具有挑战性的材料，并允许儿童依靠自己的力量解决问题。

2. 皮亚杰认为应该为儿童提供适合其发展水平的教育。恰当的学习经验必须建立在已有的图式基础上，儿童从中等水平的新颖教育经验中获益最大，这类经验能激发儿童的好奇心，挑战他们当前对事件的认识，会促使儿童重新评价已有的知识经验，从而促进认知的发展。过于复杂的经验既不利于儿童对其进行同化，也难以顺应，因此不会产生新的学习。

3. 皮亚杰认为认知发展是呈阶段性的，处于不同认知发展阶段的儿童其认识和解释事物的方式与成人是有别的。因此要了解并根据儿童的认知方式设计教学，如果忽视儿童的成长状态，一味按照成人的想法，只会给儿童带来压力和挫折，让他们感到学习是一件痛苦而不是有趣的事，扼杀了儿童学习的欲望与好奇心。

4. 皮亚杰对认知发展阶段的划分是以个体认知方式而非年龄为标准的，个体认知发展的速率是不同的，有快有慢，并不是同样年龄的儿童其认知水平就是相同的。因此在教学中要注意个别差异,做到因材施教。

5. 皮亚杰很重视社会交往对儿童认知发展的作用。他认为与同伴一起学习,相互讨论,使儿童有机会了解别人的想法,特别是当他人的想法与自己不同时,会激发儿童进行思考,因为同伴间地位平等,儿童不会简单地接受对方的想法,而试图通过比较、权衡进而自己得出结论,这对儿童的去自我中心性的发展具有重要意义。教师常扮演权威的角色,儿童会养成被动接受"正确"答案的习惯,丧失了自主探索的机会。因此在教学中老师应注意引导学生去发现知识而不是给予,同时应多采取小组讨论、合作学习的形式。

## 二、维果茨基的社会文化理论

### (一) 维果茨基认知发展论的基本观点

维果茨基是苏联著名心理学家,虽英年早逝,但他的思想却越来越受到心理学界的重视。维果茨基认为在评价人类发展时应从四个互相联系的层面进行:① 微观发生(microgenetic)发展,指相对短暂的时间内发生的变化,如策略使用的变化;② 个体发生(ontogenetic)发展,指个体在一生中的发展变化;③ 系统发生(plylogenetic)发展,指经过数千年甚至数万年的进化而带来的变化;④ 社会历史(sociohistorical)发展,指文化、价值、规范和技术所发生的变化,这些变化构成了历史。维果茨基坚持认为人类的智力发展是经由文化传递给他们的信念、价值和智力工具实现的(Shaffer, 2004)。

维果茨基提出儿童的认知发展既不是其内在成熟的结果,也不完全决定于儿童的自主探索。成熟与主动探索固然重要,但不能使儿童取得长足的进步。要发展心智,儿童必须掌握文化提供给他们的智力工具——语言、文字、数学符号及科学概念,等等。

在各种符号中,最重要的无疑是语言。语言有很多功能,但最重要的功能是把我们的思想和注意从当时的情境中——从刺激作用的那一时刻解放出来。因为词能代表不在眼前的事物和事件,语言能使我们反映过去和计划未来。当人类运用符号时,他们投入了中介行为(mediated behavior),不只是对环境刺激进行反应;而且他们的行为也受到自己的符号的影响或者"中介"。对成长中的儿童来说,获得语言是非常重要的,它使儿童能够参与到所属群体的社会生活中,同时,语言也促进儿童自己的思考。另外两个重要的符号系统是文字和数学符号。文字的发明是人类的一个巨大成就,它使人类将信息永久地记录下来。数学符号使人们能以更加抽象的方式处理量的关系。文化所提供的这些符号系统对认知发展有重要影响，它们不仅是人与其他种系相区别的独特特征，也使纯抽象水平或理论层次上的推理等高级思维成为可能。由于社会文化因素具有很大的历史性和相对性，维果茨基的学说称为文化—历史学说。

维果茨基突出强调了语言与认知发展的关系。他认为语言具有调节思维与行动的功能。与皮亚杰一样，维果茨基也注意到了幼儿期出现的自我中心语言，但他们的解释却截然不同。皮亚杰认为自我中心语言是幼儿在思考时的一种缺陷，表明他们还不能根据听众来调节自己的语言。到了具体运算阶段，自我中心语言就会自动消失。维果茨基比较强调自我中心的积极作用，认为它能帮助儿童解决问题。他观察到儿童在遇到困难任务时，自我中心语言成倍地增加，说明儿童运用自我中心语言帮助其思维。因此他认为自我中心语言具有促进儿童心理发展的功能，而且他也不同意皮亚杰认为自我中心语言最终会消失的观点，他认为并没有消失，而是内化成内部语言，一种无声的对话。

维果茨基认为高级心理功能只有经过适当的教育才能获得。因此如何通过教育促进发展成为维果茨基关注的一个重要课题。维果茨基认为传统的成就测验只告诉我们儿童目前的发展水平，却没有告诉我们其潜在发展水平。要决定儿童学习的潜能，我们需要了解儿童在得到适当的帮助后能够达到的水平。他举例说，两个 8 岁男孩在传统的智力测验上得分相当，表明他们目前处于同一水平。但是当给他们呈现一些难题以致他们不能独立解决时，分别给他们一些小小的帮助，他们的差异就表现出来了。其中一个男孩得分达到了 9 岁的水平，而另一个达到了 12 岁的水平。显然，他们学习新事物的潜能是不同的。维果茨基把儿童独立所能达到的解决问题的水平与经他人指导帮助后所能达到的潜在发展水平之间的距离称为“最近发展区”。为此，维果茨基提出教育要走在发展的前面，教育必须面向未来，儿童今天通过他人的帮助才能解决问题，明天他将能够独立完成。

### （二）维果茨基社会文化论的教育意义

维果茨基提出的最近发展区的概念对教育具有重要的启示。由于教学应着眼于儿童的潜能发展，教师就不应只给儿童提供一些他们能独立解决的作业，而应布置一些有一定难度、需要在得到他人的适当帮助下才能解决的任务。如此，教学不只刺激了已有的能力，而且向前推动了发展。但要注意，最近发展区的概念容易使家长和老师更关注儿童的未来发展，应避免在儿童尚未掌握好当前的能力时，就把儿童推向更高一级的发展。同时还要注意儿童的潜能的发展在于获得老师或同伴的帮助，老师和同伴对儿童的认知发展提供了一种支架的作用，但要注意提供的帮助要恰如其分，必须适当。过多的话，会造成儿童依赖的心理。

维果茨基的最近发展区的概念也促进了合作学习教学模式的开展。在合作学习的课堂中，同学之间互相帮助，能力较差的学生可以从能力较强的同伴的教学中获益，而能力较强的学生则因充当了教师的角色也提高了自己的能力。很多研究表明，合作学习能够促进学生更有效地解决问题，与同伴一起解决问题提高了学生的参与动机，让他们有更多机会观察别人的思考方式并对自己的想法进行反省，从而对问题有了更深入的理解。而同伴作为指导者有时更为有效，因为他们更容易理解被指导者的困难，用他们可以明白的方式教授知识。

## 第三节　行为主义发展理论

与前面介绍的发展理论不同，行为主义发展理论并没有谈到年龄及心理发展阶段问题。而是致力于建立一套通用的原则，以解释各种年龄的人如何从经验中学习、形成新的习惯并放弃旧的习惯。行为主义发展理论是一种过程取向的理论，对于与年龄有关的学习本身的特性，或对于不同年龄阶段的人能够实现的行为类型的改变，则较少提及。

### 一、巴甫洛夫、华生和斯金纳的学习理论

俄国生理学家巴甫洛夫(1849－1936)堪称现代学习心理学之父，他通过对动物条件作用形成过程的研究为学习理论奠定了科学的基础。美国心理学家华生把巴甫洛夫的原则应用于心理学并使其成为心理学的主流。斯金纳看到了经典条件作用的不足，发展了操作条件作用理论。他们不像其他发展心理学家那样认为发展是内部成熟的过程或受个体的认知结构的制约，而是认为行为乃外部环境塑造而成，儿童的发展是由其所处的环境教育决定的。

#### (一) 巴甫洛夫的经典条件作用

巴甫洛夫的经典条件作用实验是把一只狗放在一间黑暗的屋子里，打开灯，30 秒后把食物放在狗的嘴里，诱导出分泌唾液的反射。开灯并提供食物，这个程序重复几次后，灯光，这个原本与分泌唾液无关的刺激，也会引起分泌唾液的反应。巴甫洛夫把食物叫做无条件刺激，而灯光是条件刺激，因食物引起的分泌唾液叫做无条件反射，灯光引起的唾液分泌叫做条件反射，整个过程叫

做条件作用。

经过实验研究，巴甫洛夫提出了条件作用的几个原则。① 条件刺激的呈现应在无条件刺激之前，如先开灯后给食物。巴甫洛夫及其学生发现如果条件刺激在无条件刺激之后呈现，很难对动物形成条件作用。其他的研究则发现条件刺激在无条件刺激呈现之前的 1.5 秒呈现，最易形成条件作用。② 消退。条件作用的形成并不是一劳永逸的。如果只呈现条件刺激，而不伴随无条件刺激，几次以后，动物将不会再作出条件反应，即反应消退了。③ 刺激的泛化。条件作用的形成往往是针对某一特定刺激的，但是动物有能力对与条件刺激相似的一些刺激作出条件反应。如狗被训练对某一声调的铃声作出条件反应后，它也会对不同声调的铃声作出反应。这种现象叫做泛化。④ 分化。泛化最终让位给分化的过程。如果继续呈现不同音调的铃声而不伴随食物，狗就开始更有选择性地作出反应，只对与最初的条件刺激最相似的刺激作出反应，这叫做刺激的分化。⑤ 高级条件作用。当条件作用形成后，可单独用条件刺激与另一中性刺激建立起联结。如巴甫洛夫的学生曾用铃声建立起狗的条件作用，然后在铃声出现时伴随着一个黑色的方形，几次以后，黑色的方形独自也可以引起狗分泌唾液。这种情况叫做二级条件作用，巴甫洛夫发现有时甚至可建立三级条件作用。

### （二）华生的环境决定论

华生是把学习理论的原则应用于儿童发展问题研究的最主要的心理学家。他认为儿童是被动的个体，其成长决定于所处的环境。儿童成长为什么样的人，教育者负有很大的责任。当他读到巴甫洛夫的研究成果后，开始认为经典条件作用的原则不仅适用于动物，人类的大部分行为也服从经典条件作用原理，并致力于儿童情绪的研究。

华生认为婴儿出生时只有三种情绪反应：恐惧、愤怒和爱。引起这些情绪的无条件刺激一般只有一两种，但是年长的儿童可以对很多的刺激产生这些情感反应，因此对这些刺激所产生的反应一定是习得的。例如，华生认为对婴儿来说只有两种无条件刺激可以引起恐惧，一个是突然的声响，一个是失去支持物（如从高空落下），但年龄大点儿的儿童对很多事物如陌生人、猫、狗、黑暗等都感到恐惧。对这些事物的恐惧一定是习得的。如一个小孩对蛇的恐惧是因为当他看到蛇时听到了尖叫声，蛇因而成为了一种条件刺激。华生和雷诺以一个 11 个月大的小男孩为被试，看能否通过条件作用让他对小白鼠产生恐惧。实验之初，小孩对小白鼠并不害怕，但经过条件作用后，小孩发生了很大变化。

实验过程如下：在小白鼠出现在小孩面前的同时，在小孩的背后用力击打一个物体发出巨响，引起孩子的惊吓反应。反复几次后，当只有小白鼠出现时，小孩也表现出害怕、逃避的反应。几天后，小孩对所有带毛的物体如狗、皮毛大衣等都感到害怕，可见，他的恐惧已经泛化。

华生的研究在实践上一个主要的应用是发展了一套对恐惧进行去条件作用的方法。这种方法在当代来说即是一种行为矫正或称之为系统脱敏法。这个研究是针对一个叫皮特的三岁小男孩进行的，他是一个健康活泼的孩子，但对兔子等动物感到害怕。华生和他的助手琼斯为消除其恐惧采用了如下程序：首先，在皮特喝下午茶时，将关在笼子里的兔子放在距离皮特较远且不会对他产生威胁的地方。第二天，将兔子拿到较近的距离，直到皮特感到一丝不安。接下来的每一天，兔子都被移近一点儿，但在实验者的关照下，并不会给皮特带来太多的麻烦。终于皮特可以做到一边吃东西一边与兔子玩。用同样的方法，琼斯消除了皮特对其他物体的恐惧。

基于经典条件作用理论，华生对养育孩子也提出了独到的见解。他认为父母应避免拥抱、亲吻婴儿。因为这样做很快就会让婴儿把看见父母与纵容的反应联系起来，就不会学习离开父母独自探索世界。他主张把孩子当成小大人般对待，用良好的方式训练他们，从而使儿童从小养成好的习惯。

### （三）斯金纳的操作条件作用

从学习理论的观点看，经典条件作用似乎只限于对某些反射或先天的反应进行条件作用。对于人们是如何学习复杂的技能及进行主动的学习，经典条件作用很难进行解释，于是心理学家开始研究其他形式的条件作用。斯金纳就是其中最有影响的一位。同华生一样，他也是一位行为主义心理学家，但他研究的条件作用并不是巴甫洛夫式的。在斯金纳看来，巴甫洛夫所研究的反应其实是一种应答，是由刺激自动引起的，大多数这样的应答都是简单的反射。而斯金纳感兴趣的是操作性的行为，是对环境的主动操作。个体在环境中可能有多种反应，哪些行为保留下来或更可能再次发生，取决于行为发生之后所得到的强化。

为了研究操作性条件作用，斯金纳发明了一种仪器，叫做“斯金纳箱”。动物在里面可以自由活动，当它无意中压了杠杆时，会得到食物作为奖励。以后，动物就会更经常地挤压杠杆。用反应的比率作为测量学习的指标，当反应受到强化时，它发生的比率也会增加。

斯金纳认为，操作性行为在人类生活中比应答性行为扮演着更为重要的角色。如读书并不是由某一具体刺激引起的，而在于读书曾给我们带来的结果。如果读书得到的是奖励，比如好的成绩，人们就更可能投入这种行为。因此行为是由其结果决定的。

操作性行为的保持及去除与强化有直接关系，因此如何对行为进行强化就显得至关重要。形成操作性条件作用应注意以下原则。① 强化与消退。可充当强化的事物有很多，有些强化如食物或去除痛苦叫做一级强化，它们本身就带有强化的属性。有些强化如成人的微笑、表扬或注意则是条件性强化。它们的效能取决于与一级强化的联结频率。当行为得不到强化时，就会渐渐消退。如有些孩子的讨厌行为仅仅是为了得到成人的注意，如果对这些行为不予注意，这些不受欢迎的行为就会逐渐消失。② 及时强化。对反应及时给予强化，它才会保留下来。这一点对教育孩子有特别重要的意义。对好的行为及时表扬，这种行为再次发生的可能性就高，如果强化延迟了，行为将不会得到加强。③ 操作性行为的获得并不是按照"全或无"的法则进行的，通常是逐步学会的。儿童的行为获得也是如此。当儿童的行为向正确的方向发展时，就会得到强化、肯定，并对他提出进一步要求，每取得一定的进步都会得到强化，通过这种方式，儿童最终掌握了完全正确的行为。④ 强化的时间安排。人们的日常行为很少受到连续强化，大多都是间歇强化。如并不是每次看电影都会感到赏心悦目。间歇强化的不同安排会有不同的效果。一种安排叫做固定间隔式，即每隔一段时间给予一次强化，这种安排下的反应速度是相当低的。另一种安排是固定比率式，即反应每达到一定的次数，即会获得奖励，这种安排能带来较高的反应速度。但这两种安排在有机体得到强化后都会表现出一个反应安静期，仿佛他们知道距下一次强化还远着呢！这种安静期可以通过不定期强化或不定比率强化得到避免。前者是将奖励的时间间隔进行灵活变动，后者是将能够得到奖励的反应次数设为可变的。在这两种情况下反应的速度都相当快，之所以能保持反应是因为奖励随时都可能来。间歇强化形成的行为要比连续强化获得的行为更不易消退。当我们希望教会学生一个好的行为时，最好由连续强化开始，但是要想使行为保持下去，最好使用间歇强化。⑤ 负强化和惩罚。前面提到的强化都是正强化，强化意味着提高了反应的速度或可能性。正强化是通过给予一些正面的结果如食物、表扬、注意的方式加强了行为；负强化是通过去掉某些不好的、不愉快的刺激令反应得到增强。如学生为了避免受到老师的批评而认真学习。老师的批评就是负强化。负强化与惩罚不同。惩罚不是为了增强而是试图去掉某些行为反应。当发生了某些不好的行为后，给予不愉快的刺激，这就是惩罚。但是惩罚往往不一定有效并会带来一定的负面的结果。首先，惩罚往往是将不良行为压抑下去，但并没有教导出新的行为。儿童并没有因惩罚而学会更有建设性的行为。其次，惩罚易使人产生怀恨心理，对惩罚者心怀不满，并常常表现出攻击行为。第三，在成人眼里是惩罚，在儿童眼里可能变成奖励。如儿童做出不良行为，可能就是为吸引成人的注意，成人若加以惩罚，正是对儿童的注意，儿童不但不会改变行为，反而会变本加厉。

斯金纳的操作条件理论在实践中主要应用于行为矫正和程序教学。在行为矫正方面，对不良行为给予惩罚或不予注意，对好的行为给予奖励，坏的行为就会逐渐消退，而好的行为就会渐渐保留。程序教学允许学生选择短文，回答问题。它遵循几个原则，第一是小步子原则，行为的获得是循序渐进的。第二，学习者是主动的，这是有机体的自然条件。第三要及时反馈。

斯金纳与传统的发展心理学家的不同主要有三方面。第一，发展心理学家常讨论内部事件。皮亚杰讨论复杂的心理结构，弗洛伊德谈论无意识，这些都是无法直接观察的内部过程，斯金纳则认为这些概念使我们远离科学。第二，对于发展阶段的含义和重要性，斯金纳与发展心理学家也不同。例如在皮亚杰的理论中，阶段是一个关键的变量，是预测儿童可以学习哪些经验的一个指标。但斯金纳认为环境对行为的塑造是以一种渐进的、连续的方式进行的，年龄只是对研究者确定如何塑造或保持行为时有帮助。第三，也是最重要的分歧，是行为变化的源泉问题。发展心理学家认为儿童的思想、情感和行动是来自内部的自动发展过程，儿童的好奇心或内部成熟时间表决定或促进了儿童的发展。斯金纳则认为行为是受制于环境的。

### (四) 条件作用理论对于教育的意义

尽管人们对行为主义的学习理论有诸多批评，但却不能不承认，时至今日，强化与惩罚仍是课堂环境中老师用来控制学生行为的重要手段。作为教师，掌握强化的作用和原则将有助于塑造学生良好的行为习惯和矫正学生的不良行为。当学生表现出好的行为时要及时给予强化、加以肯定，但要注意，强化应以表扬、微笑等精神性奖励为主，少用物质性奖励，以免使学生养成为了获得外在奖赏而学习的习惯，因为心理学的研究表明，外在奖赏可能会降低学生的学习兴趣和内在动机。注意了解学生行为的真正目的，避免将对学生行为的惩罚反变成了对其行为的强化，使学生的不良行为得以继续保持。鉴于惩罚的负面作用，要谨慎使用。

## 二、班杜拉的社会学习理论

班杜拉(A. Bandura,1925—　)不同意华生和斯金纳的外界刺激是行为的决定因素的观点,相反,他认为人的认知能力、对行动结果的预期直接影响人的行为表现。他把强化视为个体对环境认知的一种讯息,即强化物的出现等于告诉个体,其行为后果将带给他的是惩罚或奖赏,人们正是根据这种讯息的预期决定自己的行为反应的。同时,班杜拉还认为人类的学习大多发生于社会情境中,只有站在社会学习的角度才能真正理解发展,他将自己的理论称为社会认知学习理论。

### (一) 观察学习

斯金纳认为学习是一个渐进的过程,在这个过程中,有机体必须主动学习。但班杜拉认为在社会情境下,人们仅通过观察别人的行为就可迅速地进行学习。当通过观察获得新行为时,学习就带有认知的性质。

在一个经典研究中,班杜拉(1965)让 4 岁儿童单独观看一部电影。在电影中一个成年男子对充气娃娃表现出踢、打等攻击行为,影片有三种结尾。将孩子分为三组:奖励攻击组、惩罚攻击组、控制组,他们分别看到的是结尾不同的影片。奖励攻击组的儿童看到的是在影片结尾时,进来一个成人对主人公进行表扬和奖励。惩罚攻击组的儿童看到成人对主人公进行责骂。控制组的儿童看到成人对主人公既没奖励,也没惩罚。看完电影后,将儿童立即带到一间有与电影中同样的充气娃娃的游戏室里,实验者透过单向镜对儿童进行观察。

结果发现看到主人公受到惩罚的孩子表现出的攻击行为明显少于另外两组,而奖励攻击组与控制组之间则没有明显差别。在实验的第二阶段,让孩子回到房间,告诉他们如果能将榜样的行为模仿出来,就可得到桔子水和一张精美的图片。结果,三组孩子,包括惩罚攻击组的孩子,模仿出的内容是一样的。这说明替代性惩罚抑制的仅仅是对新反应的表现,而不是获得,即儿童已学习了攻击的行为,只不过看到榜样受罚,而没有表现出来而已。

班杜拉认为观察学习包括四个部分。① 注意过程。如果没有对榜样行为的注意,就不可能去模仿他们的行为。能够引起人们注意的榜样常常是因为他们具有一定的优势,如更有权力、更成功等。② 保持过程。人们往往是在观察榜样的行为一段时间后,才模仿它们。要想在榜样不再示范时能够重复他们的行为,就必须将榜样的行为记住。因此需要将榜样的行为以符号表征的形式储存在记忆中。③ 动作再生过程。观察者只有将榜样的行为从头脑中的符号形式转换成动作以后，才表示已模仿行为。要准确地模仿榜样的行为，还需要必要的动作技能，有些复杂的行为，个体如不具备必要的技能是难以模仿的。④ 强化和动机过程。班杜拉认为学习和表现是不同的。人们并不是把学到的每件事都表现出来。是否表现出来取决于观察者对行为结果的预期，预期结果好，他就会愿意表现出来；如果预期将会受到惩罚，就不会将学习的结果表现出来。因此观察学习主要是一种认知活动。

### （二）自我调控

随着社会化程度的不断加深，人们对外部奖励与惩罚的依赖越来越少，更多的是依靠自己的内在标准对自己的行为进行奖励和惩罚，即对行为进行自我调控。自我调控包括自我观察、自我评价和自我强化三种成分。人们进行自我评价的标准是怎样获得的呢？班杜拉认为一方面是奖励与惩罚的产物，同时也是榜样影响的结果。例如，如果父母只在孩子取得高分时才予以表扬，很快孩子就会把这种高标准变为自己的标准。同样，如果榜样为自己设立高标准，受其影响，儿童也会为自己设立高标准。然而，在现实生活中，存在大量的榜样，其中有些人为自己设定的是高标准，但为自己设定低标准的也不乏其人。那么，儿童会采纳谁的标准呢？班杜拉认为儿童更愿意采纳同伴而不是成人的标准，因为相对来说，同伴的低标准更易达到。要使儿童为自己设定高标准，班杜拉则建议说，可让儿童接触那些为自己设定高成就标准的同伴，或为儿童提供因高标准而得到回报的例子。

为自己制定高标准的人通常都是勤奋努力的人，努力也会带来成就。但同时，要达到高标准也是相当困难的。为自己设立高目标的人，更容易体验到失望、挫折和抑郁。为避免抑郁，班杜拉建议把长远目标分成若干子目标，这些子目标应该是具体的、可实现的，当达成子目标时，即对自己进行奖励。

### （三）自我效能

外在奖赏及榜样对高标准的设定和维持有重要影响是毫无疑问的。班杜拉认为自我控制和坚持严格的成就标准的原始动机来自于个体的内心，而非外在的环境。当人们实现了追求的目标时，就会觉得有能力，就会感到自豪、骄傲；如果无法达到标准时就会感到焦虑、羞愧和没有能力。这种从成功的经验中衍生出来的能力信念叫做自我效能（self-efficacy）。自我效能影响人们对任务的选择、遇到困难时的坚持性及努力的程度。例如一个学生认为自己擅长数学，就会选择具有挑战性的数学问题，当面临困难时，由于对自己的能力有信心就会坚持不懈、付出更大的努力。而对自己能力缺乏信心的学生，可能就会选择较为简单的任务，这些任务并不能使他的能力进一步提高。在遇到困难时，也更容易放弃，结果是阻碍了能力的发展。自我效能信念不仅影响了我们选择什么样的活动，也决定了我们是什么样的人，以及将成为什么样的人。

个体的效能信念主要受到四个方面的影响。第一是掌握的经验，这是形成高的效能信念的最有效途径。成功有助于建立较高的效能信念，失败则会降低效能信念，尤其是个体稳定的效能信念尚未建立起来时，失败对效能的负面影响就更大。通过掌握的经验来发展自我效能，并不是运用已经形成的习惯完成任务从而获得成功的体验，而是要运用认知的、行为的以及自我调控的工具来管理不断变化的生活环境。如果人们只体验到简单的成功，就会急功近利，并很容易因失败而气馁。真正能经受住失败考验的效能信念必须有经过持久的努力从而克服困难取得成功的体验。第二，通过观察榜样而得的替代性体验(vicarious experiences)也能影响个体的效能信念。看见与自己相似的人通过不懈的努力而取得成功，会令人们相信自己也具有掌握活动的能力。同样，观察到别人通过高努力而失败也会降低自己的效能信念并降低动机水平。榜样对个人效能信念的影响主要取决于个体与榜样之间的相似程度，相似性越大，榜样成功与失败的事例越具说服力；如果榜样与个体很不同的话，个体的效能信念就不会受榜样的强烈影响。第三，社会说服(social persuasion)也是增强个体取得成功信念的重要因素。用语言说服人们相信自己具有掌握给定任务的能力，会使个体在遇到困难时付出更大的努力。但是社会说服不仅会提升个体的效能信念同时也会降低效能信念。不现实地提升效能信念很快会被令人失望的结果所粉碎，使个体放弃努力。所以成功地建立效能信念不只是要传递正面的效能信息，而且要建构带来成功避免失败的情境，并鼓励个体根据自己的进步来衡量成功而不是与他人进行比较。最后，效能信念还部分依赖于进行能力判断时的生理和情绪状态。人们根据自己的紧张反应和紧张程度作为表现不佳的信号。正面的情绪能增强自我效能知觉，失望的情绪状态会降低自我效能。所以可以通过增强身体状态，减少紧张和负面的情绪倾向，以及纠正对身体状态的错误解释来改变效能信念(Bandura，1995)。

### (四) 社会学习理论的教育意义

社会学习理论认为儿童不需要强化，仅通过观察榜样的行为就可获得学习。因此榜样对儿童有重要影响。对儿童来说，不仅老师、父母、同伴是重要的榜样，大众传媒也是重要的榜样。这就要求老师和父母以身作则，为儿童树立正面的榜样。同时要注意儿童与哪些人交往，阅读的书籍、观看的电影、电视、录像是否健康等。

儿童的行为由外塑到内发，这既是个体逐渐成熟的结果，更是教育引导的结果。不仅要用各种标准来规范儿童的行为，更重要的是引导学生认同、采纳这些标准，并对自己的行为进行调节，成长为具有自我调控能力的人。

自我效能是一种期望结构，具有动机的性质。学生自我效能的高低，影响他对任务的选择、投入、努力的大小及遇到困难时的坚持性。教师应帮助学生保持相对准确但却是较高水平的期望和效能，避免让学生产生无能的错觉。要培养学生具有能力是可变的信念，减少相对能力信息。通过给学生布置有相当挑战性但难度又合理的任务和作业，让他们在这些任务上取得成功来提升学生的自我效能信念往往比说教更有说服力。

## 第四节　生态学观点

环境论者把任何能够对个体发展产生影响的外在力量皆谓之环境，显然，这样的环境概念的内涵是不够清楚的。近来，一些心理学家从探讨影响发展的外在因素的角度出发，提出了发展的生态学观点。其中对环境及其影响作出最为详尽分析的心理学家当推布朗芬布伦纳（Bronfenbrenner，1979；1989；1993）。

### 一、生态学观点

布朗芬布伦纳（1917—2005）认为在实验室这种高度人工化的环境下研究发展，其生态学效度很低，自然状态下的环境才是影响儿童和青少年发展的主要因素。他认为发展是人与环境相互作用的产物，其理论最大的贡献与特色是对儿童所生长的社会生态环境进行了分层。布朗芬布伦纳将环境定义为嵌套结构，如同俄罗斯玩具套娃一样，环境之外还有环境。儿童置身于这些系统中，不仅受系统中出现的人的影响，也会同时影响这些人。而且不同系统之间也直接或间接地发生互动，共同制约着儿童的发展。

布朗芬布伦纳认为个体所处的生态环境至少可以分为四个系统，分别为微小系统、中间系统、外在系统和宏大系统。

1. 微小系统（Microsystem）

微小系统处在最里层，对大多数婴儿而言，微小系统可能仅指家庭。然而，随着年龄的增长，儿童逐渐接触到幼儿园、学校和其他社会场所，微小系统就变得越来越复杂。不仅微小系统对儿童会产生影响，儿童自身的特征如习惯、气质、能力甚至外貌也会对他人产生影响。例如，人们往往会对长相可爱的孩子有更多的偏爱与期望，而攻击性强的孩子可能会受到其他同伴的排斥等。微小系统中任何两个个体之间的互动也会受到第三方的影响。如在大家庭中，祖父母可能会干涉父母对子女的管教行为。夫妻关系对子女也有影响。夫妻关系出问题时，母亲对待子女可能会出现情绪化、不理智的现象。

2. 中间系统(Mesosystem)

中间系统指的是微小系统之间的联系与相互关系。布朗芬布伦纳认为如果家庭、学校、同伴群体等这些微小系统之间是互相支持、协调一致的，儿童就会得到最优化发展。例如，儿童在学校是否能取得良好成绩，不仅与教师的教学水平、教学态度、学校资源有关系，也与父母对孩子教育的重视程度有关系，还可能与儿童结交的朋友有关系。

3. 外在系统(Exosystem)

在中间系统之外是外在系统，它是儿童虽未直接经历但仍对其发展产生影响的环境。如父母从事何种工作、他们的工作压力等会通过家庭这个微小系统对儿童产生影响。

4. 宏大系统(Macrosystem)

最外层是宏大系统，是指微小系统、中间系统和外在系统所处的文化和亚文化环境。如儿童所处社会的价值观念，对培养儿童的目标定位、方式、方法的看法等都会对儿童产生较大的影响。在集体主义文化为主流的社会中长大的孩子和在崇尚个人主义的社会中长大的孩子在价值观念上肯定会有很大不同。另外社区文化也很重要，可能会影响青少年的犯罪率的高低。

最后，布朗芬布伦纳还提出一个时间系统(Chronosystem)。儿童世界的稳定性或变化的程度都属于时间系统因素，如家庭成员、居住地及父母就业情况的变化，以及战争、经济圈和移民潮(Papalia, Olds, Feldman, 2004)。该系统强调时间对儿童及生态环境发展变化的影响，如处于青春期的青少年，其认知和生理变化是亲子冲突增加的一个重要原因。而环境变化的作用也受儿童年龄大小影响，如父母离异对年幼儿童的影响要大于对青少年的影响(Shaffer, 2004)。

## 二、生态学观点的教育意义

儿童生长在家庭、学校和社会所构成的生态系统中，这些生态系统既存在不同层次的关系，也存在相互作用，既可能直接对儿童产生影响，也可能透过其他系统对儿童产生间接的作用。因此儿童的教育就不仅仅是属于某一教育部门或机构的职能，家庭、学校和社会应该互相配合、齐抓共管，共同关心下一代的健康成长，为儿童创造一个良好的生态环境。在试图理解学生的行为时，教师最好能勾画出儿童成长的生态图，分析可能对儿童产生影响的各个小环境及相互关系，与家庭、社区做好沟通。

## 思考与练习

1. 弗洛伊德的人格理论中的本我、自我和超我可以比喻成为政府机构中的三个部门。哪种成分起了执法作用？哪种起了司法作用？哪种起了立法作用？
2. 某博士要为当地小学制定一个教学计划，其理论观点是：儿童通过失败和总结教训而得到最佳的学习效果，总结探索解决问题的方法胜过直接给他们一个答案。该观点是根据谁的理论提出来的？具体内容有哪些？
3. 如果离婚后父母双方能够在抚养孩子的问题上达成协议，相互支持，那么他们的孩子会发展得较好。哪种发展理论最适合解释这一观点？如何解释？
4. 什么是同化和顺应，它们有什么联系与区别？
5. 维果茨基的发展观与皮亚杰的发展观有何异同？两种理论对教学实践有什么启示？
6. 请说明维果茨基提出的最近发展区的思想和意义。
7. 学习理论是如何解释人的行为获得的？

# 第三章　发展的基础

人类个体在哪一阶段的发育最为迅速？大多数人认为是生命的最初两年，即从出生到两岁这一阶段的发育最迅速。其实不然，在母体中孕育，从一个单一细胞受精卵神奇地发育成有生命的人类个体的过程才是最迅速的。

## 第一节　遗传与生命

“我是从哪里来的？”这是个让幼儿们倍感困惑的问题，孩子们往往从父母那里得到类似“从垃圾堆里捡回来的”、“从石头缝里蹦出来的”等搪塞的答案。其实一个新生命的诞生是一瞬间的事，当来自爸爸的其中一个精子与来自妈妈的卵子结合成“受精卵”的那一刻，一个神奇的新生命就诞生了。

### 一、怀孕是怎样发生的

要了解遗传的机制、生命的起源，必须先从受孕开始。当女性卵巢定期排出的卵子在通过输卵管到子宫的过程中与男性的精子相遇而受精的那短暂的一刻生命便开始了。

人类身体中最大的细胞是卵细胞，即卵子，它的直径大约为 0.15 毫米。通常女性一生中拥有的卵子在出生时就已出现在卵巢，多达 40 万个。它们是原始的、不成熟的，每个卵子都被一个小囊包裹着。但是，这些卵子能够成熟排出的大约有 400～500 个。在性成熟以前，超过一半的卵子就已萎缩。成熟的卵子将在女性青春期与绝经期之间释放出来，约每 28 天排出一个卵子。相比于女性的卵子，男性的精子则是极大丰

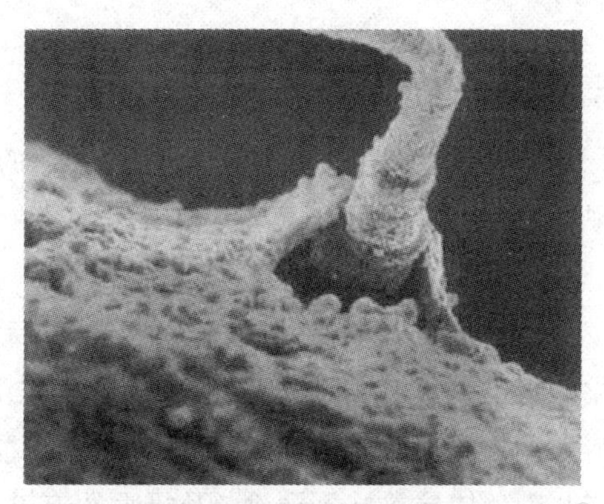

图 3-1　精子正在穿透卵子壁

富的。一次射精就可排出约几千万的精子,从青春期一直持续到死亡。男女性交高潮时,男性将数百万精子射入女性的阴道,精子们摆动着鞭子般的尾巴通过子宫颈游向输卵管,大部分精子在此过程中都会死亡。如果精子在输卵管里没有与卵子成功发生受孕,精子和卵子都将在女性身体里死亡。而当某个精子幸运地在某个输卵管中与卵子融合时,就形成了“受精卵”,一个独特的、崭新的生命细胞被创造出来,这也是我们每一个人生命的开始。

## 二、多胞胎

怀孕通常是单胎受孕,特殊情况下会出现双胞胎,甚至多胞胎。双胞胎有两种:一种是同卵双生子(又被称为单精合子),一种是异卵双生子(又被称为双精合子)。同卵双生子是一个已经复制的受精卵分裂成两个完全一样的细胞,发育成两个个体,因此含有相同的基因序列,性别相同,共有所有的遗传特征,因此看起来很相似。异卵双生子则不同,它是母亲因特殊原因同时排出两个卵子,与两个不同的精子受孕产生的,因为它由不同的受精卵发展而来,并不比在不同时间出生的兄弟姐妹具有更多的相同基因序列。因此,看起来并不相似,性别可能相同,也可能不同。

人类双胞胎的生产几率低于 2%,同卵双生子比异卵的更稀少,全世界范围内,大约每 250 次生育中只有一对。当然,三胞胎、四胞胎,甚至更多胞胎的几率更小。与单胎相比,生育多胞胎,无论是在胎儿发育还是在出生过程中,都存在更高风险。因此,生育多胞胎时需做好充分的围产期检查及孕期危险预防。

## 三、基因和染色体异常

绝大多数新生儿会健康出生,约 5%的新生儿可能有某种先天性缺陷。其中有很大一部分是由于基因或染色体异常导致的。

### (一) 染色体及基因异常

正常情况下,生殖细胞在减数分裂过程中,46 个染色体将平均分配到新形成的精子或卵子中。但有时会出现精子或卵子中染色体过多或过少的现象。绝大多数此种染色体异常是致命的,很可能导致发育停滞或者自然流产。然而有些染色体异常并不致命,因此大约有 0.04%染色体异常儿童会顺利出生。有些染色体异常是遗传导致,有些则出现在孕期发育过程中(Papalia 等,2005)。染色体异常包括性染色体异常和常染色体异常。

1. 性染色体异常

因第23对染色体产生的异常称为性染色体异常，如克朗菲尔特氏综合征(Kylinefelter syndrome)，即为男性生来带有一个多余的X染色体或Y染色体，而呈现XXY或XYY的异常基因型。表3-1列出了几种常见的性染色体异常的类型、特征、发病率及治疗对策，以供读者参考。

**表3-1　性染色体异常**

| 类型 | 特征 | 发生率 | 治疗 |
| --- | --- | --- | --- |
| XYY或XXY(克朗菲尔特氏综合征) | XYY：男性，身材高大，IQ较低，特别是言语智力存在缺陷 | 1/1000的男性新生儿 | 无特殊治疗对策 |
| | XXY：男性，不育，第二性征发育不全，睾丸较小，学习障碍 | 1/1000的男性新生儿 | 激素治疗；特殊教育 |
| XXX(多X) | 女性，外表正常，月经不规律，学习障碍、智力发育迟缓 | 1/1000的女性新生儿 | 特殊教育 |
| XO(脱纳综合症) | 女性，身材矮小，无月经，不育，空间思维能力较差，性器官及第二性征发育不全 | 1/(1500～2500)个女性新生儿 | 激素治疗；特殊教育 |
| 脆性X染色体综合症 | 智力延迟(从轻度到严重不等)；语音及运动发展迟缓，由母亲遗传给子女时，更可能导致子女智力发展滞后 | 1/1200女性新生儿<br>1/1200男性新生儿 | 进行教育和行为治疗 |

(引自Papalia等，2005)

2. 常染色体异常

最常见的常染色体异常是唐氏综合症(Down Syndrome)，也称为21-三体综合症，形成该症的直接原因是卵子在减数分裂时21号染色体不分离，形成异常卵子，导致患者的核型为47，XX(XY)。年龄过高(35岁以上)、过小(20岁以下)均是导致21-三体综合征发生的危险因素，亦有报道与父亲的年龄过高也有关。

我国活产婴儿中唐氏综合症的发生率约为0.5‰～0.6‰，男女之比为3∶2，60%的患儿在胎儿早期即夭折流产。患儿的主要临床特征为智能障碍、体格发育落后和特殊面容，并可伴有多发畸形。50%患儿伴先天性心脏病，患急性白血病的几率是正常人群的20倍。唐氏综合症缺陷儿带给家人精神上的负担和感情上的伤害是无法估算的。

目前，唐氏综合症的确切发病机制尚未明了，研究人员在胚胎学和神经病理学方面做了较多的研究，已经取得了一些进展，推测这类畸形可能是由于三倍体基因所决定的。另外此类疾病也无法有效治疗。因此只能通过产前诊断和选择性流产预防唐氏综合症新生儿的出生。所以对孕期为10～22周的妇女进行普遍筛查十分重要。

3. 基因异常

新生儿出生缺陷中除了染色体异常之外，还有一种情况是基因异常，多数基因引起的异常是隐性特质，患者的近亲很少表现出这种隐性特质。除了男孩可能出现的性连锁性缺陷外（隐性基因来自于母亲），这种异常只有在双亲都遗传了有害的等位基因，且患者从父母双方那里都获得了这个特定的基因时才会表现出来。

#### （二）染色体及基因异常的预防

由染色体或基因异常导致的疾病或出生缺陷较为严重，有些甚至无法治疗，对儿童及其家属都会造成无法估计的伤害。因此，做好胎儿期的检测预防工作非常必要。在胎儿期，多数染色体或基因异常可以通过适当的检测技术提早监测，目前常用的出生前诊断技术包括羊水诊断、绒毛膜取样（CVS）、超声波检查、使用胎儿镜进行检查以及胚胎着床前的诊断。

## 第二节　胎儿期的发展

### 一、胎儿发展的阶段

当精子在输卵管成功地与卵子融合，形成受精卵后，这个单细胞将经过280天的发育，成为一个成熟胎儿。胎儿发育分成三个阶段：胚种期（germinal period）、胚胎期（embryo period）和胎儿期（fetus period）。

胎儿和新生儿的身体发育和动作发展都遵循两个原则：一是头尾原则（cephalocaudal principle），即指发展都是从头到脚，从上到下的。在孕期的头两个月，胎儿的头部是整个身体长度的一半，在出生时，头部则是整个身体的1/4。二是近远原则（proximodistal principle），是指发展是从中部开始，由近及远，由中央到外周，依次进行。胎儿的头和躯干发展在先，四肢在后，手臂和腿的发展又先于脚和脚趾。

#### （一）胚种期（从受孕到第2周）

受孕后的头两周为胚种期，即指从怀孕开始，直到受精卵完全固着在子宫壁上这一过程。这是孕期发展中最短的阶段。该阶段发育任务包括：形成受精卵、持续性地细胞分裂、分化、在子宫内成功着床。

1. 受精与细胞分裂

成功受精后，受精卵一边顺着输卵管中的液体向子宫漂移，一边快速地分裂。最初分裂成两个，72 小时后，大约有 16～32 个细胞。直到分裂成超过 8000 亿的独立的子细胞。

2. 着床与分化

第 4～5 天，受精卵进入子宫腔，形成一个包括 60～80 个细胞的球形结构体，称为“胚囊”。怀孕后约一周，胚囊到达子宫，它会释放一些酶，并在其外层长出细小的绒毛。绒毛“着床”在子宫内壁，与母亲的血液供应系统连接起来，吸收母亲血液内的营养，从此胎儿与母亲建立了心身连接，直到胎儿出世为止。受精卵成功着床以后母亲的月经会停止。

在形成胚囊的同时，细胞组织已经分化。胚囊的一部分细胞将形成胚胎。其余部分将发育成为胎盘、脐带和羊膜囊，负责保护胚胎并向发育中的各种器官提供养分。胎盘是一个神奇的半透明屏障，它能阻止母体与胚胎的血管混合在一起，同时又能允许一些足够小的分子如气体(氧气和二氧化碳)、盐、各种营养物质(如糖类、蛋白质和脂肪分子)及代谢废弃物通过，发挥着代谢交换、维持胎儿生存和发育的重要作用。只有 10%～20%的受精卵可以成功着床，继续后期发育。

**(二) 胚胎期(3～8 周)**

怀孕后的第 3 周到第 8 周为胚胎期。这个时期的发育快速且关键，身体器官、呼吸系统、消化系统以及神经系统都将在这个阶段发育形成。怀孕第三、四周，胎盘急速分化成三个细胞层：① 外胚层(胎盘最外层)，将发育成神经系统、表皮、毛发、指甲和牙齿；② 中胚层，将发育成肌肉、骨骼、血液和循环系统；③ 内胚层，将发育成肝、腺体、消化系统、循环系统及泌尿系统。身体的每个部分都将由这三层细胞组织发育形成。

这个阶段胚胎依据头尾和近远原则从头到脚、从内向外进行发育。第 3 周，首先形成神经管，进而发育成大脑和脊髓。第四周，心脏形成并能够跳动。眼睛、耳朵和嘴开始形成，胳膊和腿也开始萌芽。到怀孕的第 5～8 周，眼睛、耳朵发育完好，四肢开始向四周发育，最先形成上臂，接着形成前臂、手和手指；双腿也是如此。第 7、第 8 周性器官开始发育。胚胎期末，胚胎的大脑已开始支配肌肉的收缩，且循环系统开始发挥自身功能，胚胎能够自身造血，此时的胎儿在外形上已非常像人类，长度约为2.5厘米，重量不到7.5克。

胚胎期比其他任一时期都更容易受到外界环境的影响，更容易导致先天发育畸形或缺陷。另外，大多数人工流产和自然流产都发生这一时期，流产将导致胚胎脱离子宫壁，并顺着阴道排出体外。这个时期自然流产的概率为25%，因为发生在怀孕的最初几周，所以，很多自然流产母亲往往毫无觉察。

### （三）胎儿期(9周～出生)

从怀孕第8周(或第9周初)到出生之间的7个月称为胎儿期，第一个骨细胞的出现是胎儿期开始的标志。在这一阶段，胎儿发育迅速，身体尺寸要比先前增大20倍左右，所有器官将更加精细化，所有身体机能和系统更像人。另外，除了把孕期发展划分为胚种期、胚胎期和胎儿期之外，还常根据怀孕的月份把孕期发展划分为妊娠早期(0～3月)、中期(第4～6月)和末期(第7月～出生)。因胎儿期较长，除第3个月单独介绍外，其余将按照妊娠中期、妊娠末期来介绍。

#### 1. 第三个月(10～12周)的发育特点

此时胎儿长约7.5厘米，重约28克，头部占身长的1/3。胎儿的肌肉系统和神经系统之间已建立了连接，因此胎儿可以在充满羊水的胎盘里踢腿、握拳、转头及翻滚等。此时的动作比较轻微，一般母亲觉察不到。消化和排泄系统也开始正常运作，胎儿可以吞咽、消化及排泄。眼睑形成，脸部和四肢器官逐渐能被辨别。性别差异迅速分化，到3个月底，如果胎儿是男孩，阴茎和阴囊就已形成，如果是女孩，其外生殖器官也已成形，此时可以通过超声波检测出胎儿的性别。

#### 2. 妊娠中期(13～24周)的发育特点

妊娠中期胎儿开始长出头发、眉毛和睫毛，手指甲与脚趾甲开始形成。4个月左右，母亲会偶尔感到腹部起泡或微微一震，称为胎动初觉。随着胎儿的发育，胎动会越来越明显，有时母亲甚至会感到胎儿“拳打脚踢”。胎儿心脏更加强壮，通过听诊器很容易听到心跳。消化和排泄系统更加健全。胎儿的头部在妊娠中期会增大6倍。6个月时，胎儿的脑开始具有沟回和皮质的结构，大脑功能逐渐显现，开始指挥视觉、嗅觉及发音等器官的活动，此时胎儿的视觉和听觉也已发挥功能。基本的身体机能如呼吸、睡眠开始变得有规律。胎儿皮肤上盖满了胎脂和胎毛。如果妊娠中期末把胎儿取出，放在保育箱中，经精心照料，胎儿有存活希望。一般认为22～28周，胎儿到达“成活年龄”。这个阶段胎儿大约长35～38厘米，重约900克。

3. 妊娠末期(25～38 周)的发育特点

怀孕后的最后三个月，所有器官迅速成熟，为出生后的独立奠定良好的基础。呼吸系统和心血管系统不断完善，在出生前最后一个月，肺部开始收缩和扩张，呼吸着羊水中的空气，心脏完全成熟，循环系统能够独立运作。这个阶段胎儿的体重急速增长，主要是由于皮下脂肪增多的缘故。皮下脂肪一方面有助于把新生儿与气温变化隔离开来，另一方面，可以为出生后的头几天(母亲奶水还不足)储存营养物质和维生素。怀孕的最后一个月，母亲的子宫不定时地通过收缩放松，调节子宫肌肉，膨胀宫颈，帮助胎儿把头放置在盆骨缝隙中，协助胎儿脱离母体。

尽管胎儿都会按照以上所述的孕期发展规律进行发育，但胎儿行为差异明显，有些胎儿非常好动，而另外一些胎儿则较为安静。有些胎儿个头大，体重较高，有些胎儿身材矮小，体重较轻。究竟是什么导致胎儿间的差异呢？是遗传和环境。从受孕的那一刻起，遗传基因的不同就让胎儿表现出不同的基因表征。另外，就像我们接下来要介绍的一样，孕期环境也是影响胎儿发展的一个重要因素。

**阅读栏 3-1　子宫中的母婴冲突**

很少有一种关系能像母子关系那样和睦，但母婴之间也会存在冲突。子宫中的母婴冲突就是一个很好的例子。母婴冲突最早表现在胎儿是否自动夭折上，多达 78% 的受精卵要么无法着床，要么在母亲怀孕早期就会自动夭折(Nesse & William，1994，转引自巴斯，2007)。大多数受精卵夭折的原因是染色体变异。母亲显然进化出了一种十分高效地探测染色体变异并中止其发育的适应器。它阻止了母亲对可能早年夭折的孩子的进一步投资，有利于母亲为将来有可能存活的孩子保留资源。的确，绝大多数流产都发生在怀孕的头 12 个星期内，而且许多都在女性忽略的孕期第一阶段之前就发生了。

从进化的视角来看，对于胎儿来说，更看重自己而非母亲。因此，自然选择创造出相应的机制，使胎儿能够操纵母亲为自己提供更多的营养，比母亲乐意提供的还要多。妊娠高血压就是一个很好的例子。在怀孕早期，胎盘细胞侵入母体动脉，负责调节胎儿供血量。因此，任何对母亲其他动脉的限制都会导致血压升高。当胎儿“感觉”自己需要更多的营养时，会往母亲血液里释放限制其动脉的物质，从而导致母亲血压升高，为其传输更多的血液(也就是营养)。

(转引自巴斯，2007)

## 二、影响胎儿发育的环境因素

大多数新生儿都会遵循上述孕期发展模式健康出生，但在母亲子宫中孕育发展的胎儿有时会遇到环境障碍，从而影响他们的生长发育，甚至形成畸胎。这些环境因素主要包括：母亲自身特点（包括年龄、营养、情绪状态、疾病等）、药物、化学物质及其他环境危险因素等。致畸后果与孕期发展的关键期（sensitive period）有密切关系，身体的每一个器官和结构都有一个关键期（参照图3-2孕期发展的关键期）。关键期是指身体的某个特定部位的发育和形成的重要时期。在关键期内，最容易受到致畸因素（teratogens）的伤害。胚胎期（3～8 周）通常被称为怀孕中最为关键的时期。

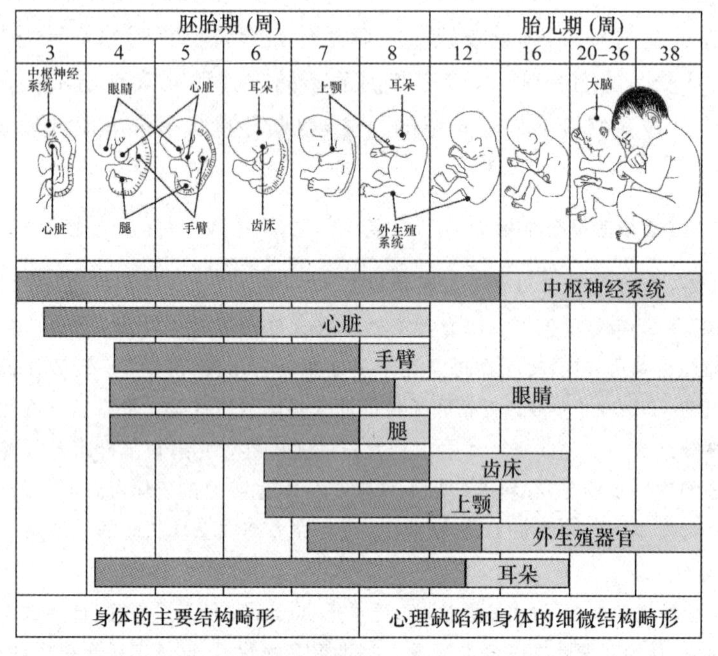


图 3-2　孕期发展的关键期（转引自 Sigelman 等，2009）

### （一）母亲自身特点对胎儿发育的影响

所有因素对胎儿的影响都是以母体为中介的，母体自身的某些特征也会对胎儿产生直接的影响，下面将介绍母亲的年龄、饮食营养、情绪状态以及母亲健康状况对胎儿发育的影响特点。

1. 母亲的年龄

妇女的生育期一般是指18～48岁这段生殖功能及内分泌功能旺盛的时期，或称性成熟期。理论上讲，在性成熟期的任何时间段都可以孕育婴儿，但在不同时间段，妇女自身身体状况、情绪状态与生活状况的不同，在不同的时间段对婴儿的影响也存在明显的差异。结合医学角度及我国国情，23—29岁之间生育后代是最好的(林崇德，2002)。此时的父母不仅身心成熟，而且学习和工作也已取得一定成就，优生优育的条件充分。如果女性在过大或过小的年龄阶段生孩子，危险性增加，并有可能造成一些不良后果。

(1) 大龄母亲

随着社会的发展，大龄母亲越来越多。与年轻母亲相比，超过35岁生产(尤其是第一胎)的大龄母亲，更容易出现卵子质量下降、妊娠并发症、难产，甚至有可能会因难产威胁自身或婴儿的生命。35岁以上的母亲孕育的胎儿发生唐氏综合症的概率增高。

(2) 少年母亲

与年龄稍大一些的母亲比，18岁以下，尤其16岁以下的少女母亲生育，更有可能威胁婴儿及自身的健康。少女母亲心身还不够成熟，怀孕期间缺乏营养及孕期照料，来至的社会压力较大，社会经济状况差，多居住在疾病多发区或高污染区，因此更可能导致流产、早产、难产或胎死腹中。出生后的婴儿也更容易被忽视及虐待(Newman，Bernie & Campbell，et al.，2011)。

2. 母亲的营养

母亲的营养是影响胎儿发育的重要因素之一。母亲在孕期摄取富含充足热量、维生素及矿物质食物可以有效预防低体重儿及各种出生缺陷的出现。

严重营养不良会阻碍胎儿发育，导致生出的婴儿身材矮小，体重不足，易感染疾病，造成先天不足。营养不良造成的影响程度取决于所发生的时间。孕期前3个月出现营养不良，影响最严重，有可能会中断脊髓的形成，从而引发流产；末3个月发生，则可能生出小头低体重儿，这类婴儿常在1岁内死亡。有研究者对因母亲孕期末3个月营养不良而造成的死胎进行尸体解剖发现，与营养良好的母亲所生的孩子相比，他们的脑细胞更少，体重更轻(Shaffer，2005)。研究者对美国爱荷华州的400名孕妇开展了一项关于母亲营养对胎儿发育及出生后发展的影响研究(Santrock，转引自Shaffer，2005)，结果表明，严重营养不良的母亲更容易出现早产、死胎、低体重儿及出生后不够活跃等问题。

怀孕期间的营养需求，主要指补充足够的蛋白质、维生素和矿物质。另外，叶酸的摄取对孕早期非常重要。孕早期是神经系统及各项主要器官发育的黄金时间。叶酸(一种B族维生素)有助于防止唐氏综合症、脊柱裂、无脑畸形及其他神经元缺陷。在新鲜水果、豆制品、肝、金枪鱼和绿色蔬菜中都富含丰富的叶酸。孕妇可以口服叶酸片,也可从这些食物中摄取。

虽然妊娠期间营养充足非常重要,但过犹不及,如果因营养过剩导致体重增长过快,会给母亲带来诸多麻烦,例如患高血压、糖尿病等疾病的概率更高,产后还会存在减肥困难。一项对287213名英国孕妇的BIM体重指数与妊娠疾病的关系研究表明,与正常体重孕妇(BMI 20～24.9)相比,严重肥胖的孕妇(BMI≥30)更易患妊娠高血压、糖尿病、先兆子痫、生殖器感染等疾病(Sebire, Jolly, Harris, et al. ,2001)。

3. 母亲的情绪状态

母亲豁达乐观、情绪愉悦有助于胎儿的健康发育,母亲忧虑焦躁、抑郁、恐惧、情绪多变,会对胎儿造成诸多不良影响。研究表明(Parke & Beite,1988),母亲经常处于焦虑、高度压力情绪状态下,胎儿在子宫中的胎动将频繁而剧烈,出生后,她们的婴儿可能更多动、易怒,且饮食、睡眠及排泄习惯不规律。但短暂的压力性事件,如跌落、恐怖经历或一般性争吵通常不会危害胎儿,重大、直接或长期的精神刺激及情感压力才可能阻碍胎儿发育,导致早产、低体重以及其他出生并发症。库克森等人(Cookson, Granell & Harris et al, 2009)对5810名孕妇的孕期焦虑情绪状态及其所生孩子在7岁半时的哮喘症状之间的关系开展了纵向跟踪,结果表明:与怀孕期间焦虑程度低的孕妇相比,焦虑程度高的孕妇所生的孩子更有可能在孩童时期出现哮喘症状。

不良情绪状态对胎儿的影响结果受以下几个因素的影响:① 孕妇调节压力的能力。如果孕妇乐观,调节压力能力强,即使遭受高度压力,也不会对胎儿产生太大的影响。② 孕妇的社会支持资源。如果孕妇在妊娠期间有充足的社会支持资源,得到充分的孕期照料,孕妇较少出现严重不良情绪状态。研究表明(Parke & Beite,1988),当孕妇遭受严重生活压力时,有朋友和亲人支持的孕妇所生的婴儿只有33%会出现出生并发症,而缺乏社会支持资源的孕妇所生的婴儿出现出生并发症的比率高达91%。③ 孕妇对婚姻及怀孕的态度。如果孕妇感到婚姻美满,孕育后代是一件愉快幸福的事,即使遭受到重大压力事件,也会更快地调节自己的情绪,减轻对胎儿的不良影响。反之,亦然。

4. 母亲的疾病

因胎儿的免疫系统缺乏足够抗体抵御各种感染疾病,所以母亲所患的许多能够穿过胎盘屏障的疾病，对胚胎或胎儿产生的伤害可能远远大于对母亲本人的伤害。其中会严重伤害胎儿的母体疾病包括风疹、性传播疾病（梅毒、生殖器疱疹、艾滋病）以及弓形虫等其他传染性疾病。

（1）风疹

风疹（rubella）[德国麻疹（German measles）]这种疾病对母亲影响很小，但却严重影响胎儿的发育。在美国，1964—1965 年风疹高发期，因诸多孕妇感染了此疾病，导致约 3 万个胎儿及新生儿死亡，2 万左右的婴儿有多种出生缺陷，包括智力落后、盲、聋及心脏异常等心理缺陷（Santrack，2007）。风疹对胎儿的影响大小与孕妇感染风疹的时间有关，研究表明（Shaffer，2005）在怀孕的前 8 周感染风疹的母亲，生出有缺陷孩子的比率为 60%～85%，怀孕的第三个月时感染风疹的比例为 50%，第 13～20 周时为 16%，21 周后几乎不会导致出生缺陷。值得庆幸地是，20 世纪 60 年代中期，就已经发现了预防风疹的疫苗。目前，在很多国家都会定期给新生儿及儿童接种这种疫苗，使风疹的发病率大大降低。不过，计划生育的妇女最好在怀孕前接受血液检查，已确保对风疹有免疫能力。

（2）糖尿病

母亲患有糖尿病（diabetes）可能会对胎儿造成严重影响。如果母亲的血糖水平没有得到有效控制，很有可能导致新生儿出生死亡，或出现神经中枢、心脏、肺及四肢等出生缺陷。但如果母亲对血糖水平进行定期监控、接受适当治疗，注意饮食控制，胎儿将可能健康发育。

（3）梅毒

梅毒（syphilis）在怀孕的前 18 周不能通过胎盘屏障，因此梅毒在妊娠中、后期危害最大。它会损害成形的器官，可能导致流产或引起胎儿先天性眼、耳、骨、心脏或大脑缺陷。如果婴儿出生时母亲仍然感染梅毒，则会进一步对新生儿的中枢神经及肠胃系统造成危害。血液检查可检测出这种疾病。在怀孕四个月前使用抗生素对患病母亲及时治疗，以防止新生儿出生缺陷。

（4）疱疹

单纯疱疹Ⅱ型（生殖器疱疹）（genital herpes）是性传播疾病中最普遍的疾病。如果母亲患此病，新生儿在通过产道时受感染的可能性极高。生殖性疱疹有时也会通过胎盘屏障使胎儿受感染，这种疾病会攻击胎儿的内部器官，使 33%受感新生儿死亡，25%～30%的新生儿可能失明、出现大脑损伤或其他严重的神经疾病（Shaffer，2005）。还有一种疱疹病毒-细胞巨化病毒（CMV）也会使胎儿在出生时受感染,这种病毒会导致胎儿耳聋及智力迟缓。剖腹产可以阻止胎儿在出生时受疱疹病毒的感染。

(5) 艾滋病

艾滋病即获得性免疫缺陷综合症(AIDS),是由人类免疫缺陷病毒(HIV)造成的,一旦感染,无法医治。它会攻击人类的免疫系统,使之易于受到其他疾病的感染,最终致人死亡。母婴传播是艾滋病感染途径之一,艾滋母亲会通过以下方式把病毒传给婴儿(Santrack,2007):① 妊娠时,通过胎盘;② 出生时,剪开脐带可能发生母婴血液交换;③ 出生后,可能通过母乳喂养传给婴儿。一般认为,母婴传播艾滋病病毒的概率为20%~35%,但据卢旺达的报道,婴儿因哺乳而感染艾滋病病毒的几率为36%~53%。医学专家认为,艾滋病病毒可能通过婴儿溃烂的口腔黏膜传播(高耀洁,2005)。感染艾滋病的母亲生出的孩子会出现以下可能:① 被感染并出现HIV症状;② 被感染但未出现HIV症状;③ 没有被感染。

当前中国艾滋病感染者和患者的数字正在不断攀升,已开始由高危人群逐渐向普通人群蔓延。近年来,这种由母婴垂直传播的方式,随着感染艾滋病病毒的育龄期妇女增多而日益增多。减少新生儿被感染HIV病毒的方法有以下几种:① 服用抗病毒药物ZDV。已感染艾滋病的母亲在怀孕时服用该药物,会使婴儿感染率减低70%。② 剖宫产。剖宫产能减少儿童出生时通过产道受感染的可能。③ 人工喂养。被艾滋病病毒感染的妇女应人工喂养,对已感染艾滋病病毒的婴儿则提倡继续哺乳。有研究表明,因哺乳而感染艾滋病病毒的婴儿,比人工喂养的艾滋病病毒感染婴儿发展成为艾滋病患者的进程要慢。当母亲为艾滋病病毒感染者,其婴儿艾滋病病毒抗体呈阴性时,可人工喂养或找艾滋病病毒阴性的奶妈代养(高耀洁,2005)。

(6) 弓形体病

弓形体病是由极其微小的弓形寄生虫引起的感染。大多数动物和鸟类都带有这种寄生虫,它也存在于庭园的土壤内及新鲜蔬菜里。这种感染的症状跟轻微的流感差不多,所以不易被发现。孕妇在怀孕的前三个月内感染此病,将会伤害胎儿的眼睛和大脑;在怀孕晚期,则可引起死胎、流产。胎儿感染,即发生先天性弓形体病。患有先天性弓形体病的婴儿,出生时多数无症状,数月或数年后会出现眼畏光、聋、脑积水、脑瘫、智力障碍、癫痫等症状;严重者出生时即出现肝脾肿大、黄疸、肺炎、眼异常等,少数可在出生后几天死亡。一般说来,只要感染过一次弓形体病,就会终身免疫。

预防弓形体病的措施如下：① 搞好环境卫生，防止水源和食物受污染。② 防止孕妇和准备怀孕的妇女与猫狗接触。③ 食用的肉类（特别是羊肉和猪肉）、蛋、奶制品应煮熟。④ 孕妇在整理花草、清洗蔬菜水果、接触动物、泥土、生肉后应洗手。

(7) Rh(D)溶血症

Rh(D)溶血症是指当母亲血型为 Rh 阴性，胎儿血型为 Rh 阳性时，胎儿的血少量地从胎盘溢出，进入母亲的血液中，刺激母亲的血产生抵抗 D 因子的抗体，袭击胎儿血液中的红细胞，从而对胎儿造成危害的症状。Rh(D)溶血症可导致新生婴儿黄疸（皮肤、眼睛变黄）、贫血、大脑损伤、心衰甚至死亡，但不会影响母亲健康。在所有怀孕妇女的怀孕期间或出生时，大约 75%会发生“通过胎盘出血”，因此，发生溶血症的可能性非常高。只有母亲血型是 Rh 阴性，父亲血型是 Rh 阳性时，胎儿才有可能发生溶血症。

Rh 阴性血型的妇女所生的第一胎通常是正常的，第一次怀孕时，对 Rh 阳性血型的胎儿危害很小，这是因为通常在母亲产生致敏作用(sensitization)前，或者至少在母亲产生适量的 Rh 抗体前，孩子已经出生。然而，一旦致敏发生后，母亲一生都会不断产生 Rh 抗体作为其血液的一部分。在以后的每次怀孕中，母亲的 Rh 抗体就能通过胎盘到达胎儿，所以以后每次怀孕，孩子患严重 Rh(D)溶血症的风险就越来越大。如果胎儿是 Rh 阳性血型，母亲的 Rh 抗体就会破坏胎儿的红细胞，导致婴儿发生 Rh(D)溶血症。但可以通过注射 Rh 免疫球蛋白[又被称为 Rh 血球素(RhlG)]来预防这种状况的发生。

**(二) 药物等其他因素对胎儿的影响**

孕妇在妊娠期间服用药物，可能会对胎儿造成极大的伤害。即使是一些对母亲影响甚微的药物，也可能对发育中的胚胎或胎儿造成非常危险的影响。药物对胎儿发育的危害程度，主要受以下几个因素影响：① 药物是在胎儿的哪个发育阶段发生作用。如果是在胚胎期，危害最为严重。② 胎儿是否为易患病体质。研究表明，如果胎儿被遗传的是易患病体质，那么它将比其他胎儿更容易受到某种药物或毒素的影响。③ 母亲所服用药物的剂量及次数。④ 药物作用的持久性。⑤ 药物本身的特点。因此，孕妇用药需要非常谨慎，且一定要在医生的建议下选择作用类似、影响小的药物。下面介绍一些药物及成瘾物质对胎儿的影响。

*1. 反应停*

反应停是一种药性温和的镇静剂，可以用来缓解孕期妇女的周期性呕吐反应，还有镇痛、止痛、平定神经、提高睡眠的作用。20 世纪 60 年代，西德一家医药公司开始向许多国家投放这种药物。当时动物实验证明这种药对母鼠及其后代都没有副作用。当时，有成千上万的孕妇在怀孕的前两个月服用此药，可怕的后果随之出现，这些孕妇生出了有各种生理缺陷的婴儿，主要缺陷包括：眼、耳、鼻、心脏严重畸形；四肢畸形，四肢全部或部分缺失。

不同的缺陷与孕妇服用反应停的时间有直接关系。如果母亲是末次月经后的 35 天左右服用反应停，她们所生的孩子可能没有耳朵；如果是末次月经后的 39～41 天左右服用，孩子存在胳臂发育缺陷；如果是 40～46 天服用，孩子存在腿缺陷；如果是在 52 天后服用，孩子通常无明显缺陷（林崇德，2002）。

2. 抗生素

抗生素对胎儿的发育影响很大。四环素可导致软骨发育受阻、棕黄色齿、肢小畸形及先天性白内障，还可使孕妇发生急性脂肪肝。氯霉素可引起胎儿血小板减少或胎儿死亡。链霉素、庆大霉素、卡那霉素等可引起听觉神经损害而发生先天性耳聋，以及前庭损伤；后两种药还能引起胎儿肾功能障碍。红霉素可致胎儿肝脏损伤。磺胺类药物，特别是长效磺胺在体内可存留 6～7 天，孕期服用可致畸，还可引起新生儿溶血性贫血、巨幼红细胞贫血。故应避免在孕期及临产前服用。

3. 激素类

包含激素的药物会影响胚胎或胎儿的发育。孕妇如在未知怀孕的情况下服用含有雌激素的口服避孕药，可能造成胎儿心脏缺陷或其他心血管问题。早期应用雌激素的孕妇分娩出的女孩，在青春期及青春后期，有可能发生阴道腺癌。

乙烯雌酚（DES）这种人工合成性激素，曾导致过“DES 女孩悲剧”。这种当时认为安全的药在 1945—1965 年之间被广泛用于防止流产，二十多年后医生发现，妊娠期间服用过 DES 的母亲所生的女孩，在 17～21 岁有生殖器发育异常的危险，并有 1‰的 DES 女孩患有宫颈癌。DES 女孩比其他正常女性更容易发生流产或早产。DES 男孩可能会存在生殖器官缺陷。

几乎所有药物对发育中的胚胎或胎儿都有潜在影响。令人担忧的是，所有孕妇中，大约 90％服用过一种或多种处方或非处方药（Lefrancois，2004）。

4. 成瘾物质

许多人听到“成瘾物质”（substance abuse）这个词，往往想到的是海洛因及可卡因。但许多合法物质如酒、烟草、安非他命（amphetamines）、氨基苯甲酸乙酯(benzodiazepines)也可使人成瘾(范建霞,2000)。成瘾物质的滥用已经成为现代妇产科乃至社会面临的新挑战。在美国,每年至少 20%的孕妇吸食合法成瘾物质如酒精、烟草等;至少 10%的孕妇吸食非法成瘾物质,包括海洛因、可卡因、大麻等(袁艺,2002)。这些物质会对胎儿中枢神经系统的发育造成影响。

(1) 尼古丁

母亲吸烟时吸入体内的尼古丁和二氧化碳不仅被输送到母亲的血管中,而且还会穿过胎盘到达胎儿的血管,损害胎盘功能,影响氧气和养料向胎儿的输送,导致胎儿发育缓慢和出生低体重,甚至有可能增加自发性流产以及婴儿出生后不久便死亡的可能。值得注意的是,如果父亲或母亲生活环境中常接触到亲人朋友吸烟,会令母亲成为“被动吸烟者”,也可能阻碍婴儿发育。实际上,“二手烟”中的致癌物质的含量通常比吸烟者直接吸入的还要多。母亲吸烟对所生子女造成的影响比想象中更深远。兰德伯格等人(Lundberg, Cnattingius, D'Onofrio, et al.,2009)对 205777 名于 1983—1988 年间曾生育男孩的日耳曼母亲开展了定群研究(Cohort Study),探讨孕妇孕期吸烟与其所生男孩在青少年期间的智商得分之间的关系,结果表明,孕期吸烟与其所生男孩在青少年时期的低智商之间存在紧密关联。

(2) 酒精

母亲严重酗酒会致使所生的孩子患上胎儿酒精综合症(FAS)。胎儿酒精综合症是一种严重影响婴儿心理发展、导致生理缺陷的病症。它会造成胎儿中枢神经系统损害,肢体、关节及面部畸形,心脏有缺陷,比正常儿童更小、更轻。酒精是阻碍胎儿中枢神经系统发育的主要因素之一。

母亲饮多少量的酒才不会影响胎儿的健康发育呢?凯利等人(Kelly, Sacker, Gray, et al., 2009)开展了一项酒精对胎儿发育的危害的定群研究,结果表明,与饮极小量酒的母亲(偶尔一次或每周最多 1～2units)及不饮酒的母亲相比,重度饮酒的母亲所生的婴儿在 3 岁时更有可能出现认知缺陷及行为问题。即使母亲饮少量的酒,也存在对其孩子中枢神经造成损害的可能。要留意的是,酒精对于胎儿的伤害没有一个关键期,怀孕前期与怀孕后期饮酒同样危险。

(3) 可卡因

孕妇食用可卡因的并发症有:恶性高血压、心肌局部缺血、脑梗塞甚至猝死。对胎儿的影响包括自然流产、胎死宫内。胎膜早破的危险性增加 20%,早产增加25%，羊水污染增加29%，胎盘早剥增加6%～8%。有研究发现，可卡因吸食者生出的新生儿，平均出生体重下降154克，若同时使用其他违法药物，平均体重将减少195克。

大多数基因异常的胚胎会在分娩之前死亡，超过95%的新生儿是非常健康的，剩下的5%的大多也只是有一些轻微的先天问题，容易得到矫正(Shaffer,2005)。

## 第三节　新生儿的发展

从出生至28天称为新生儿期(neonate period)。在这一时期，胎儿从寄居生活开始转向独立的个体。本节主要介绍新生儿的分娩过程及出生并发症、新生儿的本能反射、学习能力及社会行为方面的特点。

### 一、分娩过程及出生并发症

#### (一) 分娩过程

胎儿一般要在母体内孕育266天左右，在胎儿期最后的阶段，当母亲脑垂体释放出的催产素积累到一定浓度时，会促使母亲的子宫开始阶段性收缩。此时分娩的过程就开始了。一个独特的新生命将降临于世。

婴儿的分娩过程可以分为三个阶段。第一产程(first stage of labor)是生产过程的第一阶段，从子宫第一次周期性的收缩开始到子宫颈完全张开为止。起初，子宫以大约每8～10分钟收缩一次，每次持续约30秒。之后，子宫收缩越来越频繁、有力，直到子宫颈完全打开，最终扩展到足以让胎儿的头部通过。对于第一胎的孩子来说，第一产程通常持续8～14个小时。对于第二胎以上的孩子，将持续3～8个小时。

第二产程(second stage of labor)是指生产过程的第二阶段，此阶段通过子宫一次又一次的收缩，胎儿从产道中产出，离开母体。这一阶段也叫胎儿娩出期，持续时间通常不超过90分钟。生育二胎以上的孩子，持续的时间更短。

第三产程(third stage of labor)是指胎儿出生以后排出胎盘的过程，也叫胎盘娩出期。此阶段仍然有子宫收缩，使得胎盘和脐带从子宫壁脱离排出母体。这一阶段通常会持续5～10分钟，是整个分娩过程最快，最容易的阶段。

### （二）出生并发症

分娩过程并不总是顺利，有时会现一些出生并发症。这里将简要介绍两种可能对新生儿的发展产生消极影响的出生并发症——缺氧症和低体重并发症。

1. 缺氧症

近1%的婴儿出生时会表现出缺氧症的迹象。造成婴儿缺氧的原因主要有以下几种：① 出生过程中脐带缠结在一起或受到挤压而遭遇氧气供应中断；② 臀位分娩，即脚或屁股先出来时也容易发生氧气供应中断，此种情况常通过剖宫产来避免；③ 胎盘提前与胎儿脱离，中断对胎儿的养料和氧气供给时也容易造成缺氧症；④ 如果生产时使用的麻醉剂透过了胎盘屏障，也可能影响婴儿的呼吸，或在生产过程中咽下的黏液卡在婴儿喉咙里的时候也会发生缺氧症；⑤ 基因的不兼容性也有可能导致缺氧症，如前所述 Rh 溶血症，母亲是 Rh 阴性，胎儿为 Rh 阳性，如果母亲的血液产生了抗体，这些抗体进入胎儿的血管中，它可能攻击血红细胞，消耗氧气。

虽然新生儿对缺氧的承受时间可能超过大孩子和成人，但是如果呼吸终止3～4 分钟以上，将可能造成永久性的大脑损伤（Nelson，1995，转引自 Shaffer，2005）。经历过轻微缺氧症的婴儿在出生后经常表现出烦躁不安，头 3 年在动作和智力发展测试中的得分可能低于正常水平，但是随着年龄的增长，这种差距会越来越小，到 7 岁时就很难看出差距了。但长时间的缺氧可能导致神经损伤和永久性残疾。

2. 低体重并发症

一般将出生时体重少于 2500 克的新生儿称为低体重儿。通常有两种类型的低体重儿，第一种为“早产儿”，即早于预产期 3 周出生的新生儿。早产儿虽然体型较小，但相对于在子宫里发育的时间而言，其体重是正常的。另外一种为“足月小样儿”，这类型的低体重儿是由于胎儿期生长缓慢，临近正常产期时，体重仍然不足。通常体形畸形、营养不良或基因异常。虽然这两种低体重儿都容易受到伤害，并可能在死亡线上挣扎，但足月小样儿发生严重并发症的危险性更大。与早产儿相比，他们在整个儿童期的体型都瘦小的可能性更大，在学校里更有可能出现学习困难和问题行为，智商更低（Goldenberg，1995；Tayor 等，2000，转引自 Shaffer，2005）。

**阅读栏 3-2 产后抑郁**

当新生儿降临时，母亲会感到幸福无比，经历着一种难以言喻的高峰体验，常对婴儿表现出高度专注(engrossment)，对婴儿强烈迷恋，非常渴望接触、拥抱和爱抚这个家庭新成员。不幸的是，40%～60%的母亲在产后会表现出抑郁、伤心、容易发脾气等类似特点，甚至对新生儿有些怨怒。这种情况比较轻微时被称做“产后抑郁”，可能与生产后的雌性激素水平急速下降以及初为人母的责任与压力有关(Hendrick & Altshuler，1999；Wile & Arachiga，1999)。这种情况不必担忧，一般几周后就会消失。

大约10%的产妇会出现更严重的抑郁反应，可能持续数月甚至几年，被称为“产后抑郁症”(postnatal depression)。通常，患产后抑郁症的母亲有抑郁史，除了孩子出生的压力之外，还存在其他生活压力事件。产妇缺乏社会支持，尤其是与丈夫的关系较差时，将会显著增加产后抑郁的可能性(Field 等，1985；Gotbib 等，1991)。患产后抑郁症的母亲往往不想接近孩子，不能积极与孩子进行互动，认为孩子是难缠的，有时会对婴儿表现出明显的敌意。她们感到疲惫、注意力不集中，常常没有精力好好照顾孩子。有一些研究表明，当母亲长期处于抑郁、退缩和冷漠的状态下，母婴之间容易形成不安全依恋。婴儿也可能出现抑郁症状，并有可能出现更多的问题行为(Campbell，Cohn，&Myers，1995)。因此，产妇在生产前后，家人应当给予更多的体贴和社会支持，感到抑郁的产妇应及时寻求专业帮助以克服产后抑郁症。

(引自 Shaffer，2005)

## 二、新生儿的本能反射

新生儿生下来就有许多本能的反射，为他们适应环境提供了条件，有些反射并不具有生物学意义，但可以作为评定新生儿发育的一种指标。如果没有这种反射或反射在一段时间内还未消失，表明婴儿的神经系统发育不正常。

反射(reflex)是天生的对特定刺激形式作出的自动反应。脑的基本活动就是反射活动，大脑对来自外界的信息进行加工编码，作出反应，通过各种反射活动与外界取得平衡。新生儿拥有一整套有用的先天反射系统，详见表 3-2。

**表 3-2 新生儿的一些本能反射**

| 名称 | 刺激 | 反应 | 截止年龄 | 功能 |
| --- | --- | --- | --- | --- |
| 定向反射 | 抚摸嘴角边的面颊 | 头转向刺激物 | 3周(此时，头已能自动转向) | 帮助婴儿找到乳头 |
| 吮吸反射 | 手指放入婴儿口中 | 有节奏地吮吸手指 | 永久性 | 有利于喂食 |

续表

| 名称 | 刺激 | 反应 | 截止年龄 | 功能 |
| --- | --- | --- | --- | --- |
| 游泳反射 | 将婴儿脸放在水里 | 婴儿玩水踢水 | 4～6个月 | 如果落水有助于婴儿存活下来 |
| 眼睛闭合反射 | 用亮光照射婴儿眼睛或者在靠近其头的地方拍手 | 婴儿很快闭上眼睛 | 永久性 | 在强刺激中保护婴儿 |
| 抽缩反射 | 用大头针刺单足 | 脚缩回，膝和臀部随着弯曲 | 10天后开始减弱 | 在不良触觉刺激中保护婴儿 |
| 巴宾斯基反射 | 从脚趾抚摸到脚跟 | 随着脚弯曲脚趾也舒张弯曲 | 8～12月 | 尚未知晓 |
| 摩洛反射 | 将婴儿躺卧着并将其头稍稍后仰或者在支撑婴儿的平面上突然制造响声 | 婴儿通过弓背、伸腿和伸手臂做“拥抱”动作，然后又恢复原状 | 6个月 | 在人类进化中，这有助于婴儿抱住母亲 |
| 抓握反射 | 将手指放到婴儿手中并按手掌 | 在此同时抓住成人的手指 | 3～4个月 | 为婴儿能自愿抓握作好准备 |
| 颈紧张 | 在婴儿背卧着时，将头扭到一边 | 婴儿采取一种“防卫性位置”，头侧向那一侧的手臂在眼前伸展开来，而另一只手臂弯曲着 | 4个月 | 可能为婴儿能够够物作好准备 |
| 躯体同向反射 | 转动肩头或臀部 | 身体其他部位转向相同方向 | 12个月 | 支持体态控制 |
| 踏步反射 | 将婴儿夹在手臂下并且让它的光脚去触碰平面或平地 | 婴儿在踏步反射时两只脚上下蹬个不停 | 2个月 | 为婴儿自己行走作好准备 |

（转引自贝克，2002）

新生儿的有些本能反射具有明显的生存和适应价值，如觅食反射有助于母乳喂养的婴儿找到母亲的奶头，游泳反射有助于婴儿不小心坠水时能漂浮在水面上，增加被救起的可能性。有一些反射能在有害刺激中对婴儿起保护作用，如眼睛闭合反射能在强光下保护婴儿，抽缩反射能让新生儿及时远离不良触觉。还有几种反射有助于亲子关系的培养,使母亲和婴儿之间尽快建立起令人满意的相互影响的关系,如婴儿最终找到了乳头,在早期喂养时会自动吮吸,父母接触他的手时,就会抓握,这些情形有助于婴儿获得成人的喜爱,促使成人保护他们和注意他们的需求。

随着大脑的成熟,绝大多数反射作用将在前 6 个月消失(Touwen,1984,转引自贝克,2002)。这是因为本能反射作用受大脑的低级"皮层"区控制,一旦大脑的高级中枢的皮层成熟,并开始自主行为,低级皮层就会失去控制作用。

## 三、新生儿的觉醒状态

### (一) 睡眠

新生儿常表现出可预知、有规律的日常行为模式,这些模式有利于他们的健康发展。从早到晚,新生儿要经历六种觉醒状态。具体描述见表 3-3。在出生第一个月,这些状态之间在不断地相互转换。新生儿每天 70%的时间(每天 16～18 小时)处于睡眠之中,一般只有 2～3 小时处于警觉、安静状态,这时他们对外界刺激最敏感。不同孩子的睡眠时间存在差异。

**表 3-3 新生儿的觉醒状态**

| 状态 | 描述 | 每天持续时间 |
| --- | --- | --- |
| 有规律睡眠 | 婴儿充分休息,而且较少活动或者不活动。眼睛闭合着,眼球不动。表情松弛,呼吸较慢而且有规律 | 8～9 个小时 |
| 无规律睡眠 | 微弱肢动,身体偶有微动,并伴有面部怪相发生。虽然眼睛是闭合的,但是偶尔可以看到其眼睑下的眼球在快速转动,呼吸也不规则 | 8～9 个小时 |
| 瞌睡状 | 婴儿要么睡着要么醒着。身体虽然不如不规律睡眠时活跃,但是比规律睡眠时更活跃。眼睛有开有合;张开时,他们显示出一幅凝视状的眼神。呼吸平缓正常但是较规律睡眠时要快一点 | 变化不定 |
| 安静地睡着 | 婴儿身体相对而言显得不活跃。眼睛睁着且注意看着,呼吸平缓 | 2～3 个小时 |
| 醒着时的活动 | 婴儿表现为不合作的动作,呼吸没有规律。面部有时放松,有时紧绷,有时皱着 | 2～3 个小时 |
| 哭闹 | 醒着时的活动有时会诱发成哭闹,通常伴有又蹬又踢等精力十足的动作 | 1～2 个小时 |

(引自 Wolff, 1996)

### （二）啼哭

新生儿的啼哭也是一种典型的唤醒状态。婴儿生而具有啼哭功能，一个婴儿在出生时是否正常，最简单的辨别方法就是在出生那一刻是否会啼哭。它是一种对身体不适的自发性反应，这种痛苦信号极具生存价值，是婴儿进行交流的第一种方式。有人说哭是婴儿最厉害的武器，他们通过啼哭使照料者注意他们的各种需要：食物、舒服和刺激。婴儿一般在出生后的前 3 个月哭得最频繁。且不同的哭声代表不同的需要，有经验的照料者可以通过婴儿哭的声音辨别出婴儿的需要，并作出准确的反馈。

婴儿高兴时会是个令人愉快、充满魔力的小玩伴，当他们烦躁不安、哭闹不止和难以安慰时，又令大多数看护者心烦意乱，丧失耐心。一般认为，婴儿的哭闹主要是以下原因导致：饥饿、尿布潮湿或者疼痛。但很多时候排除了这些原因后并不能让婴儿安静下来，此时，你可以试试表 3-4 中提供的抚慰哭闹婴儿的方法。

**表 3-4　抚慰哭闹婴儿的方法**

| 方法 | 原因描述 |
| --- | --- |
| 将婴儿放在肩头轻轻摇摆或者行走 | 这种方法将身体接触、直立姿势和运动结合起来，这是最有效的方法 |
| 用襁褓包裹婴儿 | 包裹能给婴儿周身提供一种持续的触觉刺激 |
| 提供一个安慰奶嘴 | 吮吸有助于婴儿控制他们的清醒水平 |
| 轻声说话、唱摇篮曲或者制造有节奏的声音 | 持续、有节律的声音可以起到降低婴儿肌肉活动、降低心率和呼吸频率的作用 |
| 推着婴儿车走一段；把婴儿放在摇篮里摇动 | 任何轻柔的有节奏的动作都有助于婴儿入睡 |
| 按摩婴儿的身体 | 以连续性的轻柔动作抚摸婴儿的躯体。在一些非西方文化背景的国家中，这种方法被用来放松婴儿的肌肉 |
| 把婴儿举起来 | 可以使婴儿更警觉，还可以发展儿童的视觉搜索能力，有助于婴儿学习更多的环境知识（适合于不想婴儿睡觉的情境） |
| 将上面几种方法综合起来 | 刺激婴儿的多种感觉，常常比只进行一种感觉刺激更有效 |
| 如果这些方法对平息婴儿的哭叫行为不起作用的话，就索性让他哭一会儿 | 一些婴儿对于被放任自流常常反应良好，过一会儿就会入睡 |

（资料来源：Korner，1972；Campos，1989；Heinl，1983；Lester，1985；Reisman，1987. 转引自贝克，2002）

## 四、新生儿的感觉能力

感觉是一切心理机能的基础。新生儿生而具备各种感觉能力,这是他们认识周围世界的法宝。

### (一)视觉

在几十年前,许多医学书上还说新生儿是盲的,视觉是新生儿最不发达的感觉,其眼睛和脑中视觉结构在出生时尚未发育完整,其晶状体、视网膜以及视神经等均未发育成熟。其实,新生儿的视觉虽不敏锐,但并不是看不见。

1. 视敏度

视敏度是指视觉辨别的精细程度。20/20是视敏度的标准,表示你能看见并识别20英尺远的物体,跟多数人一样。20/100表示正常人在100英尺可以看到的物体,你在20英尺才能看到,这说明你近视。新生儿的聚焦能力有限,视敏度也受到限制。新生儿的视敏度为20/200~20/400,视觉能力差,但已能追踪移动物体。在出生头几个月,视觉系统成熟很快,3个月大就能像成人那样实现聚焦,6个月时,视敏度大约为20/100。但不到1岁时就能达到20/20。另外,视觉的范围窄,成人为180度,新生儿只有60度。视觉运动不协调,左眼看左边,右眼看右边。

2. 物品追踪能力

艾斯利(Aslin,1987,转引自 贝克,2002)发现婴儿追踪物体的技能虽不太有效,但发展迅速,到一个月大时,婴儿能用平静的眼睛运动跟踪一个慢慢移动的物体。6~10周之间有个转折点,6星期的婴儿也能追踪,但不如10周的婴儿追踪物体的曲线平滑。

3. 颜色视觉

新生儿的色彩感觉能力虽然尚差,但与灰色刺激相比,更喜欢彩色刺激。研究人员发现8周大的婴儿就已经能够区分红色和白色,具有真实的色调分辨能力,但是不能区分蓝色、绿色和黄色(Adams,Courage & Mercer,1994)。辨别红绿颜色的细胞在1个月的婴儿时已存在,也可能出生时就有,识别蓝色的能力也差不多同时具有。

4. 面孔识别偏好

面孔是新生儿所接触的最复杂的刺激之一。研究表明,新生儿的面孔识别能力中存在两种重要的偏好——面孔偏好(face-preference)和吸引力偏好(attractiveness preference)。新生儿研究中,最有效的行为度量是他们的注视行为,如果新生儿对某一刺激的注视时间长于对另一刺激的注视时间,则说明新生儿能够识别出并偏好于前一个刺激。因此,研究者一般将面孔偏好作为新生儿面孔检测能力的指标,将吸引力偏好作为新生儿个体面孔分辨能力的指标。所谓面孔偏好是指新生儿注视面孔刺激的时间长于注视非面孔刺激的时间;吸引力偏好是指新生儿注视有吸引力面孔的时间长于注视无吸引力面孔的时间。研究新生儿的这两种偏好现象,不仅可以了解人类非凡的面孔识别能力的产生原因,还可以在一定程度上考查新生儿的视觉(如视敏度)以及感知觉加工能力的发展。

凡兹(Fantz,1963)用视觉偏好的方法研究婴儿对形状的辨别和偏好。他对出生 5 天内新生儿的研究发现,新生儿对面孔图形最感兴趣。高仁等(Goren, Sarty & Wu,1975)对从未见过真实人脸、出生时间平均仅为 9 分钟的新生儿呈现 4 种缓慢移动的刺激图形,以观察他们的视觉追随情况,结果发现:新生儿对类面孔图形的反应最强烈,此种情况下他们眼睛与头部的转动角度最大;其次为扭曲的面孔图形;反应最小的是空白图形。最近一项研究采用真实面孔的图片作为视觉刺激进行了研究。研究者向新生儿呈现成对的刺激图片,结果相比于旋转后的面孔图片,新生儿对典型的、正立的面孔图片更感兴趣,这一研究也证明了新生儿的面孔偏好(Macchi,Cassia,Turati & Simion,2004,转引自赵玉晶,2009)。

约翰逊等人(Johnson et al.,1998)首次对刚出生不久的新生儿(出生14～151 小时)进行实验,向他们成对呈现吸引力程度不同的真实面孔的照片(吸引力程度由成人评估者采用 7 级评定量表获得),结果证明 3 天以内的新生儿也可以识别出有吸引力的面孔,表现出对有吸引力面孔的偏好。

斯赖特等人(Slater,Quinn,Hayes,& Brown,2000,转引自赵玉晶,2009)随后对出生时间平均 2 天的新生儿做了两项研究,在证明新生儿具有吸引力偏好的同时,还想了解面孔的定位以及内外部特征是否会影响新生儿的偏好现象。在第一项研究中,在正立或倒立两种情况下,向新生儿成对呈现具有不同吸引力的面孔照片,发现正立情况下出现了吸引力偏好现象,倒立情况下没有出现。第二项研究所呈现的面孔或者内部特征相同、外部特征不同,或者内部特征不同、外部特征相同。结果表明,当内部特征不同时新生儿偏向有吸引力的面孔,当内部特征相同时没有出现偏好反应。可见在一定情况下,新生儿的吸引力偏好现象受面孔定位以及内部特征的影响。

### (二) 听觉

与视觉相比,新生儿的听觉具有相当高的灵敏度,具备辨别不同音量、长短、方向以及频率的能力,例如1个月的婴儿就能鉴别200Hz和500Hz纯音之间的差异。新生儿对人的声音分辨得最好,可以根据声音来辨别重要他人。还有研究表明,胎内的声音经验能对胎儿以后的听觉反应产生影响,至少在刚出生后的阶段有作用。其中最具有代表性的反应是,新生儿出生时对母亲声音的偏好。与其他声音相比,从录音机中听到母亲的声音时,新生儿吮吸奶嘴的频率更快。新生儿还会对在胎儿期听过的故事和音乐表现出偏好(DeCasper & Spence,1986,转引自林崇德, 2006)。另外,新生儿能够分辨基本的语言单位——音素(phonemes),研究发现不到1周的婴儿就能够区分元音字母a和i(Clarkson & Berg,1993)。每1000个新生儿中约2~3名儿童有听力损伤,其中约有1名儿童的听力损伤程度达中重度,但是听力障碍儿童中20%~30%的损伤都是后天造成的。因此,专家建议要在头3个月对婴儿进行听觉筛查。6个月~3岁是婴儿中耳炎的高发期,中耳炎易导致听觉丧失。近来研究显示,如果能及时发现并实施干预,那么听力障碍儿童的语言技能(手势或口语)将会有所提高,并在儿童期达到普通儿童水平。应及时发现并及时治愈听力障碍,以保证婴儿的听觉正常发展(Yoshinaga-Itano,Sedey,Coulter,& Mehl,1998,转引自林崇德,2006)。

### (三) 味觉和嗅觉

新生儿的味觉和嗅觉在子宫内就开始发展。新生儿就可以分辨4种基本的味道:甜、酸、苦、咸。新生儿对甜的物质有积极的反应,但对酸或苦的味道则表现出厌恶的表情或动作。蔗糖的甜味能令新生儿安静下来并降低其心率,不仅如此,甜味还能诱发新生儿的口腔运动以及增加手与嘴的接触,所有这些都利于新生儿的生存(Trevathan, 2005)。

新生儿的嗅觉也发展得相当好,尤其是对妈妈乳汁的气味有稳定的偏好。在出生1小时之内,把新生儿放到母亲的腹部,就可发现新生儿无须任何帮助就能爬向母亲的乳房,这显然是利用了嗅觉线索的帮助。1周时,用两块分别沾有母亲和另一位女性乳汁的布置于新生儿头部的两侧,会发现婴儿更经常、更持久地转向有自己母亲乳汁的一侧(Trevathan, 2005)。

### (四) 触觉

可能在各种感知觉中发展得最好的就是触觉。其中嘴的周围、生殖器、手掌和脚底最敏感。各种反射如抓握反射、吮吸反射、行走反射等与触觉有关。触摸是母婴互动的一种重要方式,会增强母婴的情感联结。

## 五、新生儿的学习能力

婴儿生而具有从经验中学习的能力。新生儿的学习方式主要有三:条件作用,习惯化和去习惯化,模仿。

### (一) 条件作用

新生儿能够通过经典条件作用来学习。新出生 1～2 天的婴儿,每次在给其吸吮糖水之前,轻拍一下其额头,几次以后,婴儿就学会在被拍额头后就表现出吸吮行为。新生儿不仅能通过经典条件作用来进行学习,还可以通过操作性条件作用进行学习。例如,当婴儿哭闹时得到了父母的关注,当他们再次想得到关注时,就会表现出哭闹行为。

### (二) 习惯化和去习惯化

人类生来会被新颖的事物所吸引。习惯化(habituation)指对重复刺激的反应强度降低的现象。去习惯化(dishabituation)是指当习惯了的刺激出现某种变化时,能觉察到。习惯化与去习惯化的能力在婴儿出生时就有,到 10 周大时发展成熟。如果你总是在一个婴儿面前呈现同一个物体,婴儿将不再观看这个物体;同样,婴儿也不会将头转向一个持续存在的声音。这些都是习惯化的表现,习惯化是自动化的,不需要意志努力。习惯化与去习惯化说明新生儿具有再认熟悉物质的能力。

### (三) 新生儿的模仿能力

模仿是一种强大的学习机制。模仿学习提供了一种变通性,使个体可以超越与生俱来的固定的动作模式。与试误学习相比,模仿的危险性低;与独立发现相比,模仿更为迅速。研究表明,新生儿能够模仿面部动作,如图 3-3 所示的吐舌头、张嘴及撅嘴,这十分有趣,因为新生儿在注意他人的面孔时,并没有看见自己的面孔,那么他们是如何做到让自己的姿势与他人相匹配的呢? 可能他们正在运用跨通道的匹配机制,通过自己面部动作的本体反馈来调节动作,使其与目标更一致(Meltzoff, 2005)。

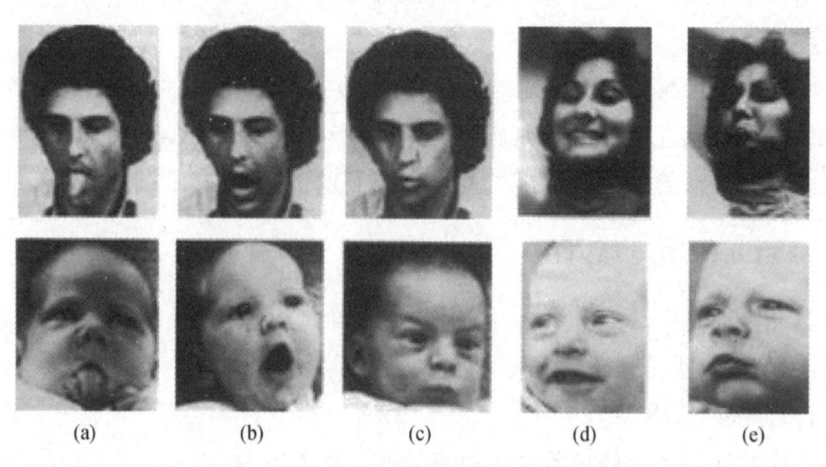

(a) (b) (c) (d) (e)

**图 3-3 首批新生儿模仿研究中的模仿示例**

2～3 周的婴儿伸舌(a),张口(b)和撅嘴(c)。2 天大的婴儿模仿成人的愉快(d)和悲伤(e)的面部表情。

## 六、新生儿的情绪

新生儿可以表达情绪吗？毫无疑问,新生儿也能够表达情绪,当生理需要得到满足时会笑,不满足时会哭。这种最原始情绪促进了与成人的相互作用,与成人进行交流和沟通作用。冯夏婷(1990)对 0～8 天新生儿开展了在突然声音刺激下产生情绪反应的实验研究,结果表明：出生 0～8 天的新生儿对 100～105 分贝以上响度的突然声音刺激产生惧怕情绪,心率加快 20 次/分以上,伴随哭泣等情绪反应;且婴儿的情绪反应存在显著的性别差异,女婴显示变化较小,心率较平稳,男婴变化较大。在一项调查中有半数以上的母亲认为 1 个月大的婴儿至少有五种确定的表情：好奇、惊讶、快乐、愤怒和恐惧(Johnson 等,1982)。

### 思考与练习

1. 怀孕是怎么发生的？
2. 双胞胎有哪两种？
3. 常见的性染色体异常有哪些类型,各有什么特征？
4. 什么是唐氏综合症,它有什么危害？
5. 主要的隐性遗传疾病有哪些？如何预防？
6. 胎儿的发育包括哪几个阶段,各有什么特点？
7. 影响胎儿发育的环境因素包括哪些？如何预防出生缺陷？

# 第四章　婴儿的心理发展

婴儿一般指 0～3 岁的儿童，他们从茫然无助的新生儿，在短短的 3 年时间里，迅速发展为一个能独立行走、能用感知运动的方式认识世界、还能用母语与人进行交流的独立个体。婴儿心理研究对揭示人类心理现象的起源有重要意义。以往人们一般视婴儿为弱小且无能的个体，加上婴儿语言表达能力有限，使得有关婴儿心理的研究十分有限。近年来，随着进化心理学的兴起，以及研究手段的进步，婴儿心理的研究取得了可喜的进步。

## 第一节　婴儿的生理发展

生理发展是人的一切发展的基础，婴儿的生理发展具有规律性，遵循头尾原则和近远原则。头尾原则是指婴儿的生长发育是按照自上而下的顺序进行的，婴儿的大脑在出生前就有了迅速发展，因而在出生时头部占全身的比例很大，随着身高和身体其他部位的发展，其比例逐渐下降。婴儿动作的发展也是如此，先会控制头和手，然后才学会爬与走。近远原则是指婴儿身体发展是按照由身体的中心开始逐渐向外发展的方向进行的。还在子宫中的时候，胎儿的头部和躯干就先于胳膊与腿的发育，然后是手和脚以及手指和脚趾的发育。出生后，婴儿仍然是肢体的发育快于手和脚的发育。

### 一、婴儿身体的生长发育

#### （一）身高与体重

我国 2005 年对九市城区调查的结果显示，男婴平均出生体重为 3.3±0.4 千克，女婴为 3.2±0.4 千克，与世界卫生组织的参考值一致。新生儿体重会有生理性下降，在出生后的 3～4 天达最低点，以后会逐渐回升。出生后头 3 个月增长最快，1 岁时为出生体重的 3 倍，2 岁时为出生体重的 4 倍。与此同时，婴儿的身高也迅速增长，出生时为 50 厘米左右，到 1 岁时为 75 厘米，2 岁时为 85

厘米(薛辛东,2010)。因此,婴儿出生后的第一年也被称为“第一个生长高峰”。

### (二)身体比例的变化

婴儿身体各部分的发展速率是不同的,其身体比例也因此发生很大变化。新生儿的头颅尺寸已经达到成人的70%,占其身长的四分之一。随着躯干的迅速成长,到1岁时,婴儿头颅只占身长的五分之一。与此相反,腿部占身长的比例则越来越大,出生时该比例为四分之一,从1岁到青春期,身高中60%的增长都来自于腿的增长,至成人时,腿长占到身高的二分之一。

## 二、婴儿大脑的生长发育

婴儿大脑的生长速度相当惊人,出生时其大脑的重量仅相当于成人脑重的25%,但是到2岁时其脑重已经达到了成人脑重的75%。婴儿大脑的发展表现在以下两方面。

### (一)婴儿神经系统的发育

脑由神经元和胶质细胞构成,婴儿出生时这两种细胞已经存在,出生后脑的发展主要是突触的生成。皮质上大量的树突的生长,是婴儿头两年脑重迅速增长的主要原因。靠着数以万亿计的突触,神经系统完成电和化学信号的传递。在突触最初的大量形成之后,也会有一个对这些突触进行“修剪”的过程,以消除多余的路径与联结。格林洛夫等人(Greenough,1987)认为大脑在进化过程中会产生超量的神经元和突触,它们可以接收任何人类所经历的感觉和动作刺激,由于人接收的刺激范围是有限的,最常接受刺激的神经元和突触就会持续发挥功能,而较少受到刺激的神经元则会失去突触,它们会被保留下来,当大脑受到损伤时,它们会起到代偿作用,这就是大脑的可塑性。

神经系统发展的另一个重要过程是髓鞘化。随着脑细胞的分裂和生长,一些胶质细胞开始产生一种叫做髓脂的蜡状物质,髓脂包围在单个神经元的周围形成一层髓鞘。髓鞘的功能像一种绝缘体,用以提高神经冲动的传递速度,从而使大脑与身体其他部分的信息沟通更有效。婴儿出生后感觉器官和大脑的联结通道首先髓鞘化,所以新生儿的感觉功能运作良好。大脑与骨骼肌肉的神经通路的髓鞘化则按照头尾原则和近远原则进行。

### (二)大脑半球功能的单侧化

大脑由两个半球构成,虽然它们从外表看起来是相同的,但其功能和控制的区域是不同的。左半球控制身体的右侧,主要负责言语信息的加工和处理以及正性情绪的表达;而右半球则控制身体的左侧,负责视—空间信息处理和负性情绪的表达。两半球靠胼胝体联结,使得它们可以共享信息协调指令。大脑半球功能的单侧化可能在胎儿期就已经开始,大约有 2/3 的胎儿在子宫中时,其右耳是朝向外侧的,大多数新生儿在躺着时也是转向右侧,以后会用右手抓东西,但是大脑半球功能单侧化的过程则一直持续到童年期(Shaffer, 2004)。

## 三、婴儿运动技能的发展

婴儿运动技能的发展是有序进行的,他们总是先学会简单技能,然后再将它们整合到日益复杂的动作系统中,有了这些动作系统,婴儿能做的动作范围越来越大,对环境的控制能力也不断增加。婴儿运动技能的发展包括两个方面。一是粗大运动技能,指婴儿在进行大幅度的身体运动时表现出来的运动技能,如晃动手臂、爬行、走路、跳跃等。二是精细运动技能,指由婴儿的手臂、手和手指参与的更细致的运动,表现在婴儿对手指的控制越来越自如,从用整个手掌抓握大的物体,逐渐能用手指拿起细小物体。表 4-1 为婴儿运动技能发展的里程碑。

**表 4-1　婴儿运动技能发展的里程碑**

| 技能 | 50%的婴儿能做到 | 90%的婴儿能做到 |
|---|---|---|
| 翻身 | 3.2 个月 | 5.4 个月 |
| 抓住拨浪鼓 | 3.3 个月 | 3.9 个月 |
| 不依靠支撑物坐着 | 5.9 个月 | 6.8 个月 |
| 扶着物体站立 | 7.2 个月 | 8.5 个月 |
| 用拇指和其他手指抓物 | 8.2 个月 | 10.2 个月 |
| 独自站稳 | 11.5 个月 | 13.7 个月 |
| 行走自如 | 12.3 个月 | 14.9 个月 |
| 把两块积木叠起来 | 14.8 个月 | 20.6 个月 |
| 上楼梯 | 16.6 个月 | 21.6 个月 |
| 原地跳 | 23.8 个月 | 2.4 岁 |
| 照着样例画圆 | 3.4 岁 | 4.0 岁 |

Frankenburg, et al., 1992. 转引自 Papalia, et al., 2005, p139

注：表中数据基于美国的白人、拉丁裔和非洲裔儿童

婴儿运动技能的发展具有重要的意义。8 个月左右的婴儿学会了爬行,这对他们的认知发展产生重要的影响。爬行帮助婴儿了解物体的远近与深度,帮助他们更准确地认识物体的大小、颜色、位置以及高度。不仅如此,婴儿的社会能力也得到了促进,当他们接近危险的物体时,会得到来自成人的警告,因此学

会了利用社会参照线索来决定自己的行动。随着对自己身体控制能力的增加，婴儿也会发展出最初的自信心。

## 第二节　婴儿的认知与语言发展

研究婴儿很困难，因为他们无法告诉我们所看、所想的是什么，因此研究者必须设计出巧妙的方法来探究婴儿的心理世界。这些有趣的研究将告诉我们，婴儿远比我们想象的要聪明。

### 一、婴儿知觉的发展

#### （一）知觉恒常性

当我们从不同方向、角度、距离以及光线等条件下观察物体时，物体在视网膜上的成像会发生改变，但我们仍然将其知觉为同一物体，这种现象就是知觉恒常性。

1. 大小恒常性

大小恒常性是指物体距离我们的远近发生改变，但我们仍认为是同一物体。皮亚杰和英海尔德(1969)认为婴儿要到五六个月时才有大小恒常性。他们发现当教会一个婴儿拿一个大盒子时，即使当这个盒子在视网膜上成像比一个近的、真实体积较小的盒子还小时，婴儿还是会去拿原来的盒子。

但鲍尔(1965)却用条件反射的方法发现 2 个月的婴儿就已具有了大小恒常性。他以 6～8 周的婴儿为被试，利用一个特制仪器训练婴儿通过转动头部来引起成人的反应。首先成人出现在婴儿视野中，然后消失，由于婴儿都喜欢玩藏猫猫的游戏，很快就学会转动头部让成人出现。然后，在离婴儿 1 米远的地方放一个边长 30 厘米的立方体，只有立方体出现时，才对婴儿的转头行为进行强化(藏猫猫)，婴儿学会了出现立方体时才转头(条件反射)。接着，把立方体移至 3 米远，它在视网膜上的呈像比 1 米时要小。又在 3 米处放一个边长为 90 厘米的立方体，它在视网膜上的成像与 1 米处的小立方体大小相等。

鲍尔推测如果婴儿具有大小恒常性，应该对边长为 30 厘米的小立方体转头；如果婴儿没有大小恒常性，只是依据视网膜上的成像大小进行反应，则应该对边长为 90 厘米的大立方体转头。结果发现婴儿对边长为 30 厘米的立方体反应的次数比边长 90 厘米的立方体多 3 倍(转引自史密斯等，2006)。

2. 形状恒常性

虽然我们观察物体的角度不同，但我们相信它仍是同一物体，这就是形状恒常性。鲍尔的另一项研究表明 50～60 天的婴儿也具有形状恒常性。卡伦等人(1979)采用习惯化和去习惯化的研究范式发现 3 个月的婴儿具有形状恒常性。首先给婴儿呈现同一个图形如矩形，分别从不同角度多次呈现，使其习惯化。然后，在测试阶段给婴儿呈现一个新图形和一个熟悉的图形，但是新的角度，结果发现婴儿对新图形注视得更久(去习惯化)。这说明婴儿是有形状恒常性的，虽然角度不同，但婴儿把它们看做是同一图形，因此在测试阶段不感兴趣，表现为对旧图形注视时间短，对新图形注视时间长。用同样的方法进一步研究发现，新生儿已具有形状恒常性。

**(二) 物体的完整性**

在前述研究中，给婴儿注视的物体都是独立的，但是现实世界中，物体经常是相互连接或叠加的，婴儿又是怎样理解这些物体的呢？凯尔曼等人(Kellman & Spelke, 1983)采用习惯化与去习惯化的研究范式，对 3～4 个月的婴儿进行了研究，他们呈现的物体如图 4-1 所示。

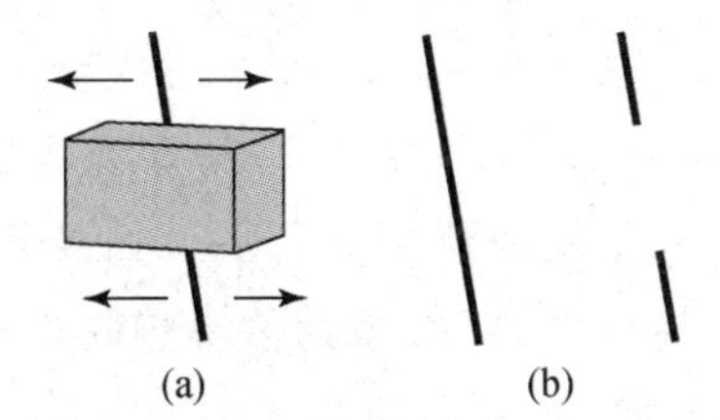


**图 4-1　物体整体性实验材料**

首先给婴儿看一根木棒在一个立方体后面来回移动，木棒的中间部分被立方体遮住了(见图 4-1a)。然后给婴儿呈现一根完整的木棒和一个断开的木棒(见图 4-1b)。如果婴儿把立方体后面的木棒看成是同一个木棒，就会对其习惯化，则会偏爱看断开的木棒；如果婴儿把立方体后面的木棒看成是两个独立的部分，就会对这断开的木棒习惯化，那么他们就会偏爱看完整的木棒。结果发现婴儿偏爱看断开的木棒，说明 3～4 个月的婴儿虽然只看到了木棒的一部分，但仍会把它们知觉为一个整体。有研究发现 2 个月的婴儿也具有此能力，但是新生儿没有。

**(三) 深度知觉**

深度知觉是对深度或距离的判断，对婴儿来说，除了识别物体，还需要伸手去拿或接近物体，这时深度知觉就非常重要。关于婴儿深度知觉最著名的研究是吉布森和沃克(Gibson & Walk, 1960)做的视崖(visual cliff)实验。她们设计了一个大的玻璃平台，该平台被一块插板分为两个部分，在“浅”侧，玻璃下面直接铺了一块方格布，在“深”侧，则是在玻璃下的几英尺的地方铺方格布，从而造成会“掉下去”的错觉，见图 4-2。把婴儿放在玻璃平台的中心，让婴儿的妈妈诱使孩子爬过浅侧和深侧。参加实验的婴儿年龄在 6 个半月及以上，结果发现，90％会爬过浅侧，但只有 10％会爬过深侧。这说明大多数会爬行的婴儿能够知觉深度并害怕掉下去。

**图 4-2 视崖实验**

那么更小的婴儿有没有深度知觉呢？一种方法是给婴儿看电影，内容是有一个物体正向婴儿移动，马上就要碰到婴儿了。如果婴儿有深度知觉，他就会有退缩的表现，要么移向另一侧，要么当物体很近时就会眨眼睛。结果发现，3 个月的婴儿确有退缩的表现，但更小的婴儿则没有（Yonas & Owsley, 1987；转引自 Bee，1999）。坎波斯等人（Campos, et al., 1970, 1978）改进了视崖实验，不再以是否爬过视崖的深侧为指标，而是把婴儿相继放到视崖的深侧和浅侧，然后测量他们心率的变化。他们对 2 个月和 7 个月的婴儿作了进一步的研究，结果发现，在脸朝下被放近视崖的深侧时，7 个月的婴儿心率会加快，而 2 个月的婴儿心率却减慢了。如何解释这种差异呢？心率加快是恐惧反应的指标之一，而心率减慢则被看成是对差异或新异性发生注意和兴趣的表现。这说明 2 个月的婴儿已经觉察到深侧与浅侧的深度差异，但还没有从悬崖跌落的恐惧感。

### （四）跨通道知觉

跨通道知觉是指用不同的感觉通道识别一个早已熟悉的物体的能力。例如，我们都看过皮球是什么样的（视觉），假如把眼睛蒙上，这时我们用手抚摸也可以判断它是一个皮球（触觉），这就是跨通道知觉。梅尔佐夫等人（Meltzoff & Borton, 1979）发现 1 个月大的婴儿就具有了跨通道知觉的能力。他们给一部分婴儿含的是表面光滑的奶嘴，另一部分婴儿含的是表面粗糙的奶嘴，此时婴儿不能看见奶嘴。90 秒后将奶嘴取走，给婴儿看两张分别印有光滑奶嘴和粗糙奶嘴的并排放置的图片，结果发现，婴儿对之前吸吮过的奶嘴更感兴趣，注视的时间更长。婴儿对早先接受过的刺激又以新的方式呈现时表现出强烈的兴趣。这一结果与以往用习惯化与去习惯化范式对婴儿的研究结果有所不同，按照该范式，婴儿应该对新刺激更感兴趣才对，对此梅尔佐夫等人的解释是该实验与以往实验有所不同：① 婴儿更年幼，平均年龄只有 29 天；② 测验时评价的是触觉—视觉而非视觉—视觉的匹配；③ 使用的刺激是三维模式而非二维模式；④ 触觉熟悉阶段时间长度为 90 秒。

口腔感觉与视觉信息的整合是 1 个月的婴儿唯一可观察到的跨通道知觉。斯特莱和斯佩尔克(Streri & Spelke，1988)发现 4 个月的婴儿能够对触觉和视觉信息进行整合。他们给婴儿两个木制圆环，一手拿一个，用一块布盖上，婴儿看不见圆环只能用手操控。一种情况下，婴儿拿到的两个圆环是用木棍连接的；另一种情况下，婴儿拿到的两个圆环是用一个弹性很大的带子连接的。经过习惯化程序后，在屏幕上呈现上述两种刺激，结果发现，婴儿花更多的时间注意先前未触摸过的物体。

## 二、婴儿记忆的发展

其实对新刺激的偏好以及具有的模仿能力已经证明婴儿是有短暂记忆的。婴儿能不能对事件进行记忆呢？多大开始有这种能力的呢？

1. 再认

罗依-科利尔(Rovee-Collier，1999)利用操作条件作用原理，证明 2 个月大的婴儿能够记住物体，以及与这些物体相连的自身动作，其记忆可以保持一天，3 个月的婴儿记忆可以保持一星期，而 6 个月的婴儿记忆可以保持两星期。实验使用的装置如图 4-3 所示，婴儿床上方悬挂一个可移动的玩具，首先记录婴儿在 3 分钟内踢腿的次数作为比较的基线，然后将丝带的一端系在玩具上，另

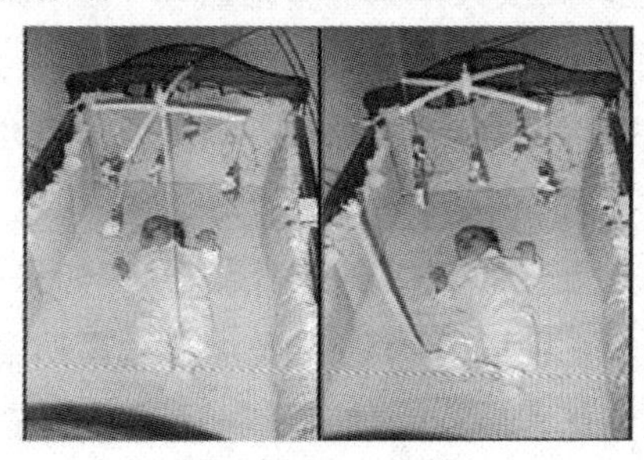

**图 4-3　婴儿记忆实验**

一端系在婴儿的脚踝上，婴儿很快学会不断踢腿来让玩具运动，在3～6分钟之内，婴儿踢腿的次数是基线次数的2～3倍，说明婴儿学会了控制玩具。在再认阶段，婴儿被放在同样的玩具下，但脚踝上的丝带没有与玩具相连。如果婴儿能够认出玩具，则踢腿的次数会高于基线，否则就不会。她发现婴儿在再认阶段的踢腿次数明显高于基线水平。

由于移动玩具任务不适用于大于6个月的婴儿，罗依-科利尔又设计了一个火车任务对6～18个月的婴儿记忆进行研究。该设置是一个迷你小火车，婴儿通过按压杠杆让火车开动。结果同样发现婴儿的反应明显高于基线水平，婴儿记忆保持的时间是随着年龄增长而增长的。

但是婴儿的记忆可以因训练条件不同有很大不同。如果让婴儿接受3个每次6分钟的训练，而不是2个每次9分钟的训练，2个月的婴儿记忆可以长达两星期而不只是一两天。

罗依-科利尔等人还进一步探索了提取线索对婴儿记忆的影响，发现对于2～6个月的婴儿来说，在训练结束的一天，只有原来学习过的悬挂玩具（或火车）才是有效的提取线索。对于9～12个月的婴儿来说，在训练的两周内，新火车也可以是提取线索，而超过两周则不行，但是原刺激在3～8周内仍可作为线索提取。当训练和测验的情境不同时，除非特别长的时间间隔，3、6和9个月的婴儿在不同的情境中对训练时学习的物体均可以再认。

记忆可以分为外显记忆和内隐记忆，它们是两个独立的功能系统。再认考察的是外显记忆，而启动范式考察的是内隐记忆。如对失忆症患者来说，虽然无法再认刚学过的单词，但是如果给出一个单词的部分（启动），让他用想到的第一个单词来填补完整，他会用刚学过的单词来填补，说明其内隐记忆完好。罗依-科利尔等人采用了启动范式进行研究，发现婴儿也是有内隐记忆的。研究对象为3～12个月的婴儿，在他们已经不能再认悬挂玩具或火车的一周后，用训练阶段见过的悬挂玩具或火车只短暂地启动一次，婴儿对启动刺激反应的潜伏期是随着年龄增长而下降的，到12个月时，婴儿见到启动刺激会自动反应。如果记忆是最近获得的，当启动出现时，3个月的婴儿也能自动进行反应。

2. 回忆

与再认相比，回忆是更难的。在动作消失之后，如果婴儿还可以将其模仿出来，无疑是婴儿能够回忆的强有力的证据。延迟模仿需要婴儿编码、保持和提取一个记忆，并以该记忆作为行动的基础。延迟模仿是婴儿前语言回忆的一个指标，通过动作再现而不是语言描述一个不在眼前的事件。

科来恩和梅尔佐夫(1999)采用"只有观察"(observation only)的程序考察了12个月大婴儿的延迟模仿。实验中,婴儿仅仅观察成人的动作,自己没有动手操作物体的机会,然后在间隔3分钟、1周和4周的不同时间内,以及在与成人示范动作相同或不同的环境中分别测试婴儿的延迟模仿能力,结果发现婴儿在不同的时间间隔内均表现出了明显的回忆能力,而且不受环境的影响。实验中家长都戴上了眼罩,对于婴儿看到了什么并不知情,排除了回家之后与婴儿复习的可能性。实验结果说明,在没有动作练习的情况下,婴儿表现出了利用陈述性(非程序性)记忆系统对动作信息进行保持的能力。

## 三、婴儿思维的发展

信息加工取向的研究对皮亚杰的理论提出了严峻的挑战。与皮亚杰运用儿童是否能通过某种任务来推断其认知水平的方法不同,信息加工取向的研究者关心的是要通过这些任务,婴儿应该具有哪些能力,这些能力是在哪个年龄发展起来的。

### (一) 客体永存概念

皮亚杰认为婴儿要到8个月以后才会有客体永存的概念,其标志是物体消失后,婴儿会寻找。但是贝尔拉金等人(Baillargeon & DeVos, 1991)发现3.5个月的婴儿就已经具有了客体永存的概念。她们采用了一种叫做期望违背(violation of expectation)的方法来研究。给婴儿呈现两个事件,一个是可能事件,一个是不可能事件。可能事件与期望一致,不可能事件与期望违背(不一致),如果婴儿对不可能事件注视的时间更长,说明婴儿能够意识到该事件结果是令人惊讶的。也就是说婴儿实际上是具有某种知识或信念的。她们的实验如图4-4所示。在习惯化阶段,给婴儿看一短一长两个胡萝卜分别沿着一个移动轨道运动,在屏幕后消失,然后再次出现。等婴儿对这个事件习惯化后,测验阶段中,将屏幕换成一个上部有窗户的新屏幕,短胡萝卜比窗户的底部矮,因此在经过屏幕时不会在窗口出现(可能事件),长胡萝卜的高度比窗户的底部高,因此在经过窗口时应该出现但实际上却没出现(不可能事件)。结果婴儿注视不可能事件(长胡萝卜)的时间比注视可能事件(短胡萝卜)的时间要长,说明3.5个月的婴儿意识到长胡萝卜在窗口部分应该是存在的。

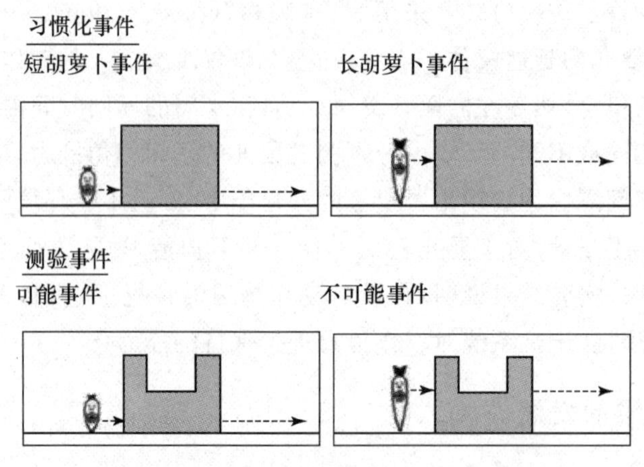


图 4-4　3.5 个月的婴儿对客体永存的理解

### （二）简单物理知识

斯佩尔克等人(1992)以 2.5 个月的婴儿为被试，对于实验组，在习惯化阶段，给婴儿看一个球向右移动，遇到障碍物停下来的事件。测验阶段中，在一致情况下，球移动一个较短距离遇障碍物停下；在不一致情况下，球穿过了较近的障碍物在一个较远的障碍物前停下来(见图 4-5)。婴儿注视不一致事件的时间长于一致时间，对物体能穿过障碍物表示惊讶，说明婴儿知道物体是不能穿越坚固的障碍物的。对于控制组，球是由实验者自上而下放落下来的，在 a 和 b 两种测验条件下，婴儿注视时间没有差异。这就排除了实验组婴儿对不一致条件注意时间长于一致条件，是由于对某种呈现形式的偏爱造成的可能性。

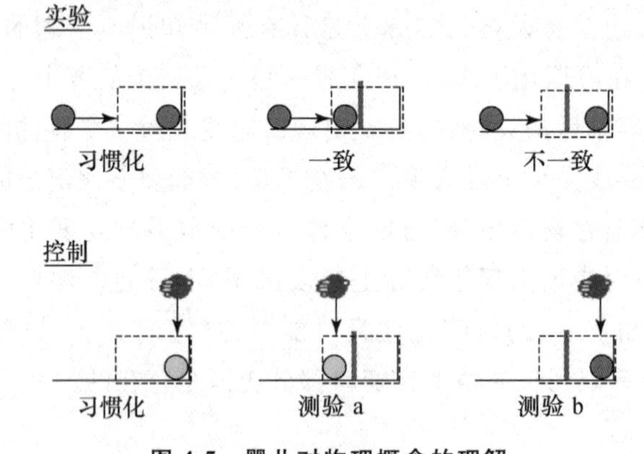


图 4-5　婴儿对物理概念的理解

### （三）数概念

温(Wynn，1992)发现5个月的婴儿竟然能理解 1+1=2 以及 2－1=1。将婴儿随机分成两组，在"1+1"组，婴儿先看到一只米老鼠玩偶在平台上，然后屏幕卷起，把米老鼠挡住使婴儿无法看见。接着实验者手拿另一只同样的米老鼠(此时婴儿可以看见)，将其放在婴儿看不见的屏幕后面。在"2－1"组，婴儿先看到两只米老鼠，然后屏幕卷起，实验者拿走一只米老鼠(见图 4-6)。如果婴儿能够正确计算"1+1"和"2－1"的结果，则他们应该对不可能结果注视更长时间。结果的确如此，"2－1"组的婴儿注视结果为2个米老鼠的时间长于"1+1"组的婴儿，也长于结果为1个米老鼠的时间。

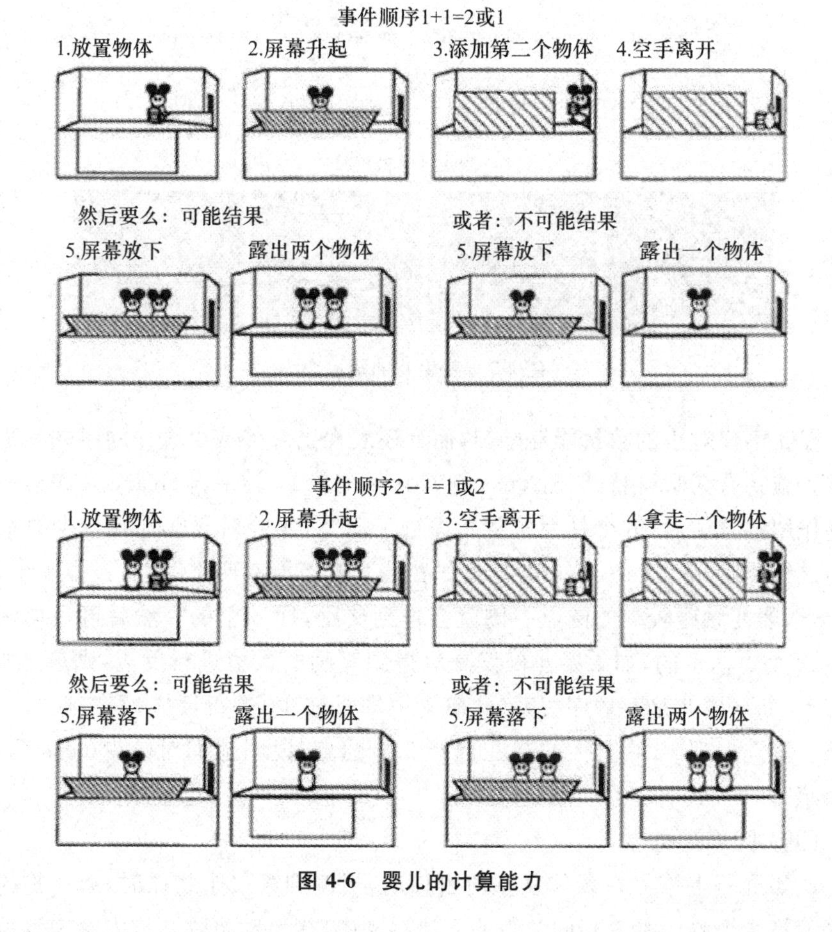


**图 4-6 婴儿的计算能力**

伊扎德等人(Izard，Sann，Spelke，et al.，2009)认为新生儿就具有抽象的数概念。他们采用跨通道的研究范式(图 4-7)。先让新生儿听2分钟的音节，这些声音顺序包含的是固定数量(4 或 12 个)的音节，在测验阶段，向新生儿呈现包含同样数量的(4 或 12)图片。结果发现，当图片的数量与听到的音节数量相匹配时，婴儿注视的时间更长。当实验材料换成 6 和 18 的数量关系时，结果也是一样，婴儿更乐于注视听觉与视觉匹配的图片。但是当材料换成 4 和 8 的数量关系时，则没有观察到这种偏爱。说明新生儿能够对不同通道的数量进行抽象表征，但是只有数字比达到 3∶1 时，新生儿才可以区分不同的数量。其他有研究表明 6 个月的婴儿可以区分的数字比为 2∶1，9 个月的婴儿可以区分的数字比为 3∶2。

熟悉（两分钟）

…“ tu-tu-tu-tu-tu-tu-tu-tu-tu-tu-tu-tu ”…“ ra-ra-ra-ra-ra-ra-ra-ra-ra-ra-ra-ra ”…

或

…“ tuuuuu-tuuuuu-tuuuuu-tuuuuu ”…“ raaaaa-raaaaa -raaaaa-raaaaa”…

测验（四个实验）

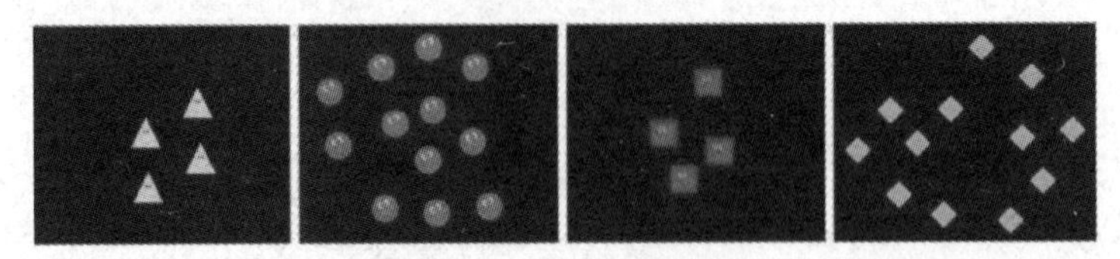

图 4-7　新生儿的数概念

婴儿不仅对小的数量能够感知，而且还表现出对多或少这样的序数关系的理解。施特劳斯和科替斯(Strauss & Curtis, 1984; 转引自 Geary, 2006)采用条件作用的方法对 16 个月大的婴儿进行了研究，实验对婴儿选择较少数量的行为进行奖励(smaller-reward)。例如在一个纸板上有两排圆点，一排 3 个，一排 4 个，婴儿触碰较少的圆点一侧就会得到奖励，即 3 个的。然后再呈现两排圆点，2 个对 3 个的，如果婴儿仅仅是对得到奖励的数值进行反应，则应选择 3 个圆点；如果婴儿是对顺序关系(此研究中即是较少)进行反应，则应选择 2 个圆点。研究发现 16 个月大的婴儿选择 2 个圆点，说明他们对较少(less than)更敏感。

### (四) 因果知觉

假如屏幕上第一个物体从左向右移动，当碰到第二个物体时，第一物体停下来而第二个物体沿着相同的轨迹开始移动(直接启动事件)，成人会一致地认为这是一个因果事件，但却不认为无碰撞事件(第一个物体在碰到第二个物体之前就停止了运动)以及延迟启动事件(第二个物体没有立即移动而是延迟了一会儿)具有因果关系。婴儿对此能进行区分吗？科恩和艾姆塞尔(Cohen & Amsel, 1998)对6.25个月、5.5个月和4个月的婴儿进行了研究,将婴儿随机分为三组,分别对直接启动事件、无碰撞事件和延迟启动事件习惯化,在测验阶段,呈现与先前在因果、时间或空间特性上不同的事件。结果发现,6.25个月的婴儿基于因果关系进行反应,而更小的婴儿则是基于知觉特征进行反应。

## 四、婴儿语言的发展

能够掌握母语是婴儿发展的一项重要成就。有了语言,婴儿就可以用它们表征物体和行动;有了语言,婴儿就可表达思想、情感和需要。人类与动物的最重要的区别就在于人类对于语言的创造与运用。

### (一) 语言发展的理论

婴儿出生时只会大声啼哭,为什么在短短的几年内就能学会使用具有复杂且抽象规则的语言呢？他们是如何做到的？先天与后天的争论在语言获得问题上尤为突出,一方面,不同国家与民族的儿童讲不同的语言,经验的作用毋庸置疑;另一方面,各国儿童语言的发展又有一些共性,语言发展的顺序是一致的,如都是在4～6个月时牙牙学语,1岁左右有第一批词,3岁左右基本掌握母语。

#### 1. 习得论

习得论认为语言是强化和模仿的结果。例如,斯金纳在《言语行为》(1957)一书中指出,强化是语言学习的必要条件,父母首先有选择地通过赞许、注意等强化婴儿与成人言语较近的那些咿呀语,因而增加了婴儿这些语音的发声频率。父母"逐渐接近"的强化塑造了儿童的语言行为。班杜拉(1971)认为婴儿在认真倾听和模仿成人的语言中获得了语言的知识与能力。

虽然强化和模仿在语言发展中有一定的作用,但是它们不能解释婴儿语法知识的获得,例如,当婴儿的表达出现语法错误时,妈妈往往并不纠正,只有出现意义错误时,才会纠正。而婴儿的语法错误也不是模仿而来的,小婴儿在表达时常会自我生成一些成人语言中所没有的错误的表达形式。

#### 2. 先天论

乔姆斯基认为人类具有一种语言获得装置(language acquisition device),这种装置与生俱来,可以由输入的语言激活。它包含有一种普遍的语法知识,这使得不同种族、不同语言环境的儿童都能按基本相同的方式和顺序掌握本族语言。语言的获得是一种由普遍语法向个别语法转化的过程,从而使儿童掌握了本民族的语言。

从出生开始，大脑的左半球就对语言的某些方面比较敏感，如刚出生几天的婴儿就能区分不同的语音。语言的发展似乎也存在敏感期，如果在青春期前，儿童生活在一个缺乏正常语言的环境中，长大后再学习语言则非常困难。这可能是因为在应该获得语言时没获得，那么相应的大脑皮层机能就会丧失。

虽然没人否认生物学因素对语言获得有重要影响，但是对其质疑也是有的，如新生儿区分语音的能力，其他物种如猴子也有。先天论也无法解释为什么有些儿童比其他儿童掌握语言的能力要好，为什么语言发展不仅仅需要听到语言，还需要与人交流等。

3. 交互作用论

交互作用论认为语言的获得与发展是生物因素、认知发展以及语言环境三者交互作用的结果。交互作用论者认为随着神经系统的发展，婴儿的脑也会由于受到语言的刺激变得更聪明，学习用符号表征外界。语言作为一种交流工具，语言环境对语言的发展是不可或缺的。研究发现，家长与婴儿谈话的方式和他们与年长儿童谈话的方式是不同的。与婴儿交流时，母亲使用的是儿童导向的语言，其特征是缓慢、重音高并经常重复，强调物体和活动的关键词。随着婴儿语言的发展，母亲会逐渐使用更长以及更复杂的句子，但是只是比婴儿具有的语言稍微长一点儿和复杂一点儿，这种环境最利于婴儿语言的发展。

### （二）婴儿语言发展的特点

婴儿语言的发展是有顺序的，先掌握语音，然后掌握词义、语法，最后学会恰当地使用语言。婴儿对语言理解能力的发展总是先于语言生成能力的发展。

1. 前语言阶段(prelinguistic period)

主要指婴儿在1岁前尚未产生第一批词的阶段。研究表明，前语言阶段婴儿的语音知觉已经发展得相当好，例如，新生儿能够区分语言与其他声音，听到说话声时，会睁开眼睛注视说话者，能辨别母亲的声音。1个月的婴儿就能像成人一样区分辅音，2个月的婴儿能识别不同的人用不同的重音、强度发出的同一个语音，6个月时可以区分双音节的词。实际上，婴儿比成人辨别语音的能力更强，他们可以辨别任何语言中出现的声音，即使这种声音在他的语言环境中是没有的。但是到6个月时，婴儿开始失去辨别本国语言中所没有的外国语言中的元音能力，到1岁时辨别没听过的辅音的能力也消退了(Polka & Werker, 1994, 转引自 Bee, 1999)。

在发音能力方面，新生儿用不同的哭声来表达不同的需求，到了2个月左右，婴儿开始出声笑并发出由元音构成的喔啊声(cooing)，4～6个月时开始加入辅音，进入牙牙学语(babbling)阶段，此时能把辅音与元音结合起来发出声音，如"ma—ma—ma"，其特点是不断重复同一个音节。婴儿还获得了语调，当他们想获得回应时，会在音节结尾处使用升调，不需要回应时，则使用降调。婴儿9个月左右还发展出肢体语言(gestural language)，当他们想要某个东西时，会用手指物体并发出一些声音引起注意，当他们想要妈妈抱时会伸出手臂。他们还学会挥手表示再见、点头表示同意、摇头表示不同意等带有象征意义的表达方式。

前语言阶段的婴儿尽管还没有说出他们人生的第一个词，但是对一些词汇已经有了一定的理解。钦克夫和尤什兹克(Tincoff & Jusczyk, 1999，转引自西格勒等人，2006)运用偏好方法测试婴儿对"妈咪"(mommy)和"爹地"(daddy)称呼的理解情况，并排呈现婴儿父母的头像，同时播放由合成的婴儿声音说的"妈咪"或"爹地"，结果发现6个月的婴儿对与称呼一致的头像注视时间长于不一致的头像。但是如果呈现的是陌生男女的头像，则没有注视偏好。这说明6个月的婴儿已经能把称呼与特定的父母联系起来。

富克森和韦克斯曼(Fulkerson & Waxman, 2007)采用新异偏好任务(novelty-preference task)研究发现，6个月和12个月的婴儿能够将词和物体的类别联系起来。在习惯化阶段，给婴儿共呈现8张一个类别的样例(如恐龙)，每次一张，呈现的顺序是随机的。将婴儿分为两组，在语词条件下，每个习惯化样例都配有一个标识语(如：看这是一只Toma！你看见Toma了吗?)。在音调条件下，每个习惯化样例都配有一个纯音串(400 Hz，800 Hz)。在测验阶段，并排呈现两个新图片，一个是习惯化类别的(如一只新恐龙)，一个是另一个类别的(如一条鱼)，图片的位置进行了平衡，见图4-8。测验阶段没有附加任何声音。结果发现语词条件下，婴儿会注视与类别一致的新图片更长时间，但是在音调条件下，则未显示这种偏好。6个月和12个月的婴儿表现出相同的模式，说明婴儿是将语词而不是声音与客体联系起来。

2. 单词句阶段(holophrastic period)

通常婴儿在12或13个月时会说出人生第一个词，在接下来的6个月中，婴儿大约能掌握30个词左右，这些词的意义往往与具体情境相联系。婴儿说词的时候会有单音重叠现象，如"妈妈"，"狗狗"，"拜拜"。婴儿此时一个词实际代表了一个句子，他们可能会指着爸爸的公文包说"爸爸"，意思是说"爸爸的公文包"，并且往往配合肢体语言来"创造"双字词，例如他们想要饼干时，会一边说"饼干"，一边张开手，表示"要饼干"。

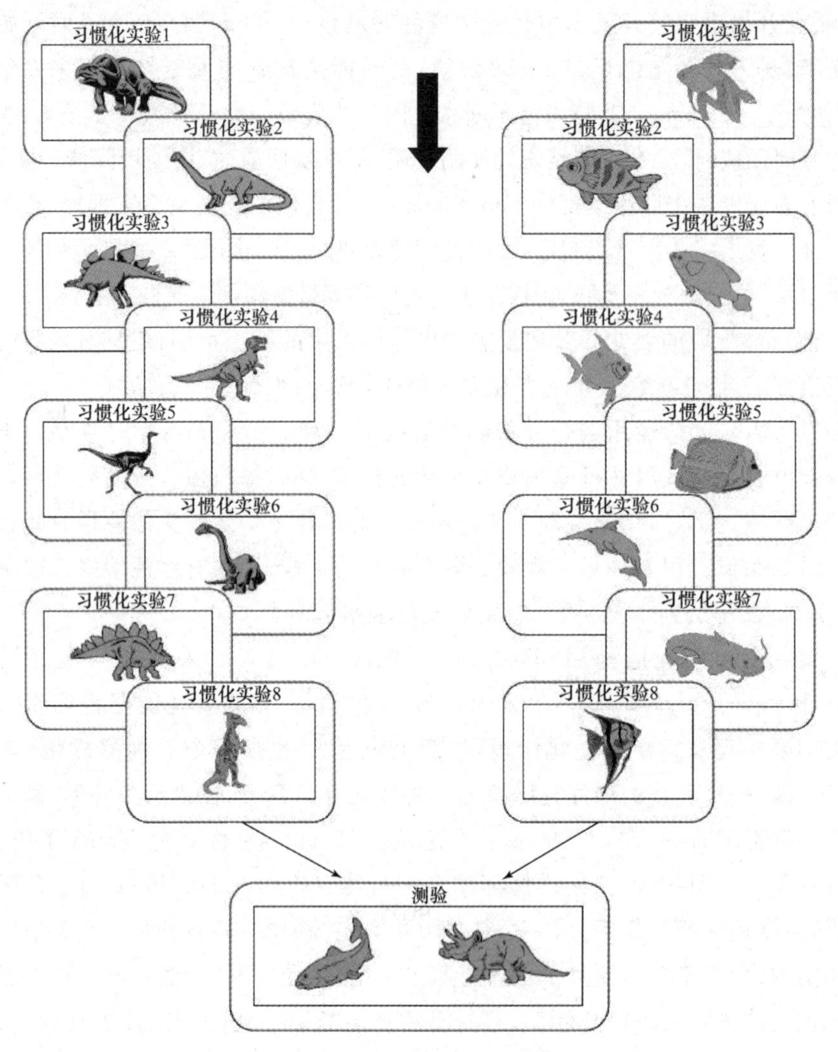


图 4-8 语词与客体的联系

16～24 个月的婴儿词汇的发展会出现一种叫做“命名爆炸”(naming explosion)的现象，他们好像明白了“凡物皆有名字”，于是词汇出现了陡增的现象，从原来 50 个左右的词汇量，增长至 300 个左右。

3. 电报句阶段(telegraphic period)

18～24 个月大的婴儿开始能够把单词连成简单的句子，如“宝宝吃”，“爸爸抱”，这类表达被称为电报式语言，其特点是只包含最关键的词，如名词、动词和形容词，而不太重要的介词、副词等则被略去。

婴儿早期语言的特点是简化，在运用语词进行表达时，会出现延伸不足(underextend)或过度延伸(overextend)现象。延伸不足是指对婴儿来说一个词可能仅仅代表一个单一物体，如“娃娃”只代表她自己的那个玩具娃娃；而过度延伸是指词语表达超出了其本身的含义，被过度推广了，如婴儿看到带轮子的交通工具都叫小汽车。

# 第三节　婴儿的人格与社会性发展

新生儿出生后很快就表现出个体差异：有的很容易照顾，生活很有规律；有的似乎比较难抚养，不易适应环境，让父母感到疲惫。在与父母及其他的抚养者相互交往的过程中，婴儿开始学习社会交往技能，初步形成自己的人格特征。

## 一、婴儿的情绪

### (一) 婴儿的情绪表达

情绪是一种主观体验，由于婴儿语言能力有限，无法报告自己的情绪体验，因此了解婴儿何时有喜怒哀乐是一件困难的事情。伊扎德(Izard, 1982)通过对婴儿表情录像来了解婴儿的情绪表达。首先将婴儿对一些情景的反应录制下来，如抓一块冰，玩具被夺走，母亲离开后又回来。然后让一些不知情的评定者根据婴儿的表情判定他们正在体验的情绪，结果发现成人评定者对婴儿表情所反映的情绪的评定相当一致。根据婴儿的表情，婴儿似乎能表达喜悦、兴趣、恐惧、愤怒、难过和厌恶六种情绪。伊扎德的另一项研究表明，兴趣、高兴、悲伤和愤怒在婴儿表面表情中占95%以上。这些基本情绪对婴儿来说具有重要意义。表达喜悦的微笑能够促进社会交往，建立和加强社会联结与依恋；对新奇、变化和运动的事物感兴趣会引导婴儿对物质和社会环境进行探索从而促进认知发展；悲伤则会引发别人的同情与帮助，这对弱小无助的婴儿生存发展非常重要；而愤怒则会让婴儿对束缚与不适表示反抗，从而让他人对目前发生的事情作出改变(Abe & Izard, 1999)。表4-2为婴儿情绪表达出现的年龄。

表 4-2 婴儿情绪表达出现的年龄

| 年龄 | 表达的情绪 | 引起情绪的刺激样例 |
|---|---|---|
| 出生 | 兴趣 | 新奇或运动 |
| | 痛苦 | 疼痛 |
| | 厌恶 | 令人讨厌的物质 |
| | 新生儿的微笑 | 没有原因的自发出现的 |
| 3～6 周 | 快乐/社会性微笑 | 高声调的人类声音;与婴儿拍手;听到熟悉的声音;低垂的面孔 |
| 2～3 个月 | 难过 | 对引起疼痛的治疗方法的反应 |
| | 谨慎 | 对陌生面孔的反应 |
| | 挫折 | 对受限制的反应;不能实行某些行动 |
| 7 个月 | 吃惊 | 对玩偶匣的反应 |
| | 恐惧 | 高度;极度新奇 |
| | 愤怒 | 行动失败或受阻 |
| | 高兴 | 对即时的积极事件反映,如玩藏猫猫 |
| 12～18 个月 | 羞耻,内疚 | 未能完成任务,伴随消极的自我评价;或对他人造成伤害,伴随消极的自我评价 |

(转引自,Bee,1999,p183)

由于表情存在跨文化的普遍性,且婴儿与成人的表情也具有很大的相似性,因此有学者认为,在二者相似的表达方式背后势必隐藏着同样的心理意义。但也有一些专家对此持较为保守的观点,他们认为即便婴儿表达情绪的方式与成人是相似的,但这并不意味着他们所体会的情绪状态与成人完全相同。作出某些面部表情是婴儿与生俱来的能力,但婴儿们在作出这些面部表情时却不一定获得了相应的情绪体验。婴儿的面部表情在其生命早期可能更多的是非情绪性的、类似于反射的反应。例如,在最初,哭泣可能仅意味着生理上的不适,随着情绪的发展,哭泣才会代表着婴儿心理上的不安和痛苦。而最初的微笑可能仅表示婴儿获得了舒适的身体状态,而 3～6 周后,婴儿的微笑则代表着其在社会互动中所体验到的快乐,再后来,微笑还将会成为婴儿探索新异事物和掌握新能力时得意的表现。这一切都说明了婴儿情绪信号的意义是会发生变化的。

### (二) 婴儿情绪知觉的发展

读懂他人的表情是一项重要的社会技能,它帮助个别识别他人的情绪状态并做出恰当的反应,有利于社会适应。新生儿对人脸和人声的偏爱说明他们对社会性刺激是高度关注的。有研究表明3个月的婴儿能够区分快乐和惊奇的面孔，能够将快乐面孔从愤怒面孔中区分出来。4个月的婴儿注意快乐的面孔时间长于愤怒的或中性的面孔。5个月的婴儿可以区分表达快乐、愤怒和悲伤的声音。我国一项研究采用习惯化和去习惯化的范式，也发现8～12个月的婴儿具有分辨愉快、恐惧、愤怒三种表情模式的能力(王垒、张岚和李黎，1994)。

婴儿必须能够理解不同个体的表情表达的是相同的意义，这样识别面部表情才会在社会交往中发挥作用。7个月大的婴儿开始具有对表情进行分类的能力。首先让婴儿对女性的愉快表情习惯化，然后在去习惯化阶段呈现另一个不同模特的愉快和恐惧表情，发现婴儿对恐惧表现注视的时间更长。这说明尽管模特变化了，但是婴儿能够识别愉快表情属于一个类别，而恐惧表情属于另一个类别。但是如果先对恐惧表情习惯化，婴儿则没有表现出这种分类能力。另一项针对7或10个月的婴儿的研究，先对正性情绪面孔(快乐、惊讶)习惯化，测验时既有新的正性情绪面孔，也有负性情绪面孔(愤怒、恐惧)，结果发现10个月的婴儿只对新的负性情绪面孔去习惯化，而7个月的婴儿对两类新刺激都去习惯化。这说明到10个月时，婴儿开始根据更概括化的正性和负性情绪对表情分类(Ludemann，1991)。

快到1岁时，婴儿具有社会参照(social referencing)能力，婴儿不仅能区分和正确对他人的表情进行分类，而且可以将表情与环境事件联系起来。例如，当有一个新玩具时，如果母亲是微笑的表情，婴儿更可能去玩这个新玩具；如果母亲是厌恶的表情，婴儿则会远离它。另一项研究分别给予12个月大的婴儿三种来自母亲的积极线索：只有面部的，只有声音的，既有面部又有声音的。结果发现婴儿在只有声音以及既有声音又有面部线索时比只有面部线索更快地爬过视崖(Vaish & Striano, 2004)。这说明婴儿在不确定和有威胁性的情境中能够利用声音所表达的情绪线索指导自己的行为。

婴儿在现实世界中往往同时接收来自面部和声音的情绪线索，婴儿是如何整合来自不同感觉通道的这些信息的呢？对此，研究者一般采用跨通道偏好技术，给婴儿呈现两张面部表情照片，播放与其中一张照片情绪表达一致的声音，如果婴儿注视与声音匹配的表情照片时间更长，说明婴儿能够识别不同通道表达的相同情绪。沃克尔(Walker, 1982)发现，即使面部表情与声音线索不同步播放，7个月的婴儿也能对不同通道的情绪进行匹配。但是如果将表情照片倒置(头朝下)，即使面部表情与声音线索同步播放，婴儿也不能将之匹配。格罗斯曼(Grossmann, 2010)用ERP(事件相关电位)技术发现，至少到7个月大，婴儿才能稳定地将来自面部和声音的情绪线索进行匹配。

## 二、依恋的发展

依恋是婴儿与抚养者之间建立的一种相互的、持久的情感联结，是婴儿社会性发展的一项重要成就。依恋不仅可以起到保护作用从而使婴儿免受危险物体的伤害、增加生存的机会，而且可以作为安全基地，使婴儿有勇气探索周围的环境。婴儿依恋的对象是那些在社会交往过程中能够持续一致地对他们进行反应的、敏感的成人，不一定是生物学意义上的母亲。婴儿依恋的对象也不限于一人，在很多文化中，照顾婴儿的不只是母亲，也有保育员或者祖父母，婴儿同样也可以与这些照看者形成依恋关系。

### （一）依恋发展的阶段

谢费和爱墨生（Schaffer & Emerson，1964；转引自 Shaffer，2004）研究了一组 0～18 个月大的苏格兰婴儿，观察他们与亲密的陪伴者分离时会如何反应以及究竟对哪些人会作出这样的反应。他们发现婴儿与抚养者形成依恋可以分为以下 4 个阶段。

1. 无社会性阶段（The asocial phase，0～6 周）。很多社会性和非社会性的刺激都能让婴儿产生愉快的反应，很难见到抗拒性的反应。到了该阶段的末期，婴儿开始对社会性刺激如笑脸产生偏爱。

2. 无差别依恋阶段（The phase of indiscriminate attachments，6 周～7 个月）。婴儿明显地表现出更喜欢有人陪伴，但还没有显示出对不同人的差别对待，只是与会讲话的玩偶相比，婴儿更喜欢对人笑。只要成人把他们放下来，他们都会感到不快。这一阶段的婴儿对能引起他人的注意（即使是陌生人）感到快乐。

3. 特定依恋期（The specific attachments phase，7～9 个月）。婴儿开始对特定的人通常是母亲产生依恋，当与之分离时会出现明显的反抗。婴儿开始学会爬行，会试图跟随母亲并与之亲近。

这一阶段婴儿会产生陌生人焦虑以及分离焦虑。陌生人焦虑对婴儿起到保护作用，其主要表现为，当有陌生人接近时，婴儿会警惕，当陌生人想要抱婴儿时，婴儿会拒绝反抗。分离焦虑是指当熟悉的照看者离开时，婴儿表现出紧张情绪。分离焦虑在不同文化中的婴儿都可以观察到，一般在 7 或 8 个月时出现，14 个月时达到顶峰，然后开始降低。

4. 多重依恋期（The phase of multiple attachments）。在形成最初的依恋

关系以后，半数婴儿会对包括父亲、兄弟姐妹、祖父母或固定的保育员产生依恋。到 18 个月时只有极少数的婴儿只对一个人产生依恋。

### (二) 依恋的个体差异

安斯沃斯等人(Ainsworth et al.，1978)采用陌生人情境(Strange situation)程序(见表 4-3)对 1～2 岁的婴儿与母亲或其他照看者之间的依恋性质进行记录与分析，发现婴儿的依恋可以分为 4 种类型。

**表 4-3　陌生人情境程序**

| |
|---|
| 1. 家长与婴儿进入游戏室 |
| 2. 婴儿玩耍时，家长坐在一边(此时，家长充当安全基地) |
| 3. 陌生人进入并与家长交谈(陌生人焦虑) |
| 4. 家长离开(分离焦虑) |
| 5. 家长回来并安抚婴儿；陌生人离开(重聚行为) |
| 6. 家长离开(分离焦虑) |
| 7. 陌生人回来并对婴儿进行安抚 |
| 8. 家长回来并对婴儿进行安抚(重聚行为) |
| 以上 8 个情境每个持续 3 分钟 |

1. 安全依恋。当与母亲单独在一起时，婴儿会主动探索；与母亲分开时会明显表现出不开心。当母亲回来时，婴儿会欣喜并寻求身体上的接触。当母亲在场时，婴儿与陌生人也能愉快相处。65％的婴儿属于安全依恋。

2. 抗拒型依恋。母亲在场时婴儿也很少探索环境，总试图接近母亲。母亲离开时婴儿会非常烦恼。当母亲回来时，婴儿表现出一种矛盾情绪：尽管对母亲离开非常愤怒但还是试图离母亲近一点，但会抗拒来自母亲的拥抱或抚摸。即使有母亲在场，抗拒型的婴儿对陌生人也高度警惕。约有 10％的 1 岁婴儿属于该种不安全的依恋类型。

3. 回避型依恋。这也是一种不安全的依恋。婴儿很少因为与母亲分离表现出烦恼，他们常常会从母亲身边走开并忽略母亲，即使母亲试图引起他们的注意也是如此。这类婴儿与陌生人相处还可以，但有时也会表现出与他们对待母亲同样的行为。约有 20％的 1 岁婴儿属于此类型。

4. 混乱或无方向型。这是近年新发现的一种类型，大约有 5％～10％的婴儿属于这一类。他们是抗拒型和回避型的一种奇怪结合，对到底是趋向还是回避照看者感到困惑。婴儿会同时表现出矛盾的行为，例如，当与母亲重聚时，婴儿行动茫然与僵硬，他们可能试图接近母亲，但是当母亲与他们的距离变小时，婴儿又会突然调头走开。

由于2岁以上儿童对分离已经相当适应,所以陌生人情境测验不适用于评定2岁以上儿童的依恋。目前有一种称为依恋Q分类(Attachment Q-set,3.0版,Waters,1987)的工具,它有90个项目,用来评定1～5岁的儿童依恋类型。

梁兰芝、陈会昌和陈欣银(2000)考察了122名21～27个月的婴儿对母亲的依恋类型。结果发现,中国2岁儿童对母亲的依恋四种类型:焦虑—回避型、安全型、焦虑—矛盾型、混乱型,分布比例分别为11%、73%、7%、9%。其中安全型和混乱型依恋的表现与国外研究者描述的美国、日本等国家儿童的行为大体相同,但焦虑—回避型与焦虑—矛盾型与国外研究者描述的有明显区别。基于这种区别的特点,作者把这两种类型分别定义为:淡漠型与缠人型。对于淡漠型的孩子,他们与母亲的关系平淡,专心于探索周围的环境和玩具,与母亲的身体接触很少,也很少主动与母亲交谈,对母亲的归来不积极欢迎,也无明显的喜悦。这种类型与西方描述的回避—焦虑型比较相似,但是他们虽然与母亲的关系平淡,却不像回避—焦虑型依恋那样对母亲有明显的回避行为。而对于缠人型的孩子,他们喜欢缠在母亲身边,和母亲的身体接触比较频繁,探索活动不积极;对陌生的人和事物拘谨、退缩;与母亲分离时,表现出反抗,哭泣,悲伤程度高;与母亲重聚时,急切地寻求母亲的安慰,但是不容易平静下来。这种类型与西方描述的焦虑—矛盾型依恋有相似之处,但是,中国儿童在重聚时很少表现出生气、反抗、踢打母亲的行为。胡平和孟昭兰(2003)使用纵向和横向相结合、采用模拟的陌生情境法和Q-sort对64名12个月的、城市的婴儿与其母亲组成的母—婴对进行研究,发现中国城市婴儿的依恋类型判断函数与国外得到的依恋判断函数非常相似,婴儿不同的依恋类型具有跨年龄与跨情境的稳定性。同时中国城市婴儿的某些依恋类型具有与西方同类型婴儿不同的行为特点,具体表现如下:对于A型(焦虑/回避型)儿童,他们在不同情境中的回避比例是很高的,但他们的矛盾行为比率较低,而他们的探索活动的成绩是最好的;对于B型(安全型)儿童,他们的回避和矛盾行为均存在,他们的探索活动的次数也较多;对于C型(焦虑/矛盾型)儿童,他们的矛盾行为很多,回避行为则较少,而出现更多的生理接触的倾向(没有明显反抗母亲的行为);对于D型(不安全/混乱型)儿童,他们的回避和矛盾行为均非常多。从整体上看,C型和D型儿童的探索活动均较差。

为什么有些婴儿会形成安全的依恋,而其他婴儿则不能?对此,可以从照看者和婴儿两方面分析。安斯沃斯认为婴儿依恋的性质取决于其得到的关注。安全依恋的母亲通常具有以下特征:① 敏感,对婴儿发出的信号能够作出及时而恰当的反应;② 积极的态度,对婴儿表达正面的情感,喜欢婴儿;③ 同步互动,母亲与婴儿做相同的事情;④ 支持与指导,对婴儿的活动给予情感支持并经常对婴儿的行动进行指导。抗拒型依恋的母亲通常是易怒的、缺少反应的。他们对待婴儿的行为视自己的心情而定,因而是不一致的。有两种不同的抚养方式可能形成回避型依恋:一种是自我中心的母亲,她们对孩子没耐心,对婴儿发出的信号缺少反应,对婴儿总是表达负面的情感,在抚养孩子的过程中缺少快乐;另一种是热衷于提供婴儿不想要的高强度刺激、总是喋喋不休的母亲,婴儿很快就学会回避他们不喜欢的成人。而混乱型依恋的婴儿对母亲既爱又怕可能是因为受到忽视或虐待。

依恋是母婴之间的相互关系,因此婴儿本身也对会这种情感联结产生影响。凯根(Kagan, 1984,1989)认为陌生人情境测量的实际上是婴儿的气质差异而不是依恋差异。他认为属于困难型气质的婴儿会抗拒日常规律的变化,陌生人情境让他们感到不安,因而不能回应来自母亲的安慰,因此被划归为抗拒型依恋。友善的、容易型气质的婴儿被归为安全型依恋。害羞的、慢热型的婴儿被归为回避型依恋。凯根认为是婴儿的气质决定了依恋。但很多学者都不认同这一观点。科臣斯卡(Kochanska,1998;转引自 Shaffer, 2004)研究了婴儿气质及母亲抚养方式对依恋的影响。首先在婴儿 8～10 个月及 13～15 个月时对母亲的抚养方式进行评定,对婴儿的气质也进行了测量,然后在婴儿 13～15 个月时用陌生人情境测验评定依恋性质。结果发现抚养方式能够预测婴儿形成安全或不安全依恋关系,积极的反应性的母亲有助于建立安全依恋。但抚养方式不能预测婴儿会形成哪种不安全依恋,婴儿的气质则可以。科臣斯卡用惧怕—勇敢维度评定婴儿气质,发现惧怕的婴儿更倾向于表现抗拒型依恋,而勇敢的婴儿更可能表现出回避型依恋。

**(三) 依恋的长期效用**

依恋理论认为安全依恋能够对儿童的情绪和认知产生长期的影响,很多研究证实了这一点(Papalia,et al., 2005)。安全依恋的学步儿比不安全依恋的学步儿词汇量更大,更擅长解决问题,在象征游戏中表现得更有创意,更受同伴欢迎,易成为领导者。安全依恋的孩子以快乐等正性情绪为主,而在同样情境下,不安全依恋的孩子则以恐惧、压抑等负性情绪为主。

3～5 岁时,与不安全依恋的孩子相比,安全依恋的儿童有更强的好奇心、自信心和对挫折的承受力,他们同理心和能力感都更强,与其他孩子相处融洽,更善于解决冲突。

安全依恋的优势甚至可以持续到儿童中期甚至更长。6岁时儿童与母亲的依恋关系可以预测其8岁时在学校的沟通技能、认知投入和掌握性动机。安全依恋的儿童在11～12岁时比不安全依恋的儿童有更高的社会技能和更好的同伴关系，到15岁时在心理健康、自尊等方面的评分都高于不安全依恋的儿童。

**(四) 依恋的理论**

正常情况下，健康的婴儿都会与抚养者形成一种依恋关系，这种情感联结是如何形成的？习性学理论认为无论是人类还是动物，与生俱来都会有一些有助于种系生存的行为倾向。最早的研究源于动物，洛伦兹(1937)在小鹅身上发现了印刻现象(imprinting)，即这些小鹅会跟随任何移动的物体——它们自己的母亲、鸭子甚至人。这些行为是自动化的，不需要学习的，只在小鹅孵化后非常短暂的关键期存在，且不可改变。一旦小鹅对特定对象产生了依恋，就会终生不变。洛伦兹认为这种印刻现象是预存在动物身上的，动物由于跟随其母亲可以获得食物、受到保护，因而大大增加了生存机会。人类虽然没有印刻现象，但鲍尔比(J. Bowlby，1907—1990)认为婴儿和抚养者都预存了能令彼此愉悦和形成亲密的依恋关系的反应。当抚养者与婴儿相互越来越了解彼此发出的信号和行为反应时，双方的依恋关系就建立起来。

精神分析理论则认为母亲的哺乳活动对形成依恋很重要。弗洛伊德认为凡是能令婴儿口腔需要得到满足的行为都对婴儿有吸引力，母亲如果在哺乳的过程中是放松而慷慨的，就能满足婴儿安全和情感需要。埃里克森则认为母亲对婴儿需要的总体反应比哺乳行为本身更重要，母亲对婴儿的反应保持一致性，婴儿就会产生信任感。如果母亲缺少反应或反复无常，婴儿就会产生不信任感，可能一生都会回避建立相互信任的关系。

学习理论则从强化的角度来解释哺乳对依恋的作用。哺乳满足了婴儿的需要，婴儿回报以微笑等积极反应，从而增强了照看者对婴儿的感情。哺乳时，婴儿不仅获得了食物，还有温暖、抚摸等，令婴儿将这些愉快体验与母亲联系起来，因此母亲成了二级强化物，婴儿会对其产生依恋。

认知发展理论则认为婴儿形成依恋之前必须具备两种能力：一是能将熟悉的人与陌生人区分开来；二是必须具有客体永存的概念。如果婴儿不能区分环境中的个体，就不可能对特定的人产生依恋，也不会对陌生人产生恐惧。如果婴儿没有客体永存的概念，不了解暂时不在眼前的照看者依然存在，也不可能对其产生依恋，毕竟与一个在眼前消失就不存在的个体形成稳定的关系是很困难的。

**阅读栏 4-1　喂奶，真的对依恋的发展很重要吗？**

> 哈罗（Harlow，1958）将刚出生的小猴子与母亲分离，由两个代理母亲抚养 165 天。两个代理母亲的头部是一样的，身体不同。一个是绒布构成的，后面还有灯加热使其摸起来柔软而温暖。另一个是钢丝构成的。除了在接触时的舒适感不同外，两个母亲其他配置是一样的。结果发现，不管奶瓶在哪个母亲那里，小猴子与绒布妈妈待在一起的时间都显著长于钢丝妈妈。接触的舒适感是影响爱的一个重要变量。哈罗认为爱是一种情感，它不需要奶瓶或勺子。
>
> 哈罗还进一步研究当小猴子遇到令其恐惧的刺激时的表现，尽管两个代理母亲都在场，但小猴子更多的是退到绒布妈妈那里寻求保护。当有绒布妈妈在场时，小猴子会探索环境里的新事物。但是当两个代理母亲都不在场时，部分小猴子会冲到代理母亲常在的地方，快速地在物体之间移动、尖叫、哭喊，狂乱地抓自己的身体，很难让它们平静下来。

## 三、婴儿自我的发展

将自己与他人区分开来是自我觉察（self-awareness）的第一步，婴儿何时知道自己是独立于他人的呢？有些研究者认为新生儿就具有初步的自我感。罗切特等人（Rochat，2003）对出生 24 小时的新生儿进行了研究，用新生儿自己的食指或实验者的食指触摸婴儿的脸颊，结果显示来自实验者的触摸比婴儿自己的触摸导致更多的觅食反射，说明新生儿能够区分来自外部还是来自自己的触摸。这两种触觉体验是不同的，来自自己的触摸是一种"双重触摸"，手触摸脸时，脸也触摸手；而来自外部的触摸只有一种体验，脸触摸手。同样，伴随自身运动的听觉或视觉本体感觉体验，也是婴儿自我觉察的重要方面。

当婴儿了解自己是与众不同的实体后，婴儿何时知道"我是谁"的呢？他们能够自我识别（self recognition）吗？罗切特等人发现 4 个月及 9 个月的婴儿对他人的照片比对自己的照片显示更多的兴趣。路易斯等人（Lewis & Brooks，1978；Lewis，1997）先观察婴儿在镜子前的表现，然后趁婴儿不注意在其鼻子上用口红点个红点。假如婴儿知道镜子中的影像是自己，就会去摸自己的鼻子而不是去摸镜子中孩子的鼻子。结果发现小于 15 个月的婴儿都不会摸自己的鼻子，但是 18 个月的婴儿有 3/4 会摸自己的鼻子，24 个月的婴儿全部都摸自己的鼻子。20～24 个月的婴儿开始使用人称代词，如"我"、"我的"、"你"、"你的"来表征自我和他人。

婴儿一旦具有自我识别的能力后，他们开始对自己与他人的不同敏感，因而产生了分类的自我。婴儿最早出现的一个分类自我是性别。2岁的孩子已经清楚地知道自己是男孩还是女孩，2～3岁的孩子会选择与自己性别相符的玩具，到了3岁，孩子会偏爱与自己性别相同的玩伴。此外，学步儿童还学会用其他简单的两极分类定义自我，如好与坏，大与小。

## 四、婴儿的气质

气质反映的是个体对待他人及环境的行为反应倾向，同一件事情，不同气质的孩子完成的方式会有所不同，如有的孩子吃饭穿衣动作都很快，有的孩子则慢吞吞的。气质与做什么和为什么做无关，它与如何做有关。气质有情绪基础，但是情绪反复无常，气质却相当稳定；气质有生物学基础，并最终发展为人格的核心，使个体成为独一无二的人。

托马斯和切斯(Thomas & Chess，1977)提出从活动水平、节律性、趋向/回避、对新经验的适应性、反应阈限、反应强度、心境质量(积极或消极)、分心性，以及坚持性等9个维度对141名婴儿进行了纵向研究，发现大部分婴儿的气质可以归为容易型、困难型和慢热型(slow-to-warm-up)三类中的一类。① 容易型，占样本中的40%。这些婴儿能快速形成规律的生活习惯，经常表现出积极愉快的情绪状态且容易适应新的生活环境。② 困难型，占样本中的10%。这些婴儿的生活缺乏规律性，易激惹，对日常规律变化反应非常激烈，不易适应新环境，倾向于作出负性和极端性的反应。③ 慢热型，占样本中的15%。此类婴儿活动水平低，行为反应强度弱，情绪消极，对新刺激的适应较慢。与困难型婴儿不同，慢热型婴儿对新刺激采取温和、被动的方式进行反应，如转移视线而不是尖叫或踢打。当然，还有约35%的婴儿无法归入上述任何一种类型，他们具有自己的独特气质。

婴儿气质究竟应包括哪些维度，目前还是有争议的，但有五个成分是比较重要的：① 活动水平——活动的幅度或强度；② 易激惹性——遇到挫折时容易生气；③ 易抚慰——生气后受到安慰较易平静下来；④ 惧怕——对不寻常的刺激高度警惕；⑤ 社会性——对社会性刺激的接受性。

婴儿的气质很大程度上是遗传的、与生俱来的，因此是相当稳定的，很多纵向研究都证实婴儿的气质与他们长大后的气质有相当稳定的一致性，3岁时的气质类型甚至可以预测18～21岁的人格特征(引自Shaffer，2004)。但气质也不是完全不可改变。在婴儿早期，如果适当改变父母对孩子的反应方式，婴儿的气质是可以发生变化的。

**阅读栏4-2　如何教育不同气质类型的孩子？**

教育孩子不是件容易的事，对父母来说，首先要观察孩子属于哪种气质类型，了解和接受孩子，尽力建立和发展良好的亲子关系。

对很多家长来说，如果婴儿属于容易型气质的，是一种令人愉快的育儿体验。他们的婴儿好像非常善解人意、安静、有规律、快乐，似乎不需要父母。因此有些家长花在婴儿身上的时间和精力较少。实际上，容易型婴儿也需要父母多花时间陪伴与关注。

困难型婴儿的家长常有内疚感，认为婴儿的行为表现与自己做得不好有关，因此常有无力感和焦虑。家长不必因为婴儿的气质自责，而应将精力放在尽量避免让婴儿接触令他们不快的环境与事件上，尽量保持平静和耐心，不要对婴儿产生过高期望。随着婴儿年龄增长，有些困难的气质特征是会减少或消除的。

慢热型婴儿的家长要非常耐心，经常引导孩子接触新情境，但要注意慢慢来，不要给婴儿压力。如果感觉到婴儿承受的刺激过多，就要将孩子暂时带离该情境。

http://www.parenting-ed.org/handouts/infant%20temperament.pdf

## 思考与练习

1. 婴儿的身体发展遵循什么样的规律？
2. 婴儿的知觉恒常性和深度知觉是先天具有的，还是后天形成的？
3. 婴儿的依恋与记忆力有何关系？
4. 探索婴儿认知发展的主要范式有哪几种？
5. 婴儿与直接抚养者形成的依恋关系是稳定的还是可变的？
6. 婴儿因急切而变得情绪急躁甚至愤怒时，抚养者应该立即满足还是延时满足它的需要？
7. 婴儿的语言形成有哪些学说？你更赞同哪一种？

# 第五章　学前儿童的心理发展

学前儿童是指3～6岁的孩子，处于童年早期。与婴儿相比，学前儿童的生长速度变缓，但幅度仍然很大。学前儿童在语言、记忆和思维方面得到进一步发展，这也促进了他们社会交往能力的提高，从而更顺畅地开展社会生活，为进一步接受正规的学校教育作好准备。

## 第一节　学前儿童的生理发展

与婴儿相比，学前儿童生理的发展主要表现为，大脑机能进一步发展，大脑半球功能的半侧化和用手优势显现。身体和体重持续增长，动作更加协调和灵活，不仅粗大运动技能迅速发展，精细动作技能也表现得令人刮目相看。他们不仅可以玩复杂的玩具，如搭建“房屋”和“桥梁”，还可以通过画画来反映眼中的世界。

### 一、学前儿童身体的生长发育

与婴儿相比，学前儿童的生长速度变缓，但是身高每年仍然可以增加5～7厘米，体重增加2千克左右。从体型上看，“婴儿肥”逐渐消失，从头重脚轻、大腹便便的学步儿变成一个长腿、肚扁、有流线型体型的俊美儿童。男孩和女孩发育状况差不多，男孩比女孩略高、略重一些。

孩子们的肌肉和骨骼发育迅速，软骨转化为骨头的速度变快，这让学前儿童看起来更强壮，骨骼的发育让身体内部器官得到了更好的保护。到6岁左右，儿童开始换牙。营养不足会延迟恒牙的出现，但营养过剩或肥胖则会令恒牙提早出现。不管怎样，保护乳牙是十分重要的，它有利于儿童的口腔健康。

儿童的身体各部分发育是不同步的，身高、体重和大部分内脏器官发育模式大致相同：都是在婴儿期发育迅速，童年早期和中期变缓，青春期再次迅速发展。但生殖器官从出生到4岁发育十分缓慢，到童年中期才有一些变化，到青春期迅速发育。淋巴组织在婴儿和童年期发育都比较快,到青春期开始下降。淋巴系统能够抵抗感染和帮助吸收营养,有利于儿童的生存与健康(Berk,2008)。

## 二、学前儿童大脑的发展

如第四章所述,2 岁婴儿的脑重就已经达到成人脑重的 75%,到 6 岁时,儿童的脑重达到成人脑重的 90%。4 岁时大脑皮质的很多部分的突触生长过度,额叶部分的突触数量差不多是成人的 2 倍。突触生长和神经纤维的髓鞘化需要大量能量。研究显示,这个年龄的儿童,大脑皮层的新陈代谢达到顶峰(Huttenlocher, 2002; Johnson, 1998)。脑电和功能磁共振成像技术(EEG, fMRI)测量发现,3～6 岁的儿童额叶生长发育尤其迅速,这个部位与注意、对行为的计划和组织有关。对大多数学前儿童来说,大脑左半球的活动特别活跃,然后趋于平稳。但是右半球的活动直到童年中期持续活跃,8～10 岁时有个小高峰(Thatcher, Walker, & Giudice, 1987; Thompson et al.,2000)。大脑左右两半球发展速度的不同,显示大脑半球功能的单侧化在持续进行。

从优势手现象进一步可以观察大脑半球功能的单侧化。1 岁时儿童通常就会显现出用手偏好,随后在越来越多的不同活动中表现出来。明显的用手倾向可以反映出个体的优势大脑半球。在西方人口中 90%的人是右利手,其语言由大脑左半球控制;10%的人是左利手,这其中少部分人语言由右半球控制,但更多的人是左右半球共同掌管,比如许多左利手的人会报告说他们习惯用左手做事,但需要的时候,右手也可以做。这说明左利手的人大脑半球功能的单侧化程度比右利手者低。大多数左利手的儿童不会有任何发展问题,相反,他们可能还有某种优势。有学者认为某些左利手和混合利手的年轻人比那些右利手的同龄人更多地表现出语言和数学天赋(Flannery & Liederman,1995)。

小脑是大脑的基础,它与保持平衡和控制身体运动有关。联结小脑和大脑皮质的神经纤维从出生到学前阶段持续生长和髓鞘化,它们对儿童身体协调能力有重要作用。小脑与大脑皮质的联结还与思维有关,小脑受损的儿童在认知和运动技能方面都会表现出缺陷。胼胝体的突触及髓鞘化在学前阶段达到顶峰,以后发展变缓,它对身体两侧运动的协调以及复杂任务的整合有重要作用(Berk, 2008)。

**阅读栏 5-1 睡眠习惯和问题**

睡眠对长身体是很重要的,因为生长激素在睡眠过程中才会分泌。儿童休息得好,才能更好地游戏与学习。

2～3 岁时儿童一天需要睡 11～12 个小时,4～6 岁的孩子睡 10～11 个小时就够了。要求 4～5 岁的孩子按时睡觉有时会困难,他们常会用各种要求和手段推迟睡觉时间。部分原因是学前儿童入睡需要的时间比以前长了,在睡着之前会感到焦虑、恐惧。有些孩子可能通过吸吮手指或使用其他替代物如毛绒玩具甚至一块布来帮助自己缓解焦虑。

梦魇常常在快到早晨时发生,而且栩栩如生。幼儿如果吃得太饱、睡得太晚、睡前太兴奋,或看了吓人的电视或故事等,容易做噩梦。幼儿偶尔做噩梦没有关系,但如果是经常性的,可能预示儿童正在承受某种超出正常范围的压力,应予以关注。

大部分 3～5 岁的儿童已经能够控制自己的大小便,但大约有 7%左右的男孩和 3%左右的女孩会在夜里尿床,医学上称为遗尿。除非孩子尿床一直持续到 6 岁,否则很多医生都不会把遗尿看成是严重问题。遗尿与遗传有很大关系,如果父母小时候都尿床,孩子尿床的可能性会很大。

## 三、学前儿童运动技能的发展

随着身体生长,学前儿童的重心逐步下移到躯干,身体的平衡能力得到极大提高,为大肌肉运动技能的发展作好了准备。2 岁后,儿童的步态越来越流畅而有节奏,脚可以较为安全地离开地面,这就使得学前儿童可以跑、跳、快步走、爬高等。当儿童脚下越来越稳时,胳膊和躯干被解放出来,可以尝试新的技能,如投球和接球,骑儿童三轮车等。

学前儿童精细动作也有很大的进步。对手和手指的控制更加自如,能够拼图、搭积木、剪贴、串珠子。精细动作的发展使得学前儿童可以自己吃饭、穿衣、系鞋带,还开始了艺术创作,喜欢到处画画。表 5-1 列出了学前儿童运动技能发展的里程碑。

**表 5-1 学前儿童运动技能发展的里程碑**

| 年龄 | 粗大运动技能 | 精细运动技能 |
|---|---|---|
| 2～3 岁 | 有节奏地走路;快走向跑、跳转变,用身体的上部投球和接球;骑玩具马时用脚蹬地;很少会骑自行车 | 能穿、脱简单的衣服,会拉拉链;会使用汤匙 |

续表

| 年龄 | 粗大运动技能 | 精细运动技能 |
| --- | --- | --- |
| 3～4岁 | 会两脚交替上下楼梯；单脚跳；投球和接球时身体上部前曲，会用胸帮助接球，会蹬三轮车踏板 | 系和解开大的纽扣；独立吃饭；用剪刀；临摹画直线和圆圈；画出第一幅蝌蚪状的人物画 |
| 4～5岁 | 上下楼梯更熟练，会通过转体和转移脚的承重来投球；用两手接球；三轮车骑得更快更流畅 | 会用叉子；能用剪刀沿着线剪纸；临摹画三角形、十字和一些字母 |
| 5～6岁 | 跑得更快，能两脚交替跳。接球和投球的动作已经成熟。会骑有辅助轮子的自行车 | 能用刀切软的食物；系鞋带；能画有六个部分的人；会抄写数字和简单的字 |

（转引自 Berk，2008）

# 第二节　学前儿童的认知发展

学前儿童在语言方面的发展令人瞩目，不仅词汇量显著增加，而且能够理解和使用的语言形式也日益复杂。对语言的理解也促进了学前儿童思维的发展。近年来，信息加工取向在发展心理学研究中影响越来越大，皮亚杰关于儿童认知发展的理论正面临严峻挑战。

## 一、学前儿童的语言发展

儿童语言的发展表现为语音、语义、语法和语用交流方面。讲普通话的汉语儿童在2岁左右就掌握了声调，在学前阶段也掌握了全部汉语语音。我国关于学前儿童语言发展的研究大部分集中在20世纪七八十年代，各项研究结果由于被试的不同和研究方法的不同有较大的出入。周兢等人（2009）采用国际通用的儿童语料库研究方法，对汉语儿童的语言发展进行了系列研究，具体体现在以下几个方面。

1. 平均语句长度的发展

在语言发展的早期，复杂的语法往往使句子长度增加，句子长度相同的儿童，其语言发展水平较年龄相同的儿童更相似，因此话语长度常被作为衡量句法发展的有效指标。通过收集儿童自发言语样本，计算话语中的词汇以及语句的数量，进而得出语句长度。布朗（Brown，1973）将这一指标称为平均语句长度（MLU），并把儿童的平均语句长度发展分为5个阶段，每个阶段平均新增词素约 0.5 个，并对应特定语法特征的出现，见表 5-2。当 MLU 达到 4.0 时即第 5 阶段，MLU 的测量效度将大大降低，语句长度反映的是特定的互动特点而不是新的语言知识的习得，语法复杂性的增加是话语形式内部的重组，而不再反映新结构的加入。

**表 5-2　平均话语长度发展阶段**(引自周兢，2009)

| 阶段 | MLU 值范围 | 句法、构句特征 |
|---|---|---|
| Ⅰ | 1.00～1.99 | 构句时以语义为基础单位 |
| Ⅱ | 2.00～2.49 | 构词特征开始呈现，如-ing，-s |
| Ⅲ | 2.50～2.99 | 简单句中出现助动词 |
| Ⅳ | 3.00～3.99 | 从句出现 |
| Ⅴ | 4.00 及以上 | 并列句出现 |

周兢等(2009)发现，14 及 20 个月的汉语儿童平均语句长度分别为 1.23 及 1.71，处于 MLU 发展的第一阶段。20～26 个月，MLU 有了更显著的变化，从 1.71 变化至 2.63，对应于 MLU 发展的第三阶段。26～32 个月，MLU 从 2.63 变化至 2.85，表明汉语儿童的语法发展由单词句阶段快速过渡到多词句阶段。从 36 个月起，各组儿童的 MLU 基本低于或接近于 3.00。72 个月的儿童 MLU 的平均值也只有 2.98。这说明 14～32 个月是儿童语法的基本架构形成时期。32～72 个月平均语句长度并未出现直线上升态势。这一结果与以英语儿童为对象的结果相近，说明人类语言发展早期存在共同的基本规律。

不同年龄组汉语儿童话语中最长 5 个语句的平均语句长度(MLU5)与他们的平均语句长度的变化趋势不同。14～32 个月期间，汉语儿童的句法发展最为显著，MLU5 平均增加近 4 个词语。32～48 个月，儿童的 MLU 在 6～7 个语词内发展。4 岁以后，MLU5 的平均语句长度在 7 个语词以上，说明代表语法最高水平的语句复杂程度不断增加。

2. 语用交流行为的发展

儿童语用交流行为研究是考察儿童语言运用的能力，即儿童如何运用适当的语言形式表达自己的交往倾向，如何运用适当的策略开展与他人的交谈，如何根据不同情境的需要运用适当的语法组织语言表达自己的想法(Ninio & Snow, 1996)。可以从三个方面考察儿童的语用行为：① 言语倾向，考察言语交流意图；② 言语行动，考察交流者用什么样的方式和能用多少不同的方式进行交流；③ 言语变通，考察用不同言语行动方式表达不同言语倾向的有效变通程度。

周兢等(2009)考察学前儿童与母亲的语用交流行为,得出以下结论:

(1) 学前儿童的言语倾向发展有如下两个特点:第一,平均言语倾向类型呈上升发展趋势,言语倾向使用类型平均数由7.85发展到9.20,能用多种方式表达自己的交往意图。第二,“讨论”类言语倾向类型有了长足进步。讨论自我情感情绪的能力有很大提高,但是极少讨论对方的想法与情绪。

(2) 学前儿童言语行动也表现出逐步发展的趋势,平均言语行动类型由14.10上升到16.15,主动提问的言语行动增加了。

(3) 学前儿童言语变通能力出现了质的改变,3岁前儿童要引起交往对象的关注时,多采用呼唤称呼的形式,通过叫“妈妈”来引起妈妈对某事的关注;3岁后则采用提问、陈述等不同方式让交往对象对其交往目的更清楚。3岁儿童参与谈话时,多处于回答问题或者陈述事实的状态。3岁后儿童在讨论共同关注的焦点话题时会积极提出问题。

3. 叙事能力发展

学前儿童叙事能力是一项重要的语言能力指标,有研究表明幼儿的叙事能力与小学阶段的语文能力有密切关系。对汉语儿童的叙事能力研究较少,台湾学者张鑑如等人对16对幼儿从3.5岁开始进行研究。最初是每3个月访谈幼儿及母亲一次,共4次,第5次与前4次间隔3年,此时儿童平均年龄7.5岁。结果发现,与3岁时相比,儿童在7岁时叙说事件时结构较为丰富完整,在叙事事件、叙事评价、人物时间地点、结语和引述等成分出现次数都比较高,故事信息、内容更为丰富。在叙事顺序方面有明显进步,尤其是时间连词的使用是3岁时的两倍还多(转引自周兢,2009)。

## 二、学前儿童图形和空间认知发展

克莱门茨等人(Clements, Swaninathan, Hannibal, Sarama, 1999)采用临床访谈法要求3~6岁的儿童在一些图形中挑选出目标图形如圆、正方形、三角形和长方形,见图5-1。当儿童作出选择后,进一步询问儿童“你为什么选那个图形呢?你怎么知道它是圆(或其他图形)?我看见你没选这个图形。你能告诉我为什么吗?”。根据儿童对上述问题的回答发现,学前儿童是基于两类特征进行判断的,一个是视觉特征,如“在纸上或空中画并说它像这个形状”,“因为它长/粗/细”,“它有角;它是尖的”等;另一个是属性特征,如“这上面是圆形的,所以它不是三角形”,“能指出角的数量、边的数量”,“这两个边一样长,那两个边一样长”。

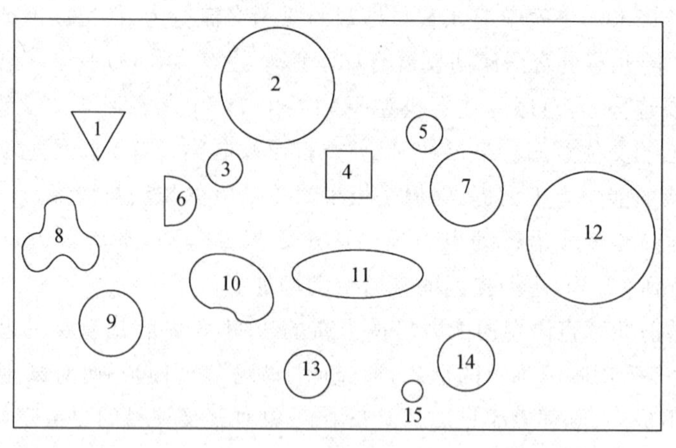


A 找出圆

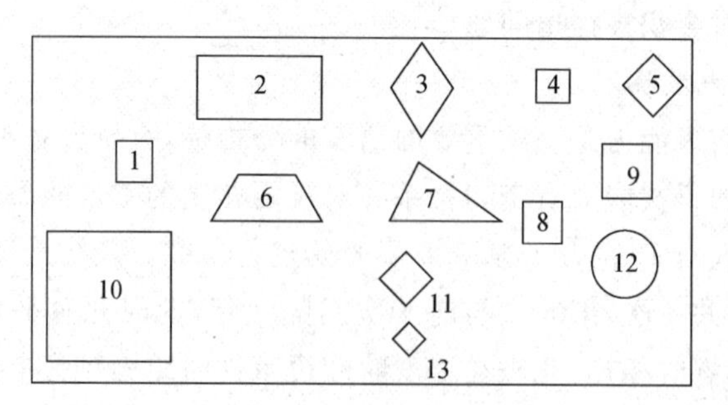


B 找出正方形

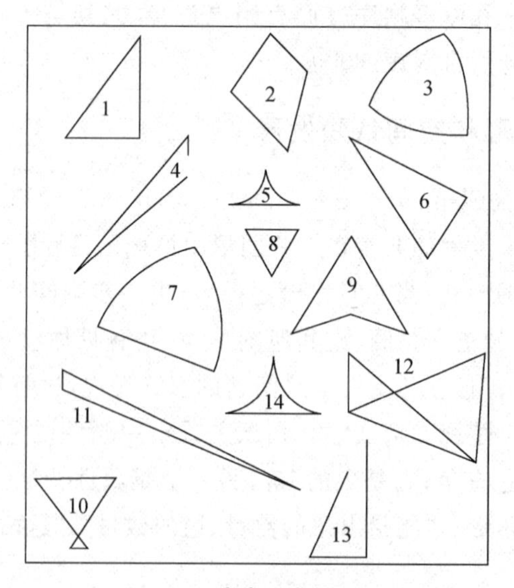


C 找出三角形

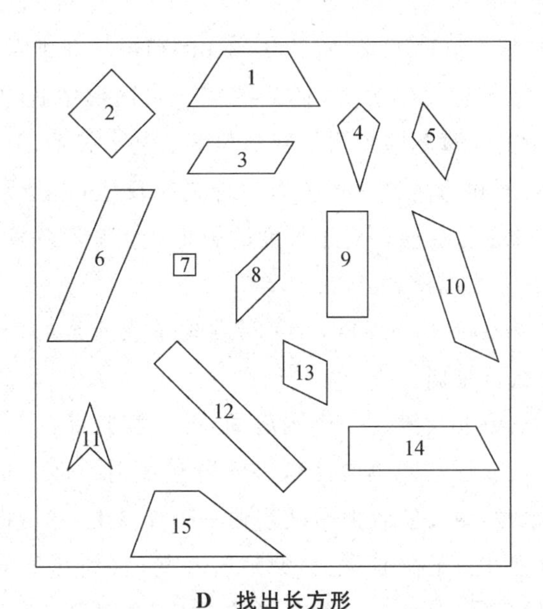


D　找出长方形

图 5-1　儿童在一些图形中挑选出目标图形

研究还发现学前儿童对圆的识别成绩最好，6 岁组（5.5 岁以上）儿童明显好于 4 岁组（3.5～4.5 岁）和 5 岁组（4.5～5.5 岁）的孩子，年幼儿童常会选择椭圆和带曲线的图形。大多数孩子描述圆时都说是“圆形（round）”，对学前儿童来说圆虽然很容易识别但却很难描述，说明儿童是基于视觉原型进行匹配的。学前儿童对正方形的识别仅次于圆，但容易将菱形当成正方形。虽然只有少数儿童是基于属性进行选择的，但是基于属性的选择与正确反应有显著的正相关关系，说明如果学前儿童基于图形的属性进行推理，就可能正确地识别正方形。相对而言，学前儿童对三角形和长方形的识别成绩较差。儿童也出现了用属性对图形进行判断的现象，但是这种情况较少，尤其是对于长方形而言。出现了一个倒 U 曲线模式，5 岁组儿童比 4 岁或 6 岁组儿童更易接受非标准三角形和边是曲线的图形为三角形。4 岁的儿童更易把正方形也看成是长方形，一个原因可能是他们储存的长方形的原型不太容易与正方形区分开来，另一个原因是他们判断所有边长是否相等的能力有限。所有的孩子都认为至少有一对边平行的“长”四边形是长方形，判断长方形时使用属性特征比三角形和正方形都少。表明学前儿童在判断时很少注意角，特别是直角。

伊扎德与斯佩尔克(Izard & Spelke, 2009)研究了儿童对长度、角度和方向等几何特性的敏感性。实验中,让儿童在一组图形中找出与众不同的一个。结果发现,学前儿童能够探测长度和角度的基本关系,但不能探测方向。他们对连接性、曲面和凸面的一般关系也能进行反应,但是无法对对称和更高层级的几何属性进行反应。对于长度的敏感性在8岁时发展成熟,对角的敏感性则在10岁时才成熟。

李和斯佩尔克(Lee & Spelke, 2008)发现学前儿童(48～54个月)可以利用几何特性进行再定向。

实验1:首先,领儿童进入一个圆房间,再由实验者在一个较小的、四周有墙但无房顶的长方形空间里向儿童讲解游戏规则。每个儿童进行4次实验,每次实验开始时,由实验者把贴纸藏到一个容器下,然后指出门所在的位置。接着用眼罩把儿童的眼睛蒙上,原地转几圈,直到儿童不能正确指出门的方向。其次,把孩子带到长方形空间的中心,面对其中的一面墙(4次实验,每次都是不同的墙)。最后,实验者站在儿童的背后将所带眼罩除去,鼓励儿童去找贴纸。结果发现儿童要么去正确的位置去找,要么去几何特性一样的对角线位置去找。

由于人和动物也会利用一些明显的路标如柱子、电话亭定向,实验2考察儿童会不会利用柱子定向。用4根很高的柱子构成一个长方形区域,贴纸藏在柱子上突出的小井中。结果发现儿童去4个柱子找贴纸的情况是相等的。他们到这些柱子里去找贴纸,说明他们记住了这些柱子,但是不能利用柱子之间的距离与方向的关系再定向。

那是不是因为实验1的高墙形成的障碍有利于儿童的视觉和运动定向呢?实验3把实验1里的墙(90 cm)变矮(30 cm),儿童可以跨过去,可以看清楚整个布局。结果发现儿童再定向成绩与实验1一样好,都好于实验2,说明表面布局对学前儿童利用几何特性再定向不是必要的。

实验4进一步考察学前儿童利用几何特性再定向是不是一定要在三维空间才行,长方形区域是一个两维平面,装贴纸的是扁平的口袋。结果表明儿童去四个角找物的比例差不多,说明4岁多的孩子在二维平面的图形中利用几何特性再定向的能力较差。实验材料及结果见图5-2。

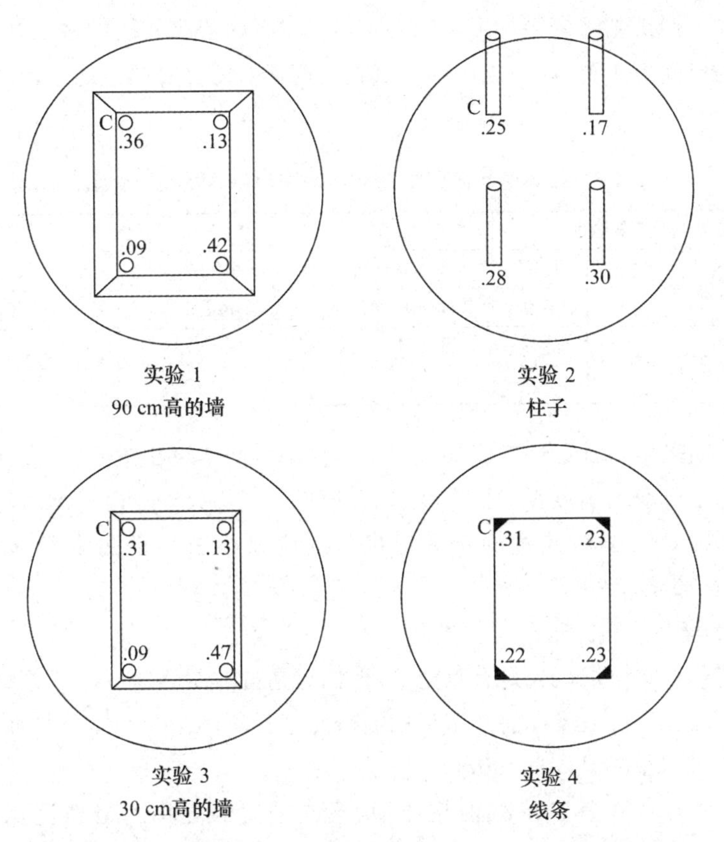


**图 5-2　图中数字是相对正确的位置 C 到每个地方找物的比例**

## 三、学前儿童的记忆发展

### (一) 学前儿童的短时记忆发展

短时记忆是一个容量有限的系统，短时记忆的广度为 7±2 个组块(chunk)，有研究表明从小学到成年，个体的短时记忆广度是持续发展的。但是学前儿童的短时记忆广度发展有什么特点呢？这方面的研究比较少。陈和史蒂文森(Chen & Stevenson，1988)采用数学广度任务对中美 4～6 岁的学前儿童进行研究，结果见表 5-3。当要求儿童从后往前回忆时，两国儿童均表现出随着年龄增长记忆广度也增长的趋势，中国儿童比美国儿童的记忆广度大。但是当要求儿童从前往后回忆时，两国儿童均没有表现出年龄差异和语言差异，但是其记忆广度都显著低于从后往前回忆时的记忆广度。为什么从后往前回忆的记忆广度更大呢？因为从后往前回忆只需要听觉编码，紧接就口语报告。

而从前往后回忆则需要某种形式的心理转换以及对心理转换的表征，中文对数字发音的时间短于英文，因此中国儿童在从后往前回忆时的记忆广度大于美国儿童。

表 5-3 按年龄和语言划分的数字广度(平均数和标准差)

| 年龄组(年龄数) | | 4 | 5 | 6 |
|---|---|---|---|---|
| 从后往前数字广度 | 英文 | 3.40(.60) | 4.30(.74) | 4.50(.51) |
| | 中文 | 4.69(.83) | 4.89(.49) | 5.33(.84) |
| 从前往后数字广度 | 英文 | 2.33(.58) | 2.56(.73) | 2.83(.75) |
| | 中文 | 2.47(.64) | 2.56(.63) | 2.95(.80) |

另一项采用多种记忆广度任务对学前和小学低年级儿童的研究表明，他们的词语记忆广度大于数字记忆广度，二者记忆广度均大于非语言类的记忆广度(图形、物体等)，学前儿童的物体记忆广度明显小于小学儿童(Visu-Petra, Cheie, & Benga, 2008)。

## (二)学前儿童的长时记忆发展

学前儿童的记忆很少是有意记忆，他们只是自然而然地记住了那些有深刻印象的事件。当代关于学前儿童记忆的研究主要表现在以下几个方面。

1. 错误记忆(false memory)

记忆常常存在各种形式的扭曲，从不同程度的虚构到错误记忆。DRM (Deese-Roediger-McDermott)是研究错误记忆的基本范式，它包含多个词表，每个词表由一个未呈现的关键项目，也被称为关键诱饵(如寒冷)，和与它存在联想的一些学习项目(如冬天、冰雪、霜冻、感冒、发抖等)组成，当被试学习过这些关联词表后，在随后的记忆测验中会表现出对实际并未呈现过的关键诱饵的错误回忆或错误再认，并且还伴有高水平的自信(杨治良，周楚，万璐璐，谢锐，2006)。研究发现错误记忆具有年龄特点，同年长儿童或成人相比，学前儿童的错误回忆和错误再认率都较低。如果采用与年龄相适应的学习材料，学前儿童也会产生大量的错误回忆，但是与年长儿童相比，错误回忆程度还是低；在错误再认方面未显示年龄差异。DRM 范式是基于词表联想的，学前儿童一般知识有限，因此联想能力也有限，另一方面学前儿童复述及精制的记忆策略尚未发展起来，这可能都是其错误记忆较少的原因(Carneiro, Albuquerque, Fernandez, & Esteves, 2007)。

2. 前瞻记忆(prospective memory)

即使是学前儿童，每天也面临着许多前瞻记忆任务，如明天上幼儿园时要给小红带玩具。有研究者认为前瞻记忆比回溯记忆(回忆过去的经验)发展得更早,因为它会带来社会性奖赏,因而刺激了它的发展。研究发现,如果前瞻记忆任务与个人有重要关系"如记得提醒妈妈明早去商店买糖",即使是2～4岁的孩子也完成得很好;但是与个人不重要的前瞻记忆任务如"午睡后记得提醒妈妈把衣服收进来"则完成得很差。国外一项经典研究对比了5岁和7岁儿童在前瞻记忆任务上的表现。给儿童一些图片,让儿童告诉一只视力不好的鼹鼠图片上的东西是什么(食物、家具、玩具),鼹鼠很害怕动物,如果图片是动物就把它藏起来(前瞻记忆任务)。前瞻记忆目标动物的图片呈现分为两种情况:在有干扰条件下,动物图片出现在儿童要命名的图片的中间;无干扰条件下,动物图片出现在最后。结果发现,在无干扰条件下,5岁儿童前瞻任务完成的正确率接近75%,而7岁儿童的正确率是刚刚超过75%,二者相差不大。但在干扰条件下,5岁儿童的成绩就下降到只有25%(Kvavilashvili, Messer, and Ebdon,2001;Kliegel, Mackinlay, & Jäger,2008),学前儿童可能因为缺乏监控策略导致成绩不佳。

3. 自传体记忆(autobiographical memory)

自传体记忆是个体对发生在过去某一特定时间和地点的事件的外显记忆,是与自我有关的、有个人意义的、有组织的生活故事的一部分。自传体记忆是能够清楚地陈述出来并且对个人有重要意义的内容,那些关于生活里发生的常规事件的记忆不属于自传体记忆。如果让成人回忆童年经历,大部分能回忆的最早经历是3、4岁时发生的事件,很少人能回忆更早时候发生的事件,这种现象一般叫做婴儿健忘症。

自传体记忆的发展与语言有密切关系,学步儿童成为语言使用者后,父母开始与之讨论在过去和未来发生的事件,儿童对过去和未来这种时间概念有一定理解,是自传体记忆的一个必要条件。彼得森(Peterson, 2002)在一篇综述性文章里总结了儿童自传体记忆研究的三种研究范式及有关结果。第一种是由研究者或家长向儿童就过去自然发生的事件进行提问,因为儿童的经历不同,所以访谈的事件具有很高的异质性,如度假、探亲、参加晚会等。一年或更长时间后,研究者就同一事件再次访谈儿童。有一项研究是让4岁和6岁的儿童回忆去迪斯尼乐园的经历,这些儿童是在6～18个月之前,也就是分别在2岁和4岁或3岁和5岁时去的乐园。所有儿童在回答提问时都提供了大量准确的信息,年龄以及事件发生的时间对儿童回忆的成绩没有影响;但是年长儿童提供的细节更多,自由回忆的内容也更多。年长儿童对开放式问题能回忆更多信息，年幼儿童要回忆同样的信息则需要更多的提问、线索和提示(Hamond & Fivush,1994)。第二种，有一些目标事件(或是自然发生的，或是有意引起的)，研究者对事件的细节十分了解，对儿童的提问是标准化的。一项研究是关于急诊的，3～7岁的孩子因为面部割伤需要缝针，研究者分别在治疗后的几天、6星期和1年后对儿童就手术细节进行了访问，结果发现，关于手术细节的问题，儿童能回答上3/4，间隔时间对回忆没有影响。年长儿童比年幼儿童回忆得好，在年幼儿童中，语言技能好的孩子回忆得更好。家长教育方式也有影响，强调服从的家长，其子女在1年后回忆成绩较其他孩子差(Burgwyn-Bailes, Baker-Ward, Gordon & Ornstein, 2001)。第三种是利用自然发生的对孩子有重要意义的事件，事件的结构差不多，但内容可能不同(如腿骨折、脸受伤、被狗咬)。但是事件发生时是怎么样的研究者并不清楚，一般以家长的见证作为儿童回忆是否准确的依据。这类研究彼得森及其同事做得比较多，其中一项对2～13岁儿童回忆急诊经历的研究发现，无论是事件发生后的几天、还是6星期甚至2年后，儿童对其受伤经历回忆都非常准确，达75%。但是对于治疗经历回忆的效果不好，最初能回忆57%，两年后下降至51%。另一项对急诊室里更小儿童的研究，分为3个年龄组，13～18个月，20～25个月(无法对研究者的提示回答受伤问题)，26～33个月(这些婴儿全都能谈论自己的受伤经历)。间隔6个月、1年、1.5～2年再对儿童进行访谈，此时最小的婴儿也具备了对受伤经历谈论的言语能力。结果发现受伤时已经26个月以上的婴儿在开始和1年后均能回忆1/3的受伤和治疗经历，2年后准确率更高了，但同时也提供了很多错误的信息。更小的婴儿只有部分能提供一些零散的记忆，如哪里受伤了，怎么发生的等。

## 四、学前儿童的思维发展

### (一) 概念的发展

1. 学前儿童对时间的认知

时间是对事件的连续性与顺序性的反映。时间认知相应地也包括两个方面，即时距(duration)与时序(succession)。方格、方富熹和刘范(1984)研究了4～7岁儿童对一天之内的时序(早、中、晚)的认知。给儿童一些图片，要求儿童按照时序从左至右对图片进行排序，如“苹果是早上吃的；梨是中午吃的；桃是晚上吃的”。结果发现，5、6岁的学前儿童对早、中、晚已有正确认知，4岁儿童还不能很好地理解这些概念。对于“明早”“昨晚”这样的一日延伸时序，6岁儿童的正确率也只分别有55%和35%。他们的另一项研究采用类似的方法发现5、6岁儿童对一周之内的时序基本掌握，但是对一年之内四季——春夏秋冬则感到十分困难。

方格等人(1993)采用再现时距的方法对学前儿童估计时距的能力进行了研究，先在计算机屏幕上呈现一个熊猫形象，呈现时间分别为2秒、4秒、6秒和8秒，要求儿童按键使自己的熊猫呈现时间与实验者的熊猫呈现时间一样长。实验分为两种条件，一种是无参照条件，另一种是有声音参照条件，计算机会发出有节律的声音以诱发儿童采取策略。结果发现5、6岁的儿童能够对几秒钟的短时距进行区分，有参照标准的情况下成绩更好。总体来说，对2秒和4秒的时距倾向于滞后反应，而对于6秒和8秒时距倾向于超前反应。在没有声音参照的情况下，40%的6岁儿童能主动用计数策略帮助自己解决问题；有声音参照的情况下，55%的5岁儿童能用计数策略估计时距，6岁组则达到了75%。

2. 学前儿童数学概念和数学技能的发展

理解数概念必须能将数词与其他表征系统对应起来。儿童2、3岁时开始数数，但这时更像唱歌，他们可能会“1、2、3”地数，也可能是用“3、5、6”来数三个东西，虽然如此，这表明儿童已经知道每次数数时，每个数词只能出现一次，在数数的过程中，数词的顺序是稳定的。2.5岁的孩子已经知道数词与属性词(如红色)是不同的。

格尔曼和高力斯特尔(Gelman & Gallistel, 1978)提出5个数数原则，这些原则是内隐的，随着学前儿童逐渐成熟而变为外显。这些原则是：① 一一对应原则：一个数词代表一个物体；② 稳定顺序原则：按一定顺序说出数词并且这些数词的顺序是不变的；③ 基数原则：数到最后一个词代表的值为所数项目的总数；④ 顺序无关原则：从任何一个项目开始数，总数都不变；⑤ 抽象原则：任何种类的物体都可以放在一起数。

当要求数6个项目时，小于3岁半的幼儿倾向于背诵数字名称，而不能说出共有多少项目，即这个年龄段的幼儿还不能理解基数原则。5岁时，大部分儿童能数20个数，知道数字1到10之间数字的相对大小。儿童数数能力的发展部分依赖于所属文化的数字系统和教育。如，中国和美国的文化中，在儿童3岁时，父母都集中于教授儿童从1数到10，因此，中美两国这个年龄段儿童的数数能力是一样的。然而，从4、5岁开始，当学习超过10的数字时，由于英文数词结构是不规则的，美国儿童必须记住额外的数词如eleven(11)、twelve(12)等。而中国儿童由于汉语数词系统是基于10的，12就是十二(ten two)，因而在数学学习时有一定优势(Papalia, et al., 2005; Geary, 2006)。

对于基数原则,数到最后一个数即为总数,如果是10以内的数,3～5岁的学前儿童掌握得比较好,如果是更大的数,则有困难。对于序数关系,较早前有一个研究是关于2～5岁儿童的。和儿童玩一种"魔法"游戏,第一阶段,给儿童看两个装有玩具的盘子,其中一个盘子有一个动物玩具,另一个有两个动物玩具。一组孩子被告知两个动物的是冬天(多的条件);一组孩子被告知1个动物的是冬天(少的条件)。然后呈现一组有一个或两个玩具的盘子,让孩子选出冬天。在第二阶段,实验者偷偷地在有两个玩具的盘子里加了1个玩具,在有一个玩具的盘子中加了3个玩具。看看儿童是否能按照第一阶段习得的根据关系(多或少)进行选择。结果发现,大多数3、4岁的儿童能基于关系进行选择,但2岁的儿童这样做的却不到50%。但是如果记忆负荷降低时,90%的2岁儿童也能基于关系进行选择(Bullock & Gelman, 1977;转引自Geary, 2006)。

3. 类概念的掌握

分类是研究儿童概念掌握水平的一个重要方法,幼儿只有对事物或现象的意义有了充分的理解之后,才能进行分类,继而通过分类,掌握概念系统。

韦克斯曼等人(Waxman, Chamer, Yntema & Gelman, 1989)给3岁的儿童呈现有关动物、食物和衣服三类卡片。以动物类别为例,实验者手里拿一个玩偶对儿童说,这个玩偶只喜欢狗、马、鸭子之类的东西,然后把所有卡片都摆在儿童面前,请孩子帮玩偶把它喜欢的东西都挑出来。在互补条件下(complementary)让儿童把玩偶喜欢的东西放在一起,其余的放在一起。在对比条件下(contrastive)把三个玩偶排成行,让儿童把每个玩偶喜欢的东西分别找出来放在该玩偶的前面。结果发现,3岁儿童也可以完成分类任务,不同任务条件对儿童的成绩没有显著影响。

年幼儿童分类时按类属关系、主题关系以及形状相似性有三种情况。一项研究(Saalbach & Imai, 2006)对比了中国和德国学前儿童和成人的分类情况。实验1无语词条件(no word),要求被试从图片中选出与实验者给出的物体"最相配"的物体,结果发现中国的3岁和5岁儿童主要是按形状分类,德国5岁儿童偏爱主题分类,无论是中国还是德国成人主题分类的比例也很高,分别为51.7%和48.3%,均高于按类属关系分类的比例。实验2标签扩展条件(label extension),材料与实验1相同,但是告诉儿童一个玩偶正在学习新词汇,玩偶有自己的语言,实验者赋予标准物体一个新名称,请儿童把这个名称应用到其他物体上。对成人要求把新名称当成自己不懂的外语。结果发现,两国的学前儿童都偏向选择按形状分类，成人则基于类属关系分类。实验3属性推广条件(property generalization)，材料同前。实验者告诉告诉儿童标准物体内部有一个属性，如“看，它里面有个某某东西，请你找出哪个物体内部也有这个东西”。对成人则采用填空的方式，“这个物体内部有一个重要属性X，你认为哪些物体内部也有这个属性?”结果发现，3岁儿童依形状分类的趋势消失了，5岁和成人一样倾向于用类属关系分类。实验说明任务类型对学前儿童的分类有很大影响。三个实验的数据见表5-4。

**表5-4　每种任务、语言及年龄组的平均频率**

| | | 中国 | | | 德国 | | |
|---|---|---|---|---|---|---|---|
| | | 类属 | 形状 | 主题 | 类属 | 形状 | 主题 |
| 实验1：无语词 | 3岁 | 31.8% | 52.6% | 16.7% | 42.8% | 25.6% | 33.3% |
| | 5岁 | 15.6% | 47.4% | 37.0% | 19.4% | 17.8% | 62.8% |
| | 成人 | 26.7% | 25.0% | 48.3% | 43.3% | 5.0% | 51.7% |
| 实验2：标签扩展 | 3岁 | 28.2% | 63.4% | 8.3% | 27.8% | 57.8% | 14.4% |
| | 5岁 | 27.9% | 61.3% | 10.8% | 32.2% | 56.7% | 11.1% |
| | 成人 | 57.5% | 30.8% | 11.7% | 78.0% | 16.7% | 5.3% |
| 实验3：属性推广 | 3岁 | 41.7% | 37.5% | 20.8% | 41.7% | 34.4% | 23.9% |
| | 5岁 | 64.1% | 27.6% | 8.3% | 65.0% | 18.3% | 18.9% |
| | 成人 | 79.2% | 14.2% | 6.7% | 90.8% | 8.3% | 0.8% |

## (二) 推理能力的发展

### 1. 因果推理

婴儿时就能理解基于物理的因果关系，如一个运动的球碰到另一个球时，第二个球开始运动，是因为第一个球的力或能量传递给第二个球。更为复杂的一种因果关系是基于协变关系的。索贝尔等人(Sobel，Yoachim，Gopnik，et al，2007)采用一个称为“布里克特探测器”(Blicket detector)的人造装置对学前儿童因果推断能力进行了研究。“布里克特探测器”是一个当特定物体(由实验者控制)放在其上面时会亮灯并演奏音乐的装置。该实验考察儿童是否能理解如果一个物体的内部属性移置到另一物体时，原物体的因果属性也会相应迁移。先让儿童熟悉一下装置，实验者对儿童说“这是我的布里克特机器，布里克特会让它亮灯并演奏音乐”，然后将一个三角形放到探测器上面，探测器开始亮灯并演奏音乐，实验者口头告知这个三角形是布里克特。然后将另一个三角形放在探测器上，探测器不亮灯也不演奏音乐，实验者说这不是布里克特。经过三次用不同材料练习，儿童明白后进入正式实验。实验如图5-3所示。1～6为演示阶段，7～9为测验阶段。儿童看到两个金属插件和一个五角形的积木，积木并不能启动探测器(1)。打开积木，把第一个插件放入其中(2)。再把积木放在探测器上，探测器启动(3)。把第一个插件移走，放入第二个插件(4，5)，积木再次放到探测器上，什么也没发生(6)。在测验阶段，积木拿到儿童看不见的地方，两个外表相同的钻石形积木放到桌子上(7)。插件放入到新积木中(8)。实验者要求儿童让探测器亮灯并说出哪个积木是布里克特(9)。结果表明，4岁儿童能够正确作出选择，表明他们已经理解了人造装置的内部部件与其因果属性的关系。

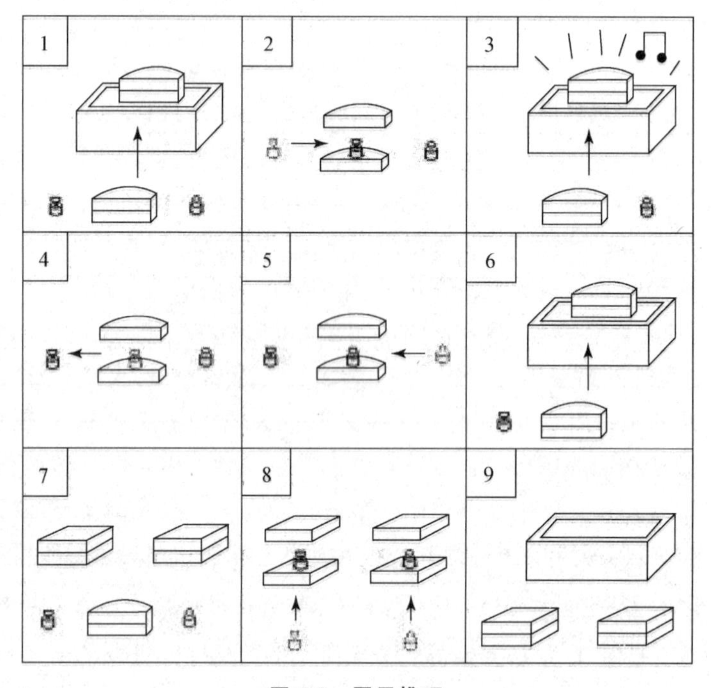


**图 5-3 因果推理**

2. 类比推理

类比推理是基于结构相似性的一种推理形式。皮亚杰认为要到11、12岁时，儿童才能进行类比推理。他采用的是智力测验中的项目类比的图画版形式，通过给出A和B两个项目，再给儿童呈现C项目，要求儿童根据A和B的关系，选择一个D项目，使得C和D的关系与A和B的关系相同。

如，自行车：车把

那么，轮船：?

D的正确选项应该是舵。年幼儿童常选择“鸟”作为答案，“因为鸟和船都在湖上”。但是年幼儿童可能是因为缺少关于舵的知识而无法正确推理。由于类比项目是年幼儿童所不熟悉的,因此这种测验可能低估了儿童的类比推理能力。

高斯瓦米和布朗(Goswami & Brown,1989;1990)在实验中与儿童玩匹配图画的游戏,给出类比推理的前三项,要求儿童预测第四项是什么。如呈现鸟(A)、鸟巢(B)、狗的图画,要求儿童在没有看到其他图形时预测应该用什么图画与之匹配。之后再呈现四个图片:狗屋,一只猫,另一只狗,骨头。基于类比的正确选项应该是狗屋,基于外表相似性则会选另一只狗,基于联想只会选骨头,基于语义匹配则会选猫。结果发现对于4、5和9岁儿童正确选择的比例分别为59%、66%和94%。可见4岁儿童就可以做类比推理。另一项基于物质关系的类比推理实验,给儿童呈现巧克力、融化了的巧克力以及雪人的图片,3岁儿童也知道应选择融化了的雪人图片。解决此类类比推理问题,3、4和6岁儿童的成绩分别达到了52%、89%、99%。

*3. 反事实推理*(counterfactual thinking)

反事实推理是一种假设性思维,要求儿童思考一些违反事实的情境,即事情已经发生了,但如果没发生会怎么样。里格斯等人(Riggs et al, 1998)发现,3.5～4.5岁的儿童在完成反事实推理任务时感到困难,他们给儿童讲了一个“邮局”故事:彼特在家里感觉不舒服就上床睡觉了,这时电话响了,邮局的人问彼特能不能来邮局帮助灭火,于是彼特起来去邮局了。问儿童如果邮局没着火,彼特会在哪里,只有不到50%的3～4岁的儿童能够通过这个任务。

但是哈里斯等人(Harris et al, 1996)的研究却发现3岁儿童已经可以完成含有简单因果关系的反事实推理任务,采用的故事是这样的:小女孩从外面回到家后,忘记擦鞋就进了厨房,结果地上出现了很多泥脚印。问儿童如果小女孩把鞋子脱掉了,地板还会不会脏?结果发现3岁儿童通过率为75%,4岁儿童的通过率为84%。

格尔曼等人(Gelman & Nicols, 2003)认为上述结果不一致是因为两个任务所含有的推断长短不一致造成的。在“邮局”任务中,其推断是这样的:没有着火——没有来电话——彼特没去邮局——彼特在床上。而小女孩任务则是:脱鞋——没有泥脚印。格尔曼等人给儿童讲了一个“玫瑰夫人”的故事:玫瑰夫人看到自己花园里种的花很高兴,就请她的丈夫出来看花。当她的丈夫打开厨房门时,狗从厨房里逃了出来。狗跑到花园里,跳到花上面,把花踩烂了。玫瑰夫人很伤心,因为花被踩烂了。该故事配有图片。按所需推论的长度分为三组。长推论组的问题是：如果玫瑰夫人没有叫她的丈夫从房子里出来，她是高兴还是伤心呢？孩子需要作出的推理是：如果她没叫丈夫，狗就不会逃出来，就不会跑到花园里，就不会把花踩烂，结论是玫瑰夫人应该高兴。中等长度推论组的问题是：让儿童想象如果狗没从房子里逃出来，玫瑰夫人是高兴还是伤心？此时的推理是：那么狗就不会跑到花园里，就不会把花踩烂，结论是玫瑰夫人应该高兴。短推论组的问题是：如果狗没把花踩烂，玫瑰夫人是高兴还是伤心？

结果发现：在短推论的情况下，69%的3岁儿童、100%的4岁儿童都通过了反事实推理任务。在中等长度推论的情况下，20%的3岁儿童、86%的4岁儿童通过了反事实推理任务。在长推论的情况下，15%的3岁儿童和67%的4岁儿童通过了反事实推理任务。可见所需要的推论长短是影响学前儿童反事实推理的一个重要因素。3岁儿童已经可以解决简短的反事实推理任务，4岁儿童在短任务上出现了天花板效应，在中、长度的反事实推理任务上也有明显发展。我国研究也表明4岁是儿童反事实推理发展的敏感期(张坤，2007)。

## 第三节　学前儿童的人格与社会性的发展

学前儿童将大量的精力投入到游戏以及社会交往中，这种经历促进了他们对自我的认识以及对他人心理的理解。在学前阶段，儿童逐步发现出独立性和自我控制的能力，学习和遵守一些社会规范、准则并用来指导自己的行为，为进一步开展丰富的社会生活作好准备。

### 一、学前儿童的游戏活动

人类的活动大致可以分为游戏、学习、工作和休闲四类，不同的人生发展阶段人类的主导活动也不同。对学前儿童来说，他们主要的任务就是玩，游戏帮助他们思考和学习，在游戏中他们发挥想象力，消耗旺盛的精力，获得愉快的体验。

#### (一) 游戏的特征

如何判断孩子是否在游戏？这个问题看似简单，其实目前并没有特别清晰的、公认的标准答案。通常，游戏会被看做是一种重视过程胜于结果的活动，它具有灵活性、假想性和娱乐性三个基本特征。游戏时儿童可以将不同的物体重新进行组合，也可以用不同的方式扮演角色，还会用物体和动作替代所知觉的事件。游戏时儿童常常表现出愉快情绪，说明他们非常享受游戏的过程。另外，游戏还要求儿童积极地参与，是一种自愿行为，参与游戏的儿童也知道游戏行为与真实世界里的行为的区别，如儿童会解释说“我们在玩呢，不是真打架”。

### （二）游戏的类型

皮亚杰以儿童认知发展能力为基础，将游戏分为练习性游戏、象征性游戏和规则性游戏。帕顿按社会交往程度将游戏分为：无所事事的行为，旁观行为，独自游戏，平行游戏，联合游戏和合作游戏。

英国伦敦大学的史密斯博士（Smith & Pellegrini，2008；Smith，2005；史密斯等，2006）是当代儿童游戏研究专家，他将游戏分为以下5类。

1．体育运动游戏（physical activity play）

体育运动游戏是指需要大部分身体活动参与的游戏，对训练儿童的肌肉、力量、耐力和技能有帮助。这类游戏在学前阶段是逐年增加的，到小学低年级时达到高峰，然后开始下降。体育运动游戏的发展可以分为三个阶段。首先是重复动作阶段，如婴儿的踢踢腿、挥挥胳膊等。然后是运动性游戏（exercise play），跑、跳、爬等，男孩比女孩更多地玩这类游戏。有研究表明，以这类游戏作为短暂的休息之后，学前儿童在那些需要安静坐着完成的任务上更能集中精力。最后是打斗游戏（rough-and-tumble play），孩子们之间互相追逐和打斗，同样也是男孩比女孩更多地玩这类游戏，从学前一直到小学阶段，这类游戏都在增加，青少年阶段开始下降。打斗游戏与打架不同，儿童游戏时表情是笑呵呵的，打架是紧皱眉头、眼泪汪汪的；游戏时踢打都不用力，而打架时则非常用力；游戏时轮流扮演追或逃的角色，而打架时则要力图占上风。游戏始于邀请，结束后继续一起玩；打架始于挑衅，结束后各自分开。

2．物品游戏（object play）

物品游戏是指儿童游戏时使用了积木、拼图、玩偶和玩具车等物品。对1岁左右的小婴儿来说，物品游戏就是把东西放到嘴里再拿出来，在手里乱摇，往桌子上摔打，然后观察它。对于学步儿童来说，物品游戏主要是操纵物体，如把积木搭起来。物品游戏有时也包含假想游戏，如给娃娃喂奶。他们能够把动作与物品搭配在一起，如只把调羹放在嘴里。物品游戏可以允许儿童不受束缚、对一些动作和行为重新组合，因此有利于培养儿童问题解决的能力和创造性。

3．语言游戏（language play）

2岁左右的孩子在睡觉或起床前自言自语，儿童从事此类言语活动时常常伴随笑声和嬉闹、语言常重复，如“一只小蜜蜂，两只小蜜蜂”，边说边笑个不停。

3～4 岁的儿童还能创造韵律诗，如“I'm a whale. This is my tail.”（我是一条鲸鱼，这是我的尾巴），“I'm a flamingo. Look at my wingo.”（我是一只火烈鸟，看看我的翅膀）。3～6 岁左右的儿童还会创造一些前谜语（pre-riddles），如一个 6 岁孩子让父母猜他创造的谜语，“为什么 6 比 7 大？因为 7，8，9”。儿童在语言游戏中表现出了丰富的想象力。

4. 假想游戏（pretend play）

游戏中用一种物体或动作代表另一个物体或动作，如把香蕉当电话。儿童在 15 个月大的时候就可玩简单的假想游戏，如假装睡觉。3 岁前的儿童在假想游戏中还缺乏去情境化的能力（较少运用现实性替代物的能力），如把一个积木当成面包对他们来说有点难。3～4 岁时，儿童开始能假想不真实的物体和动作，如用一个手指假装梳头或刷牙，但是 6～8 岁的儿童会想象自己手里有梳子或牙刷。约 25％～50％的 3～8 岁的儿童还会出现“假想同伴”，他们会杜撰出一个虚拟人物与自己一起玩。假想游戏能够增加学前儿童情绪上的安全感。在被父母骂或家里有人生病或死亡时，儿童容易感到不安和烦恼，通过玩相同主题的假想游戏，可以降低儿童的焦虑。另外，假想游戏，尤其是当儿童把自己想象成另一个人时，促进儿童心理理论的发展，更易理解他人可以有与自己不同的知识和信念，有关心理理论的知识见本节第三部分。

5. 社会戏剧游戏（sociodramatic play）

社会戏剧游戏是一种与他人一起玩、有持久的角色扮演、有故事主线的游戏形式，故事的结构常常与故事书中的内容相似。社会戏剧游戏也是假想游戏的一种高级形式。3 岁开始，儿童就开始大量地参与此类游戏。社会戏剧游戏可以相当复杂，包括对他人意图和角色的理解、运用复杂的语言结构甚至非常新颖的故事情节。社会戏剧游戏能够促进儿童语言、认知、创造性和角色扮演能力的发展，有研究表明，处境不利（disadvantaged）儿童的社会戏剧游戏较少。

### （三）游戏发展的特点

儿童游戏发展有四个特点：① 发展性。随着身体的成熟、技能的提高，儿童游戏的能力也自然而然地得到了发展。② 复杂性。游戏会变得越来越复杂，更多的游戏资源被整合到一个复杂的游戏中。如跳绳通常就包含了动作游戏和语言游戏。③ 自由性。游戏的形式越来越摆脱材料特性的束缚，而越来越多地受儿童自己控制。④ 整合性。随着儿童接触到的人、场景、活动不断增多，他们会将这些新经验不断整合到游戏中（贾维，2006）。

**阅读栏 5-2　假想游戏的作用**

假想游戏对儿童的认知、情绪和社会性发展具有重要作用。

假想游戏与认知发展

1. 帮助儿童理解现实。通过游戏重构熟悉的事件，如开车、吃饭、睡觉，可以帮助儿童更好地理解这些事件。即使是幻想的世界，其规则也与现实相似，是对现实的重新呈现和反映，如超人能飞是为了打坏蛋。许多幼儿都从故事书、电影、博物馆里获得了大量的恐龙知识，要消化理解这些知识，假想游戏可以发挥作用。

2. 成为思考的功具。假想游戏有符号表征的功能，用一物体代表另一物体，物体的意义不再由其表面决定。儿童可以思考很久以前发生的事如历史人物和事件，也可以想象无法直接观察到的细小物体。

3. 能够促进多元智力的发展。幼儿玩假想游戏时，会运用词汇、玩偶和积木等媒介，因而能够促进语言、空间以及其他形式的智力发展。

假想游戏与情绪发展

1. 允许儿童以符号象征性地表达情绪。在游戏中儿童不必将冲动转化为行动，他们可以把感情与思维而不是行动联系起来。

2. 帮助儿童消除不良情绪，降低紧张。

假想游戏与社会性发展

促进儿童同伴关系发展。年幼儿童一般游戏时才与其他孩子在一起，假想游戏帮助孩子之间形成友谊。一方面儿童之间可以分享感情和经验，另一方面也可以学会调解冲突。那些不参加或不擅长游戏的孩子，常常处于社会孤立的状态。

Scarlett，WG(2005)Play in early childhood.

引自 http://www.sagepub.com/upm-data/4883_ScarlettChapter_3.pdf

## 二、学前儿童自我的发展

### (一) 自我概念的发展

自我概念是个体关于自己的整体形象的认识，是个体关于自己能力和特质的描述与评价。自我概念决定了个体对自己的感受并将指导个体的行动。学前儿童对自我的描述，主要涉及的内容有身体外貌、家庭成员和喜欢的活动，倾向于对自己作出积极的评价。新皮亚杰理论认为学前儿童自我概念的发展主要表现为两个阶段(Papalia，et al，2005)。

第一阶段为单一表征(single representation)，4 岁左右的儿童处于这一阶段。他们对自我的描述是孤立的、单维的项目，思维是从特殊到特定跳跃的、无逻辑的联系。如一个儿童说“我喜欢比萨饼，我有一个好老师。我能数到 100，想听我数吗？我有一条狗”（Harter，1996）。此阶段孩子不能想象人可以同时拥有两种情绪体验，如“你不能又高兴又害怕”，不能去自我中心，不能将现实的自我（real self）与理想的自我（ideal self）区分开来，因此常把自己描述成美德和能力的典范。

第二阶段为表征映射（representations mappings），5～6岁的儿童处于该阶段。他们可以将自己的不同方面联系起来，具有逻辑性。如一个儿童声称“我跑得快，爬得高，我很强壮。我能把球投得非常远。我长大后会成为球员！”（Harter，1996）。但此阶段的儿童对自己的描述仍然是完成正面的。因为好与坏是对立的，儿童不能理解他在某些方面优秀，在另一些方面却不擅长。

### （二）学前儿童自我意识情绪的发展

自我意识情绪包括内疚、羞耻、尴尬、妒忌和自豪，它们都与伤害或增强对自我的感受有关。当我们知道自己伤害了他人，就会感到内疚，并想改正自己的行为。当我们感到羞耻或尴尬时，会对自己的行为产生负面的情感，并希望赶紧离开，这样他人就不会再注意到我们的失败。而自豪则是对自己的成就感到喜悦，并愿意告诉他人，希望迎接挑战（Sarrni，et al.，2006）

自我意识情绪的发展依赖于自我觉察的发展。学步儿感到羞耻或尴尬时会有垂下眼睛、晃动脑袋、用手捂脸等表现。他们也会内疚，比如会把抢来的玩具还给对方并进行安慰。自豪也在这个年龄出现，但妒忌则在3岁左右才出现。自我意识情绪要通过成人的教导才发展起来，成人对儿童的表现进行反馈，告诉他们应该感到羞耻或自豪。在个人主义取向的西方，孩子们被教导对自己的成就感到自豪；但在集体主义社会如中国和日本，孩子们则被教育要保持谦虚，强调个人成功会引起尴尬。在西方，羞耻通常与个人的不足（如我很笨）及适应不良（如退缩、抑郁、愤怒和攻击）相联；但在东方，如中国，羞耻则与错误行为相联，当孩子做了不好的行为时，家长常常用“羞不羞”来进行教育。中国的孩子早在3岁时就学会了“羞”这个词，远远早于美国的同龄儿童。但在西方看来，这种教育会伤害孩子的自尊（转引自Berk，2012）。

### （三）学前儿童自我控制的发展

为了长远的更有价值的目标而抗拒眼前的诱惑，是自我控制的一个重要方面。20世纪六七十年代以来，米歇尔等人（Mischel，2011）采用延迟满足的范式对学前儿童的延迟满足及其后效进行了长达40年的追踪研究。最初参加实验的有约500名4岁儿童，其中的1/3儿童参加了后续研究。最常用的延迟满足实验是“软糖测验”：给儿童呈现1块小软糖和2块小软糖，儿童要得到2块小软糖需要等待15分钟；如果不想等待，就只能得到1块小软糖。研究发现，能够抗拒诱惑实验延迟满足的幼儿主要采取了两类策略：一是分散注意策略，如不看诱惑物；二是对诱惑物重新评价，变“热表征”为“冷表征”，如把软糖想象为一片云或小棉球。同一个孩子如果将注意力放在令人满足的特征（如好吃、甜、嚼起来很香），肯定没有将注意力放在非令人满足的特征（如形状）上等待的时间长。

进一步追踪研究的结果发现，能够等待的学前儿童在青少年时会取得更高的SAT分数（美国高考成绩），更善于应对情绪和社会认知方面的问题。学前儿童的延迟满足能力还能预测成年时的一些结果，包括更高的高等教育成绩和自我价值感、更好的应对压力的能力，以及较少使用可卡因等药物。还有研究发现延迟满足与身体健康有关，一开始决定等待更有价值的奖赏但最后却没能等待而选择了价值较小的奖赏的孩子，到11岁时，与那些坚持等待的孩子相比，有30%可能是体重超重的（Seeyave, et al., 2009; Francis & Susman, 2009）。

**（四）学前儿童性别概念与性别角色的发展**

知道自己的性别并作出与之相应的行为是儿童自我认同的一个重要方面。学前阶段，儿童要学习三方面的性别知识。一是儿童需要明白，无论是男孩还是女孩，性别是一种不变的属性，对这方面的理解叫性别概念。二是获得性别刻板印象，了解哪些行为是男孩应该做的，哪些行为是女孩应该做的。三是学习和实践与自己的性别角色一致的行为，对这方面的理解叫性别分化（gender-typing）（Shaffer, 2004）。

1. *性别概念的发展*

学前儿童性别概念的发展分为三个阶段。第一，性别认同（gender identity）（2.5～3岁）。儿童能正确说出自己的性别，并且能识别他人的性别。第二，性别稳定性（gender stability）（4岁）。儿童能认识到性别是伴随人一生的，自己的性别是稳定不变的。如男孩知道自己长大了会成为爸爸，女孩知道自己将来会成为妈妈。第三，性别的一致性（gender consistency）（5～7岁）。儿童意识到性别具有跨情境的稳定性，理解人的性别不会因穿不同的衣服或梳不同的发型而改变。至此，儿童获得了性别恒常性。

范桃珍和方富熹（2006）采用图片结合访谈的方法对3～6岁的儿童关于自己和他人的性别恒常性进行了研究，发现就我国儿童来说，3、4岁处于性别认同阶段，但是3岁儿童只有50%能够正确判断他人性别。4岁儿童不到半数能理解性别稳定性，但是90%以上的5岁儿童能够理解性别稳定性。53.3%的6岁能够理解性别一致性，但是5岁儿童能理解这一特性的不到20%。

2. 性别刻板印象的发展

性别刻板印象是指人们对于男性或女性最典型特征的看法。在早期的一项研究中(Kuhn et al,1978)，给幼儿呈现一个男性布偶和一个女性布偶，然后问他们哪个布偶会做烹饪、缝补、玩火车、打架等72项活动。发现2岁半的儿童就有了某些性别刻板常识。他们对女孩的看法是玩布娃娃、喜欢帮妈妈干活、喜欢做饭、喜欢收拾屋子、爱说话、不打人、常说“我需要帮助”等，对男孩的看法是喜欢帮爸爸干活、常说“我能打倒你”。

近年研究则表明婴儿就已经有了一定程度的性别刻板印象。舍宾等人(Serbin, Poulin-dubois, Colburne, et al., 2001)采用视觉偏好技术，对12、18和23个月大的婴儿进行了研究(实验一)。首先在屏幕上呈现一个典型的男孩(或女孩)的照片，并有相应的男孩(或女孩)声音提示“我的玩具在哪里?”，然后并排呈现一个娃娃和一个玩具车的图片，同样伴随儿童声音提示“把我的玩具找出来”。结果如图5-4所示。12个月时婴儿并未表现出对玩具的性别刻板印象，无论是男孩还是女孩都对娃娃比较偏爱。18个月时，开始表现出性别刻板印象，23个月时性别刻板印象比较突出，男孩注视车辆的时间明显多于女孩，几乎不怎么注视娃娃。在实验二中还发现女孩比男孩刻板印象发展得早。

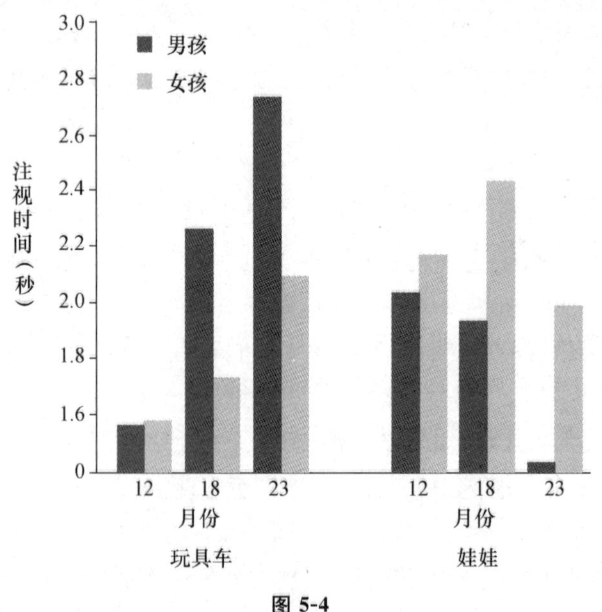


图 5-4

儿童的性别刻板印象知识是一成不变的吗？卡车只有男孩能玩，女孩就不可以玩吗？有元分析(meta-analysis)发现，根据45个采用男—女迫选形式（如将玩具分为男和女两类）的研究发现，3～7岁儿童的性别刻板印象知识有一种增长趋势；另外54个增加了"男女都可以"选项的研究则发现，在小学前，性别刻板印象的灵活性是随着年龄增长而下降的；但是之后直到10岁，性别刻板印象的灵活性则是增长的。总体而言，3岁时儿童有了基本的性别刻板印象，之后不断增长，7岁达到天花板效应。而性别刻板印象的灵活性的发展则呈倒U曲线形式发展，从2岁多开始，儿童对性别刻板印象知识的应用僵化程度逐渐提高，5岁和7岁时灵活性达最低点，之后开始增加，10～12岁到达顶峰(Banse, Gawronski, Rebetez, et al., 2010)。

3. 性别分化行为的发展

看儿童的行为是不是符合他的性别，常用的方法就是看他和谁玩及玩什么玩具。研究表明，14～22月大的男孩喜欢车，女孩喜欢洋娃娃和填充玩具。18～22个月的婴儿常会拒绝属于异性玩的玩具，即使并没有什么适合他们玩的玩具存在时也是如此。

偏爱同性玩伴也发展得很早。2岁大的女孩喜欢与女孩玩。3岁时，男孩选择与男孩而非女孩玩。4岁半时，儿童与同性别幼儿玩的时间是与异性玩的4倍。6岁半时，同性玩伴与异性玩伴的比率增加到11∶1(Maccoby,1988)。这种性别隔离的现象在各种文化中均可见到(引自 Shaffer, 1995)。

4. 性别发展的理论观点

对于两性差异的解释主要有四种观点，分别是生物理论、精神分析理论、认知发展理论和社会认知理论。

(1) 生物取向的理论观点

该理论强调基因和荷尔蒙对两性行为差异的影响。有一项针对患有先天性肾上腺增生(CAH)的女孩的研究。患有该症的人由于特殊的基因条件而在胎儿期过度分泌雄性激素，出生时除了有部分或完全的男性外生殖器以外，这些患有CAH的女孩在童年时也更爱玩典型的男孩的游戏，在青少年和成人时表现出更多的男性的兴趣爱好。当然CAH女孩的男性化行为也可能有部分可以归因于社会化因素，因为其生殖器模糊不清，可能会影响其父母的抚养方式(Zucker, 2001；转引自 Miller, Trautner, Ruble, 2005)。但是荷尔蒙的力量也不容忽视，一项对27个出生时无阴茎的男孩的研究发现，其中25个在婴儿期是被当做女孩来抚养的，这些孩子到了童年期时认为自己是男孩并投入更

多的打斗游戏(Reiner，2000；转引自 Papalia et al，2005)

另一种生物取向的观点基于进化论，认为性别分化行为是部分与远古时期对男性和女性的不同要求以及遗传下来的适应策略有关的。该理论认为两性的分化行为与择偶偏好、繁殖策略、对后代的抚养投入以及男性的攻击本性有关。在人类发展的历史中，男性主要依靠与同性竞争来获得女性以及其他资源，从而实现繁殖的目的；女性主要承担抚养后代的责任，而男性要提供相应的资源。女性要获得男性青睐主要受其繁殖能力的影响，如年龄、有吸引力的外表、腰臀比等，男性要获得女伴则需要强壮的身体和勇武的行为特征等。这些在人类进化过程中会遗传下来，导致男女两性行为的分化。儿童社会游戏的性别分化就是对人类进化历史的一种再现(Geary，2002)。

(2) 精神分析理论的观点

弗洛伊德认为性别认同和性别角色偏好始于性器期，性别分化是一个对同性父母的认同过程。3～6 岁的男孩为了缓解阉割焦虑和解除恋母情结而决定向父亲认同，学习和内化男性化的态度与行为。女孩并没有阉割焦虑，为什么会向母亲认同呢？对此，弗洛伊德的解释是，女孩终于明白以父亲为性对象是不可能的，她们认同母亲、采纳其女性特质，这样就可以与母亲具有同样的地位，为将来在异性关系中扮演女人角色作准备(Shaffer，1995)。由于弗洛伊德的思想很难获得实证研究的验证，因此当代的大多数发展心理学家都倾向于其他的理论解释。

(3) 认知学习理论的观点

巴赛和班杜拉(Bussey & Bandura，1999)提出了性别发展和分化的社会学习理论。他们认为性别发展主要通过三种模式进行。第一是示范。大量的与性别有关的信息通过父母、同伴以及其他重要人物的示范而得到放大，媒体也对性别角色及行为提供了普遍的示范。第二是直接经验。与个体对和性别有关的行为所带来的结果的了解有关。社会评价信息对于个体构建性别概念有很大影响，对与性别有关的行为在大多数社会里都会受到制约。第三是直接教学。这是告诉人们哪些行为与其性别相符的最方便的方法。

社会学习理论认为婴儿最初主要受示范影响，随着儿童动作和能力的发展，他们可以直接作用于环境时，将会获得与性别相联系的体验及社会反应，这时儿童开始调节自己的行为。当儿童获得了语言技能时，人们就会开始向他们解释哪些行为是与他们的性别相适应的。从效果上看，学习概念、示范要快于直接经验。示范时已经把性别属性以一种结构化的方式呈现出来，直接经验则需要通过观察行为的结果逐渐抽象出来，如果个体不能意识行为与结果之间的关系，就无法获得概念。直接教学也没有示范效果好，教学因其抽象和复杂的语言会令教学效果减弱，尤其是对于年幼儿童来说更是如此。

(4) 认知理论

认知取向的理论认为儿童是性别知识的主动积极建构者，他们寻求并解释与性别有关的知识，努力使自己的行为与他们所理解的性别相匹配。

科尔伯格(L. Kohlberg,1927—1987)首先提出了性别概念的认知发展论，认为儿童性别概念的发展与其认知发展水平相适应的。他提出了性别恒常性的概念，认为儿童只有获得了性别恒常性之后才会有性别分化行为。科尔伯格关于儿童性别恒常性发展的三阶段思想得到了比较充分的支持(参见前面性别概念发展部分)，但是却无法解释儿童在充分了解性别概念之前就已经有了对玩具的性别偏好等性别分化行为。

另一种认知理论是性别图式发展理论(Martin & Halverson, 1981;Bem, 1981)。图式是头脑中有组织的信息网络，儿童首先对事件和人进行分类形成图式，再利用这些图式或类别加工处理信息。例如他们看到社会中有男人和女人，穿着不同的服饰、使用不同的洗手间，就会形成男、女不同的性别图式，一旦儿童知道自己的性别时，就会使自己的行为与性别图式相适应。性别图式将影响个体对与性别有关的信息的注意、组织和记忆。在一项研究中，研究者给4～9岁儿童呈现具有不同吸引力的中性物品，如打孔器、防盗铃，切割器等，并对物品进行性别标识，告诉孩子这是“男孩”的东西或“女孩”的东西。研究发现：男孩比女孩更多选择这些“男孩”的东西，女孩比男孩更多选择这些“女孩”的东西。一周后，对属于自己性别的东西记忆深(Bradbard, et al.，转引自Shaffer, 1995)。但是性别图式并不是单一的存在实体，个体在不同情境和领域里的行为并不总是与“我是男的”或者“我是女的”图式相一致的，尤其是对于成人来说，一个女人在家时可能扮演着传统角色，但在工作场所可能是一位强硬的经理(Bussey & Bandura, 1999)。

## 三、学前儿童心理理论的发展

心理理论(theory of mind)是有关内部心理状态：愿望、情绪、信念、意图等方面的知识。心理学家为了解学前儿童的心理理论，重点考察了他们对错误信念(false-belief, FB)的理解。为什么要考察错误信念呢？因为信念是一种特殊的结构，它既描述了心理状态，也描述了世界，它是对事件真实状态的看法并试图对真实状态进行表征。但信念并不一定正确,它不必然与事件的实际状态一致,也不必然能够对现实进行正确的表征,错误信念可以很好地表现出信念的这种特征(Wellman, 2001)。研究者经常采用的错误信念任务有三种。一是意外转移任务,如“莎莉-安妮”(见图 5-5)。给儿童呈现两个分别叫莎莉和安妮的玩偶,莎莉把自己的小球放入篮子后就出去玩了。此时,安妮进来了,把莎莉的小球从篮子里取出放到了盒子里。过了一会儿,莎莉从外面回来想拿小球玩。问儿童:莎莉会到哪里去找她的小球?第二种任务叫意外内容任务。给儿童看一个常见巧克力糖果盒,问儿童里面装的是什么?儿童回答是巧克力,打开盒子却发现里面是蜡笔。问儿童:别的小朋友会以为盒子里装的是什么?第三种任务是外表—真实区分任务。给儿童呈现一个外表貌似岩石的物品,问儿童是什么,儿童回答是石头。让儿童触摸后证实其实它是一块海绵。问儿童:别的孩子会以为它是什么?

如果儿童具备了心理理论,就能区分自己和他人的信念,从而根据他人因为具有错误的信念因而会导致错误的行为,对其行为作出正确的预测。研究发现,4 岁以下儿童一般不能对上述问题进行正确回答。以意外转移任务为例,4 岁以下的儿童认为莎莉会到盒子里去找小球,而 4 岁以上的儿童则认为莎莉会到小球原来所在的位置——篮子里去找。

图 5-5 意外转移任务“莎莉-安妮”示意图

为什么年幼儿童在推断他人心理状态方面感到困难呢？普遍的看法是年幼儿童与年长儿童在理解心理时存在本质的差异，年幼儿童有时会缺少信念或心理表征的概念（Wellman，Cross，& Watson，2001）。但是最近研究者开始对错误信念任务的有效性提出了质疑：一是儿童可能不必通过了解错误信念任务而通过它；二是错误信念任务本身存在知识偏差，从而导致某类反应增加（李晓东，徐健，刘萍等，2008）（参见阅读栏 5-3 和阅读栏 5-4）。

**阅读栏 5-3 幼儿是如何通过错误信念任务的？**

Fabricius 和 Khalil（2003）认为儿童可以基于他人对事件真实状态的无知（ignorance）来通过错误信念任务，而不必基于他人的错误信念。儿童此时可以运用两个规则来通过错误信念任务。一是如果一个人看见了事物的实际状态，就会知道事实，没看见就不知道。二是不知道的人就会表现错误。例如在意外转移位置任务中，Maxi 将巧克力放在 A 位置后离开，他妈妈随后将巧克力转移到 B 位置后离开。儿童会认为 Maxi 没有看见巧克力被放在了 B 位置，因而不知道它的实际位置，所以回来时会到错误的位置 A 去寻找，这个位置恰好是错误信念位置。

Fabricius 和 Khalil 认为用是否通过错误信念任务来判定儿童有没有心理理论，会导致过多的假阳性（false positive），即儿童实际并没有理解对方的错误信念，但也可以对其行为作出正确的预测。这类研究在研究范式上与标准错误信念任务有两点不同。第一，标准错误信念任务中只有预测问题，没有知否问题，即只是询问 Maxi 会到哪里寻找巧克力，而没有问 Maxi 是否知道巧克力的实际位置，因此无法知道儿童是基于规则还是信念得出的结论。第二，在传统心理理论研究中，只有错误信念任务，没有真实信念任务。如果儿童是基于信念而作出的预测，则应该可以通过两种信念任务，且真实信念任务的通过率应该更高。因为在真实信念任务中，信念与实际位置是相同的，而在错误信念任务中，信念与实际位置是不同的，儿童需要抑制实际位置的干扰。但是如果儿童是基于规则进行的预测，结果应相反，即儿童运用没看见等于不知道的规则时，在错误信念任务上的预测是正确的，但直实信念任务上的预测则错误。

李晓东和周双珠（2007）采用真实信念任务（TB）和错误信念任务（FB）对 4、5、6 岁的儿童进行了研究，结果发现儿童通过 FB 任务的方式有三种。第一种是真正理解玩偶的信念，具有心理理论的儿童。这类儿童在知否问题上回答正确，在想法问题上回答也正确，各年龄组儿童因为真正理解心理理论而通过 FB 任务的儿童比例分别为 9.1%、33.3% 和 47.4%，表明从 5 岁开始儿童的心理理论发展是一个转折，但直到 6 岁儿童具有心理理论的仍不足 50%。第二种是运用“看见＝知道＝表现正确、没看见＝不知道＝表现错误”的规则通过 FB 任务的，这类儿童在知否问题上的反应模式是忽略推断，即在 FB 任务和 TB 任务上均回答不知道。在想法问题上 FB 回答正确，但是在 TB 问题上回答错误，各年组儿童的通过率分别为27.3%、33.3%和15.8%，说明4～5岁的儿童依靠规则通过错误信念任务的儿童较多，而6岁儿童则较少。第三类儿童虽然通过了FB任务的想法问题，但无论是用信念或规则都无法解释。这类儿童究竟是运用何种策略或仅仅靠猜测而通过错误信念任务的，目前还不清楚。

**阅读栏5-4　错误信念任务是否存在知识偏差？**

Birch和Bloom(2003)认为错误信念任务存在知识偏差(curse of knowledge)现象。所谓知识偏差就是当个体自己知道某个事实或知识时，就倾向于认为别人也知道，而实际上对方是一无所知的。例如，一旦我们自己知道了某个问题的解决方法时，就会倾向于认为这个问题对他人来说是很容易的。知识偏差与自我中心不同，它是非对称的，即只有在自己知道而别人不知道某种知识时，会高估别人的知识水平，但在自己也不知道的情况下，对他人的知识状态的推理则不会出现偏差。知识偏差现象是认知过程中存在的一种普遍现象，儿童和成人都会出现，只是程度不同而已，随着年龄的增长，偏差的幅度会下降。

Birch和Bloom(2004)提出如果将经典的意外转移任务中物体只有A、B两个位置的情况，改为有A、B、C三个位置，则可以分别创设儿童知道和儿童不知道的条件，如可以告诉儿童巧克力转移到B位置(知道)，也可以告诉儿童巧克力转移到另一个盒子中(不知道)，这样就可以检验FB任务是否存在知识偏差。

李晓东等人(2008)根据上述思想自行设计了实验任务，对三种经典的错误信念任务进行检验，发现对于3岁及4岁儿童来说，FB任务是存在知识偏差的。知识偏差的大小与年龄呈负相关关系，3岁与4岁、4岁与5岁儿童的知识偏差的大小均有显著差异。

## 四、学前儿童的人际关系

### (一) 亲子关系

1. 依恋

婴儿时期对父母的依恋是非常强烈的，通常需要父母在视野范围内，婴儿才会感到安全。进入学前阶段后，虽然儿童依然对父母有强烈的感情，常常需要父母拥抱、与父母有亲密的接触，但随着认知发展，他们渐渐理解父母离开是因为他们要上班工作等，下班后就会回来，因此，对分离的焦虑大为减轻。鲍尔比认为学前儿童与父母的依恋关系进入了一种新的发展阶段，叫做目标调整期，双方形成了一种合作关系，比如父母可以与儿童商量，分开多久，何时回来。在分开这段时间里，会安排儿童与另一个相熟的人在一起，教导儿童如果想妈妈了怎么办，安全依恋的儿童都能够顺利地过渡到这一时期。但是不安全依恋的儿童则是另一番景象。

许多回避型依恋的婴儿进入学前阶段后，会转变为防卫型依恋（defended attachment）。这类儿童会试图与父母保持某种接触，但是他们以为父母会生气或者不感兴趣，所以既不与父母协商也不表达自己的感受。他们对父母的想法或感受极为敏感，努力让自己去适应和配合父母。

许多矛盾型依恋以及部分回避型依恋的婴儿到学前阶段时，会转变为胁迫性依恋（coercive attachment）。同防卫型依恋一样，这类儿童也不与父母协商或者共同调整目标，但是他们却有办法让父母适应自己，或者撒娇，或者哭闹，总之，他们能让父母随叫随到（Crittenden，1992；转引自 Bee，1999）。

2. 服从与反抗

婴儿到 2 岁左右时就进入了第一个反抗期，西方称为“可怕的两岁”，这时期，学步儿童对身体的控制能力越来越好，自主的愿望也显得十分强烈，什么都想自己做，在语言上学会了使用“不”，也可以较为明确地拒绝不符合自己意愿的要求了。但总体来讲，3 岁以下的婴儿对父母的服从还是多于反抗的，如果父母提出的是安全或者是爱护物品的要求，婴儿都较乐于服从。但如果是对满足儿童要求的拖延，如等妈妈干完活再给你讲故事，或者是自我照顾的要求，如洗手等，婴儿则不太愿意服从。

到了学前阶段，儿童有了更强的自主能力与意识，因此有了更明显的拒绝行为。心理学家认为区分拒绝与反抗是十分重要的。拒绝是一种健康的自我声明，一般与安全依恋及心理成熟有关；反抗往往伴随愤怒、发脾气或者抱怨，一般与不安全依恋或受虐经历有关。在学前阶段，直接的反抗是呈下降趋势的，这主要是因为年长一些的儿童认知与语言能力均有较大提高，这使得协商成为可能（Bee，1999）。

### （二）兄弟姐妹关系

当家庭中第二个孩子诞生后，兄弟姐妹之间的竞争关系也开始了。母亲由于要照顾新生的婴儿，对长子女的关注会比以前减少，让感觉受到忽视的老大很不适应，于是对弟弟或妹妹就会产生嫉妒或怨恨的情绪。为了重新获得母亲的重视，大孩子往往会变得难以伺候。

兄弟姐妹之间的关系是充满矛盾的，一方面有竞争和冲突，经常为了物品所有权而争执。大孩子可能会攻击或侮辱小孩子，小孩子也会让父母注意大孩子的不良行为以保护自己。另一方面，兄弟姐妹又是亲密的同伴。大孩子往往会帮助父母照看弟弟妹妹,研究表明,在陌生人情境中,大部分4岁大的儿童会为弟弟妹妹提供安慰和照顾(Stewart, 1983)。大孩子还是弟弟妹妹的榜样,是他们模仿的对象。大孩子还是小孩子的老师,可以辅导他们做功课,但大孩子自身也从中获益。研究发现,年长儿童教年幼儿童做功课,教导者自身也比那些没机会教年幼儿童的同学在学业上取得更大的进步(Feldman, et al, 1976)。

兄弟姐妹的数量可能还与学前儿童的心理理论有关。波纳等人(1994)对76名3～4岁的儿童研究发现,家庭规模与儿童在错误信念任务上的表现有关。只有一名兄弟姐妹的儿童,其成绩明显好于独生子女,但却不如大家庭中的孩子。至于兄弟姐妹的年龄与心理理论的成绩之间的关系研究结果不一致,有的研究认为不管是年长的兄姐还是年幼的弟妹都有利于学前儿童心理的发展;但有的研究认为年幼的弟妹对心理理论发展无影响,有年长的兄姐才有利于心理理论发展。一些英国的研究则没发现兄弟姐妹的数量与心理理论之间有关系。最近一项关于伊朗3.6～5.6岁儿童的研究发现,兄弟姐妹的数量与心理理论成绩无关,但是出生顺序与之有关。这些孩子是家里的老二比老大的错误信念任务成绩要好(Farhadian, Abdullah, Mansor, et al., 2010)。

### (三) 同伴关系

婴儿1岁左右就开始彼此交换物品,到了20个月时,婴儿模仿同伴操纵物品的行为,但这种以物品为中心的交流会逐渐减少。16个月至3岁的儿童之间的行为更多地表现为互补和协作,因此是社会取向的交往。婴儿快2岁时开始玩假装游戏,不仅自己玩,还征集同伴一起玩,2岁以后还能分角色玩社会戏剧游戏。这都说明婴儿在很小的时候就开始了与同伴的社会交往。研究表明,3岁左右的孩子一般都有自己的固定玩伴,一个朋友都没有的是很少见的。

学前儿童之间随着接触的增加,冲突不可避免地发生。冲突往往围绕争夺物品进行,但争夺物品往往并不只是为了对物品的占有,而是带有社会控制的意味,儿童为了保护社交空间而战。学前儿童的社交活动相当脆弱,其他同伴的侵入往往令正在进行的交往活动终止,事先毫无征兆,正因为意识到这一点,儿童对其他同伴加入游戏非常抗拒,有时甚至以断交进行抗议(Parker, Rubin, Erath, et al., 2006)。

#### 1. 同伴间的攻击行为

攻击行为是指有意伤害他人或物品的行为。当学前儿童不高兴或者受挫折时常会表现出某种攻击行为。学前儿童的攻击行为发展有两个特点:第一是由身体攻击转变为言语攻击。2～4 岁的孩子身体攻击比较多，随着语言表达能力的提高，身体攻击减少，代之的是言语攻击增加，如嘲笑对方、给对方起绰号。在学前阶段，儿童的身体攻击行为呈下降趋势，主要原因有二：一是自我中心下降，儿童理解他人的思想与感情的能力提高了；二是优势等级（dominance hierarchies）出现，即使 3～4 岁的孩子也知道自己在群体中的地位，知道在打架时打得过或打不过对方，因此不会冒险攻击实力比自己强的同伴。

第二个特点是由工具性攻击转变为敌意性攻击。工具性攻击的目的在于获得或损坏物品，敌意性攻击目的在于伤害对方或者取得优势（Bee，1999）。

2. 同伴间的亲社会行为

亲社会行为是一种主动作出对他人有益的行动，也叫利他行为。2～3 岁的孩子看到同伴受伤时会拿出玩具以示安慰。为了他人利益而自发性地采取自我牺牲的举动，在学前阶段是很少见的。例如，儿童一般不会主动与同伴共享珍贵的点心，但是在成人的引导下，或者在对方的威胁下“你不给我，我就不跟你玩了”，儿童也会作出分享的行为。分配资源的慷慨程度是随着年龄增长而增加的，早期一项以 291 位土耳其儿童为样本的研究证实了这一点。要求儿童将一堆奇数的豆子分给自己和认识的儿童，如果儿童分给别人的豆子比自己的多，或者是两人一样多，最后一颗不分配的话，说明儿童是利他的；如果给自己的多，说明是自私的。结果只有 33％的 4～6 岁的儿童采用了利他分法，6～7 岁则有 69％，7～9 岁的儿童有 81％，9～12 岁的儿童有 96％。

## 思考与练习

1. 了解学龄前儿童身体发育的相关情况，可以从哪些方面帮助父母和看护者照顾儿童？
2. 你认为男孩比女孩更爱冒险是遗传还是环境的原因，或者两者都有，为什么？
3. 如果能够显示左利手者比右利手者更具有天赋，那么在日常生活任务中训练儿童使用左手是否有意义，为什么？
4. 在你看来，在学龄前儿童的发展中思维和语言是怎样相互影响的，没有语言能否思考？那些天生耳聋的儿童又是怎样思考的呢？
5. 我们可以鼓励学龄前儿童从事哪些活动来帮助他采用不太刻板的性别图式？
6. 为什么学龄前儿童的错误回忆程度低于成人与年长儿童？
7. 为什么中国儿童从后往前回忆的记忆广度比美国儿童更大？
8. 学龄前儿童发展最为迅速的是哪个大脑区域？

# 第六章　学龄儿童的心理发展

学龄儿童是指 6～7 岁到 11～12 岁的孩子。与婴幼儿相比，学龄儿童的生理发展较为缓慢而平稳，但身体更加灵活和强壮，因此学龄儿童比较愿意从事各种体育活动；他们对未知的事物充满好奇心、乐于结交朋友和学习新事物。学龄期是人生发展的一个重要里程碑，在正常的社会中，孩子们将要接受正规、系统的学校教育，为将来进一步学习和迈入社会做好基础性的准备。学校生活对孩子们来说是成长中的重要体验，是一种新的挑战，将对儿童的心理发展产生深远的影响。

## 第一节　学龄儿童的生理发展

### 一、学龄儿童身体的生长发育

婴幼儿有 20 颗乳牙，学龄儿童有 28 颗牙齿，且全部为恒牙，成人则有 32 颗牙齿。在学龄期，儿童身高和体重都持续增长，但速度较之前的发展阶段放缓。不同儿童之间，身高、体重和性的发育方面存在较大的个体差异，即使是同一个儿童，其 6 岁与 12 岁时的身体发育情况也是大不相同的。

学龄儿童身高每年平均增长 4～5 厘米，体重每年平均增加 1.5～2.5 千克，是相对平稳的过渡期。学龄阶段，儿童下肢的生长速度远大于上肢，因此整体看起来显得腿长身短。到了小学高年级，儿童的手和脚开始快速生长，相对于身体其他部位，他们的手脚看起来格外大，显得有些笨手笨脚。10 岁以前，男女儿童身高体重相差不大，男生稍高于女生。但是从 10 岁以后，女孩开始进入快速发育阶段，而男生则要 12 岁左右才进入快速发育阶段，因此男女生会在发育曲线上呈现交叉的现象。表 6-1、表 6-2 为江苏省 7～12 岁小学生身高和体重的发育状况(周迎春，2012)。

健康的身体是儿童发展的一个重要方面，童年期体质健康对其终身健康有重要影响。我国小学生中，营养不良和肥胖的比例均较高。其中农村学生营养不良比例较高，城市学生肥胖的比例较高；男生肥胖率高于女生。小学生近视发生率也较高，女生近视率高于男生（刘永浩，2011；颜君，何红，2006；张泽申，庞红，徐建兴，2007）。一项关于中、日、韩三国小学生体质比较的研究表明，中国的小学生综合体质是最差的，体育活动时间明显不足，见阅读栏 6-1。这一点应引起教育部门和家长的重视。

**表 6-1　2005—2010 年江苏省小学生身高比较一览表**

（以 2005 年和 2010 年为例）单位：cm

| 年龄 | 男生 | | | 女生 | | |
| --- | --- | --- | --- | --- | --- | --- |
| | 2005 年 | 2010 年 | 差值 | 2005 年 | 2010 年 | 差值 |
| 7 | 126.9±5.2 | 126.8±4.8 | －0.1 | 125.4±4.3 | 125.7±4.5 | ＋0.3 |
| 8 | 132.4±6.1 | 132.3±5.1 | ＋0.2 | 130.2±5.0 | 130.3±4.2 | ＋0.1 |
| 9 | 138.5±5.3 | 138.4±5.4 | －0.1 | 136.1±5.2 | 135.9±5.6 | －0.2 |
| 10 | 142.7±4.9 | 142.9±4.9 | ＋0.2 | 143.4±6.8 | 144.3±7.0 | －0.1 |
| 11 | 149.1±8.1 | 150.1±6.2 | ＋0.2 | 148.6±5.1 | 148.9±4.8 | ＋0.3 |
| 12 | 157.7±5.0 | 157.6±7.2 | －0.1 | 154.3±4.5 | 154.4±5.4 | ＋0.1 |

**表 6-2　2005—2010 年江苏省小学生体重比较一览表**

（以 2005 年和 2010 年为例）单位：kg

| 年龄 | 男生 | | | 女生 | | |
| --- | --- | --- | --- | --- | --- | --- |
| | 2005 年 | 2010 年 | 差值 | 2005 年 | 2010 年 | 差值 |
| 7 | 27.4±6.4 | 28.1±5.4 | ＋0.7 | 24.8±4.1 | 25.1±5.1 | ＋0.3 |
| 8 | 29.8±7.1 | 29.7±7.6 | －0.1 | 27.9±4.6 | 27.5±5.6 | －0.6 |
| 9 | 33.1±5.5 | 34.5±6.9 | ＋1.4 | 31.2±6.5 | 31.5±5.2 | ＋0.3 |
| 10 | 35.8±6.7 | 36.4±7.3 | ＋0.6 | 36.4±7.2 | 37.0±6.9 | ＋0.6 |
| 11 | 43.0±10.5 | 43.5±9.5 | ＋0.5 | 38.9±6.1 | 39.9±7.1 | ＋1.0 |
| 12 | 47.1±9.0 | 48.9±8.4 | ＋1.8 | 46.5±6.5 | 46.4±7.4 | －0.1 |

**阅读栏 6-1　中、日、韩三国学生体质比较**

中、日、韩“比赛项目”

■ 身高体重

中国：12 岁男生平均身高 156.38cm；平均体重 51.32kg。

韩国：12 岁男生平均身高 150.93cm；平均体重 43.14kg。

■ 肺活量

中国：一年级学生肺活量平均值 923mL；六年级为 1820mL。

韩国：一年级学生肺活量平均值 1450mL；六年级为 3180mL。

■ 锻炼时间

中国：每天锻炼两小时以上的学生占6.3%。

日本：每天锻炼两小时以上的学生占21.3%

■ 睡眠时间

中国：五六年级学生由于课业增多和各种补习班，睡眠不足8小时，六年级半数学生睡眠低于7小时。

韩国：每天保证9小时睡眠，兴趣班多为体育锻炼，如高尔夫、跆拳道等，课业负担总体较轻。

■ 综合体质排名

中国：亚洲第三，世界第32位。

日本：亚洲第二，世界第29位。

韩国：亚洲第一，世界第24位。

■ 国民体质监测数据

立定跳远：5年下降2.3厘米。

大学男生1000米跑：5年下降20秒。

大学女生800米跑：5年下降15.1秒。

青少年肥胖率10年增长近50%，近视率10年增长11%。

（稿件数据来源：中央教育科学研究所吴键博士《中国青少年体质行为健康调查》；《天津教育报》关于中日韩学生体检数据统计及调查分析；《国民体质监测报告》等。）

## 二、学龄儿童大脑的发展

在整个小学阶段，大脑持续增长，主要是因为髓鞘化持续进行。与手眼协调有关的脑区髓鞘化直到4岁还没完成，与集中注意有关的脑区的髓鞘化直到小学毕业才能完成，所以要求小学低年级学生保持和集中注意是一件较为困难的事(Sandrock,2003)。在小学阶段，儿童大脑生长发育最明显的部分是额叶。额叶与人类的记忆、抑制、思维等高级心理过程有着密切的联系，同时，额叶的发展使得儿童运动的精确性和协调性得到了快速发展。

小脑位于脑的底部，帮助控制人体的运动与平衡。从出生到学前阶段，连接小脑与大脑皮质的纤维一直在生长和髓鞘化，使得儿童的动作越来越协调。等孩子们到了上学的年龄时，他们就可以玩跳房子的游戏，可以在非常协调的运动中投球和接球，以及能够较为工整地写字。小脑与大脑皮质的连接还与思维活动有关。小脑受损的儿童往往在运动和认知方面都表现缺失，在记忆、注意和语言方面都会有问题(Noterdaeme, et al.,2002;Riva & Giorgi, 2000, 转引自 Berk，2012)。

网状结构与警觉和意识有关，从童年早期到青少年期，其不断形成突触和髓鞘化。网状结构的神经元会发出很多纤维到大脑的其他部位，其中许多纤维会到大脑皮质的前额叶，对保持和控制注意有重要作用(Berk，2012)。

小学儿童的学习和活动效率在很大程度上取决于其大脑机能的发展状况。大脑机能的发展主要表现在兴奋和抑制机能的发展。兴奋的机能表现在觉醒的时间长。新生儿每天平均需要的睡眠时间约为 22 小时，3 岁儿童约为 14 小时，到 7 岁时大约 11 个小时左右就足够了。小学儿童的抑制机能也得到了进一步的发展，儿童可以根据外部生活条件的要求来不断地调节控制自己的行为。但是相对于青少年或成人而言，小学儿童的大脑兴奋和抑制的平衡性较差，兴奋强于抑制。要求儿童过分地兴奋或者抑制都会产生不良后果。过分的兴奋容易诱发疲劳，例如学习负担过重，作业量过大，儿童连续长时间地用脑，致使大脑超负荷地兴奋。因此，要保证儿童大脑的兴奋和抑制机能的平衡发展。

## 三、学龄儿童运动技能的发展

身高的增长、身体各部分的比例变化以及肌肉力量的增强，为小学儿童发展新的粗大动作提供了可能。他们体形不再像婴儿期那样头重脚轻，而是越来越趋于流线型，重心下移至躯干，平衡能力越来越好，为开展有更多的、大肌肉参与的体育运动作好了准备。小学儿童运动技能发展的里程碑见表 6-3。

**表 6-3　学龄儿童运动技能的发展**

| 年龄(岁) | 运动技能表现 |
|---|---|
| 6 | 女孩在运动的准确性方面更有优势；男孩在需要力量但不太复杂的活动方面更有优势。 |
| 7 | 能够闭着眼睛单腿平衡；能够在 5 厘米宽的平衡木上行走；能够单腿跳，并准确地跳到小方格里(“跳房子”)；能够练习双起双落的开合跳。 |
| 8 | 能够提起 5 千克的物体。这一年龄男生女生同时参加游戏的数目最多。能够以两下—两下、两下—三下、三下—三下的模式进行不同节奏的单腿跳。女孩能够把小球投出 12 米，男孩能够投出 18 米。 |
| 9 | 男孩每秒能够跑 5 米，男孩能够把小球投出 21 米；女孩也能够每秒跑 5 米，女孩能够把小球投出 12.5 米。 |
| 10 | 能够判断远处飞来的小球的方向并截住它。男孩女孩都能够每秒跑 5.2 米。 |
| 11 | 男孩立定跳远可能达到 1.5 米，女孩约为 1.4 米。 |

Cratty，1979，转引自雷雳 著.《发展心理学》. 中国人民大学出版社，2009.

刚刚入学的儿童在大运动技能方面已有相当的发展，能够自如地进行各种基本动作，如走、跑、跳、爬行、攀登等。随着年龄的增长，儿童奔跑的速度更快了，跳得更高了，铅球也扔得更远了。在整个小学阶段，儿童在运动的柔韧性、平衡性、敏捷性以及力量方面都有了明显的改善。这一时期，儿童可以参加很多体育运动，一般来说男生比女生表现出更强的运动能力，他们跑得更快、球投得更远，但这并不能简单归因于男女生理发育的不同，很可能是因为在教养习俗方面，更鼓励男孩参加体育运动的结果。

小学儿童的精细运动技能的发展主要表现为写字与绘画技能不断发展。刚开始，儿童书写的字体较大且不够整齐，随着精细运动技能的提高，字迹变得工整而匀称，绘画也越来越有组织、有更多的细节，还可以对深度线索进行表征。

## 第二节　学龄儿童的认知发展

儿童在进入小学后，日益复杂的学习任务以及各式各样的实践活动向他们提出了新的挑战，这些都构成了其认知发展的外部动力，促使儿童在认知和智力方面获得快速发展。按照皮亚杰的认知发展理论，学龄儿童的认知发展处于具体运算阶段，能够完成前运算阶段儿童不能完成的守恒任务、思维具有可逆性。本节主要介绍儿童具体的认知能力的发展。

### 一、学龄儿童的注意发展

注意是心理活动的指向性和集中性，任何一项心理活动都离不开注意的参与。注意是一种选择机制，帮助个体把有限的认知资源放在目标物上，同时抑制无关刺激的干扰。随着年龄的增长以及大脑的发展，儿童在发展过程中，注意也是不断发展变化的。新生儿的注意被称为刺激定向(stimulus orienting)，这种注意是通过感官运动来增强外部信息的质量，如当在新生儿的一侧摇拨浪鼓时，新生儿会把头转过来，试图增强听觉和视力。婴儿时注意则从刺激定向发展为持续性注意(sustained attention，或称为集中注意)，它与行为的选择有关，如婴儿对新颖的刺激表现出更大的兴趣。持续性注意令婴儿可能“记住”刺激，当它们再次出现时，就不太可能对其产生刺激定向或持续性注意。3 个月大的婴儿注意可以持续 5～10 秒，然后持续发展，到 18 个月大时，刺激定向和持续性注意两种基本的注意过程已经发展完善。注意的个体差异很明显，婴儿的注意可能与其年长时的智力有关。一项经过重复验证的研究结果表明，婴儿6个月时对新异刺激的注意量与11岁时的智商呈负相关关系（Feldman，Futterweit，& Jankowski，1997；转引自 Richard，2005），婴儿对一个简单的刺激注意时间短，说明其加工刺激快，意味着注意发展的水平较高，因而在童年时会有较高的智力水平。

从18个月开始一直到青少年中期，注意的发展是与执行功能的发展相依随的。执行功能是与控制行为、分配认知资源、评价行为进展、用目标和计划引导活动有关的一系列心理活动。执行功能的一个重要功能就是将注意分配到与计划和目标有关的活动之中，同时忽视或抑制与目标不一致的一切事物（Richard，2005）。在一项研究中，主试向7岁、10岁和13岁的儿童出示了一些动物玩具和室内用品，玩具或者在室内用品的上面或者在室内用品的下面。然后让这些儿童回忆动物玩具的摆放位置。在该任务中，儿童需要选择性地注意特定的信息（玩具），忽略其他的干扰刺激（室内用品）。当主试提问儿童每个玩具的摆放位置时，年长儿童的成绩优于年幼儿童；然而，当主试要求儿童回忆与玩具放在一起的室内用品是什么时，年龄大的儿童的回忆成绩反而不如年幼的儿童。这说明年长儿童对那些干扰信息进行了过滤，将注意力集中到与任务有关的信息上（Miller & Weiss，1981）。

与学前儿童相比，学龄儿童会使用一定的注意策略帮助自己解决问题。一项经典研究要给4～10岁的儿童看一幅画，画上有两个房子，每个房子上有六个窗户，要求儿童判断两个房子的窗户相同还是不同。结果发现，4或5岁的儿童在比较时没有计划，只看一两个窗户，因而往往得出错误答案。但是6.5岁以上的儿童则很有计划，他们会一对一地检查两个房子上的窗户，全部比较后才得出答案（Vurpillot，1968；Vurpillot & Ball，1979；转引自 Shaffer，2004）。

注意力缺陷会严重影响儿童在学校的学习和适应，由于无法将注意力集中在任务上，这类儿童的学习能力受到损害；又由于常常表现出冲动行为，增加了老师或同学对他们的不满，可能成为学校里不受欢迎的学生。在学校里约有5%～10%的儿童患有注意缺陷多动障碍（Attention Deficit Hyperactivity Disorder，ADHD），大致可分为三种亚型，即注意缺陷（ADHD-I）、多动（ADHD-H）以及联合型（ADHD-C）。ADHD-I型儿童主要表现为注意控制、保持注意方面有困难，表现出大量的缺少注意的现象。ADHD-H型儿童主要表现为高的活动水平，冲动控制能力较差。ADHD-C型儿童则兼具两者特征。

注意缺陷多动症的诊断标准见表6-4,这类儿童通常需要药物治疗。

**表6-4　注意缺陷多动症的诊断标准**

(1) 注意缺陷:需要有6个或以上的表现。
- ■ 经常不能注意到细节或在作业或其他活动中犯粗心大意的错误。
- ■ 经常在活动或游戏中表现出不能保持注意力。
- ■ 当对他讲话时,经常表现出没有倾听。
- ■ 经常跟不上教学,不能完成练习、作业或应承担的工作。
- ■ 在组织任务或活动时经常有困难。
- ■ 经常不愿意、不喜欢甚至回避要求付出努力的任务。
- ■ 经常丢失完成学习任务必需的物品如笔、书、工具等。
- ■ 经常很容易地被外界刺激分心。
- ■ 经常在日常活动中表现得健忘。

(2) 多动症:表现6个以上症状,持续至少6个月。
- ■ 经常在座位上表现得坐立不安,手脚总动。
- ■ 在应该坐在座位上时却经常离开座位。
- ■ 经常过分地跑跳、攀爬或者报告心神不安的感受。
- ■ 做安静的游戏经常表现很困难。
- ■ 总是在走或动,好像有个马达驱动一样。
- ■ 经常不停地讲话。
- ■ 经常不等发问完毕,就脱口回答。
- ■ 在需要等待轮后时,经常表现出有困难。
- ■ 经常打断或侵犯别人。

在诊断时,这些症状必须在7岁前就已经出现。这些症状必须在至少两种情境下都出现过,如学校和家庭。其行为必须对发展适当的社会、学业或职业方面的能力造成干扰。

## 二、学龄儿童的记忆发展

与学前儿童相比,学龄儿童记忆的发展主要表现在对记忆策略的掌握与运用、对记忆过程的理解(元记忆)以及领域知识对记忆的影响上。

### (一) 记忆策略的发展

记忆策略主要指帮助个体更好地提高记忆效果的策略,从信息加工的角度来看,记忆策略包括复述、组织和精细加工。

1. 复述

复述是一种为了记住新信息而不断对其重复直到记住的过程。面对一堆要记住的新玩具,3或4岁的幼儿会仔细看并对其进行一次命名,但不会复述。而7～10岁的儿童则会进行有效的复述,复述得越多,记住的也越多。与年幼儿童相比,年长儿童能够更有效地使用复述策略。例如,当学习一个词表时,8

岁儿童更可能是一个词一个词地复述，如“猫，猫，猫”，“鸡，鸡，鸡”，“狗，狗，狗”；而年长儿童则会一组词一组词地复述，如“猫，鸡，狗”，“猫，鸡，狗”。

2. 组织

虽然复述能够帮助记忆，但单纯的重复容易让人忽略材料的意义。当材料按照语义进行组织时会记得更好。莫里等人(Moely & others, 1969; 转引自史密斯等，2006)给儿童呈现一组图片，这些图片随机地摆在儿童面前，没有特定的顺序。在这些图片中，有一些是动物的，有一些是家具的，还有一些其他主题的。儿童的任务是记住这些图片的名称。结果发现，儿童10岁之后才发现将图片按类别排列可以帮助他们记住不同类别中的所有图片。小于10岁的儿童虽然也能对材料进行组织，但只采取部分有效的方法。组织项目最好的结果是，组数少但组内的项目多，但年幼儿童的组织结果常常是，组数多但组内项目少(Frankel & Rollins, 1982; 转引自史密斯等，2006)。

3. 精细加工

精细加工就是建立项目之间的联系，以便更好地回忆它们。如要记住蚂蚁和梳子这一对词，在头脑里想象蚂蚁在梳子上爬就是一种精细加工策略。精细加工策略发展得比较晚，在青少年之前很少见到儿童自发使用该策略，可能与儿童的知识储备不足难以建立不同项目之间的联系有关(Shaffer, 2004)。

**(二) 元记忆**

元记忆是关于记忆的知识。它包括两个主要成分，第一个成分是有关影响个体记忆效果的变量的稳定知识，这些变量包括个人、任务和策略三个方面。知道一个人的记忆效果受能力(个人变量)、任务的相对难度(任务变量)以及不同策略的相对有效性(策略变量)的影响。第二个成分是对记忆的监控，包括个体对正在进行的记忆任务表现进行判断的能力以及利用策略改善表现的能力。前一个成分可以称为陈述性元记忆，后一个成分可以称为程序性元记忆。

研究表明，学前儿童就已经具有一定的陈述性元记忆知识，学龄儿童的元记忆知识稳步增长。例如给儿童看三个男孩的图片，告诉他们这三个男孩分别要记忆的项目有3、9和18个。5岁的孩子也知道项目数会影响记忆效果。极少有学前儿童能解决诸如任务难度与策略有效性等交互作用的问题，但几乎所有的小学儿童都能解决同类问题(Schneider, 2008)。

对于程序性元记忆的研究主要采取三种研究范式，学习的容易度(ease-of-learning, EOL)判断，学习判断(judgments of learning, JOLs)以及知晓感(feeling-of-knowing, FOK)判断。EOL判断是在从事任务前，要求学习者判断任务的难易程度。JOLs 判断是在完成任务的过程中或之后，要求学习者判断自己将达到或已经达到的学习水平。FOK 是指个体对不能回忆项目的再认能力(Karably & Zabrucky，2009)。这类研究表明，当采用 EOL 判断时，幼儿会高估自己的表现；但小学低年级儿童则可以对自己的表现作出准确的判断。对 JOLs 的研究发现，如果是让儿童在学习完测验材料后判断自己的记忆表现，这种能力在小学阶段是不断增长的。但是如果不要求儿童学完马上判断，而是延迟 2 分钟，年幼儿童也可以准确地监控自己的表现。FOK 判断的准确性在童年和青少年时期是不断增长的(Schneider，2008)。

### (三) 内容知识与记忆发展

一般而言，人们对一个主题知道得越多，他们学习与记忆该主题的新信息效果就越好。年长儿童之所以比年幼儿童在学习同一材料时回忆得更多，很大程度上是因为年长儿童对学习材料有更多的背景知识。知识对记忆效果究竟有怎样的影响？一项研究表明，给被试呈现一个残局，要求他们在另一个棋盘上将其复盘。结果发现 10 岁的专家棋手比成人新手表现得更好(Chi，1978)；另一项研究比较了儿童专家棋手与相同水平成人专家的成绩，发现他们回忆的效果一样好(Schneider，Gruber，Gold & Opwis，1993)。还有一项研究表明，知识对记忆的影响超过了智商对记忆的影响。该研究考察了德国儿童关于一个虚构的年轻足球运动员和他在重大比赛中经历的故事记忆。参加实验的儿童按足球知识高低和智商高低共被分为四组，结果发现高足球知识儿童比低足球知识儿童记忆故事内容更多；当同样拥有高知识时，高智商儿童并没有比低智商的儿童回忆出更多的足球比赛知识(Schneide，Korkel，& Weinert，1989)。

内容知识还会影响记忆策略的使用和有效性，与记忆不太熟悉的项目相比，儿童在记忆熟悉项目时更多地使用策略，且策略的执行也更有效。熟悉的内容还能促进新策略的学习。当教给一个 5 岁女孩学习使用“按字母顺序提取的策略”(如先回忆以 A 开头的所有名字，再回忆以 B 开头的所有名字)来记忆同学的名字。虽然是新策略，但女孩学习该策略并将其用于回忆同学姓名时非常容易。但她不能将这个策略应用到记忆一组她不认识的人的名字上(Chi，1981；以上转引自西格勒，2006)。

## 三、学龄儿童的思维发展

### (一) 学龄儿童科学思维的发展

科学思维是指在推理或问题解决情境中运用了科学探究的方法或原则

(Koslowski, 1996)。特车基(Tschirgi,1980)研究了小学2、4、6年级学生和成人是如何通过实验设计来检验假设的。采用的是自然的生活故事,故事中包含了2或3个变量,导致的结果或是积极或是消极。例如,在蛋糕情境中有3个变量:起酥油的种类(黄油或人造黄油);甜料种类(糖或蜂蜜);面粉的种类(白面或全麦面粉)。故事情节为:主人公用人造黄油、蜂蜜和全麦面粉做了一个蛋糕,并相信蛋糕做得成功与否取决于蜂蜜。要求被试回答,主人公怎样才能证明自己的观点是正确的。主试提供了三种方案供被试选择:① 用同样的甜料(即蜂蜜),但用不同的起酥油和面粉再做一个蛋糕(该策略为HOTAT,即一次保持一个变量不变);② 用不同的甜料(即糖),但相同的起酥油和面粉(该策略称为VOTAT),即一次只改变一个变量,这是不会产生混淆结果的唯一策略);③ 所有的成分都变化(该策略称为CA,即用黄油、糖和白面做蛋糕)。给被试呈现8个不同的多变量问题(好坏结果各4个)。要求其在3个选项挑选一个最佳答案。

研究发现,当结果是"积极的"时,所有年龄组的被试都倾向于选择验证性证据,采用HOTAT的比率为54%,VOTAT为33%,CA为13%。当结果是"消极的"时,所有年龄组被试都倾向选非验证性证据,采用VOTAT为55%,HOTAT为21%,CA为24%。这说明当结果为负面时,被试倾向于找到一个变量以消除坏结果;但是当结果为正面时,则倾向于保持假设的原因变量以保持好结果。年龄差异表现在,2年级和4年级更倾向于采用所有变量都改变的策略,在结果为消极时,尤其如此。特车基认为在解决日常生活问题时,个体是基于经验(如希望再现积极的结果,消除消极的结果)而非逻辑选择策略(Zimmerman, 2005)。

### (二) 学龄儿童逻辑推理能力的发展

从已知信息推论出结论的能力就是推理。最常见的推理形式有演绎推理和归纳推理。在演绎推理中如果前提是真实的,从逻辑上讲,推断出的结论就是真实的。但是归纳推理则不同,其结论有可能正确,但不能确定。请看图6-1中的例子。

| 演绎问题 | 归纳问题 |
|---|---|
| 所有的poggops都穿蓝色靴子。 | 汤柏是poggops。 |
| 汤柏是poggops。 | 汤柏穿蓝色靴子。 |
| 汤柏穿蓝色靴子吗? | 所有的poggops都穿蓝色靴子吗? |

**图6-1 演绎问题与归纳问题的不同**

(Galotti, Komatsu, & Voelz, 1997;转引自西格勒,2006)

皮亚杰认为具体运算阶段的儿童能根据自己的生活经验进行归纳推理，但演绎推理则要到青少年时期才开始发展。但是新的研究并不支持皮亚杰的观点。研究者给幼儿和小学2、4、6年级学生16个归纳问题和16个演绎问题，这些问题有意排除了现实生活中的经验。结果发现小学二年级学生就可以正确回答两类问题，明白二者的差异，并能对自己的答案进行解释，他们对演绎问题的答案也比归纳问题的答案更有信心(Galotti, et al., 1997；转引自 Papalia, 2005)。

### (三) 学龄儿童学业技能的发展

小学阶段，儿童要掌握基本的读、写和计算技能。大部分的儿童经过系统的学校教育都能取得良好的成绩，但也有一些儿童存在学习困难。

#### 1. 小学儿童数学能力的发展

数学能力一般包括计算能力、逻辑思维能力和空间想象能力。李丽(2005)对《德国海德堡大学小学生数学基本能力测试量表》进行修订并分别建立了中国城乡小学生数学基本能力测试量表的常模。该量表包括以下领域：① 数学运算领域，由加法、减法、乘法、除法、填空和大小比较6个分测试组成，用来评定学生的数学概念、运算速度和计算的准确性。② 逻辑思维与空间—视觉功能领域，由续写数字、目测长度、方块记数、图形记数、数字连接5个分测试组成，用来评定学生数学逻辑思维、数字规律识别、空间立体思维、视觉跟踪能力。研究发现我国小学生数学能力的发展存在地域、和性别差异，华东和华中地区学生的数学能力发展较好，而西南地区学生的数学能力偏低。男生数学能力发展优于女生。与德国小学生数学能力的比较研究发现，在数学运算领域，中国学生明显优于德国学生。而在空间—视觉功能领域，中国学生则无优势可言，甚至在某些分测试上的得分还低于德国儿童，中国学生的猜想和推理能力、观察和抽象能力、空间想象能力普遍不高。

#### 2. 小学儿童阅读能力的发展

阅读能力是语文能力的核心。研究者认为语音意识与儿童阅读能力的发展关系密切。语音意识是对言语的语音规则的意识，如发音规则、拼读规则、语音与单词结合的规则等。语音意识存在不同的水平，如音节意识、音位意识和音节内的语音单位的意识(首音—韵脚意识)。姜涛和彭聃龄(1999)研究了小学3、4、5年级高、低阅读水平学生的语音意识特点，语音意识测验包括三个方面：① 音节意识：如让学生判断两个双字词之间有无相同的音节(如"学习—上学","草地—潦草","目标—树木")。② 首音—韵脚意识：如让学生判断双音词是否含有相同的韵母(如“认真”);或让学生判断双字词是否含有相同的声母(如“巩固”)。③ 音位意识:如让学生判断在给出的四个字中哪个与其他字有不同的音;或者删除一个音位后再读出发音,如“量”去掉音位“i”,读“lang”(狼)。结果发现:小学儿童从3～5年级的语音意识有明显提高,4年级似乎是一个过渡阶段。不同阅读水平的学生在语音意识测验上的成绩差异显著,任务难度越大,高、低阅读水平的学生之间的差异越大。

# 第三节 学龄儿童人格与社会性发展

学龄儿童处于埃里克森所划分的第四发展阶段,该阶段的发展任务是获得勤奋感,克服自卑感。在完成这一任务的过程中,如果儿童不断获得成功的体验,就会变得越来越自信,越来越勤奋;相反,如果这一时期儿童屡遭失败,常常遭到成人的批评或惩罚,就会形成自卑感。

## 一、学龄儿童自我的发展

自我是人格中最核心的成分,它是在社会化过程中逐步产生的。美国心理学家詹姆斯认为,自我包括主体我和客体我两个部分。主体我是作为行动者和观察者的我,客体我是指被观察的我或者自我认知的对象。客体我也称经验自我,是经验与意识的主体,是“所有一切个人可以称为属于他的全部东西”,包括身体、物品、社会关系及心理特征,等等。在心理学领域中,关于自我的研究主要集中在客体我,即自我概念方面。发展心理学家对儿童的自我概念进行了深入细致的研究,并获得了丰富的研究成果。

### (一)自我概念

自我概念主要是指个体对自己的形象以及有关人格特质所持有的整合知觉与态度。詹姆斯认为自我概念由身体我、社会我和精神我组成,它们构成一个层级结构,其中身体我处于最底层,精神我在顶部,其他的各种物质的和社会的自我居中。然而,戴蒙和哈特则认为,儿童的自我概念的发展并非遵循“从表面到深层”或者“从身体到心理”这样的发展顺序,即使是非常年幼的儿童也会对活动的自我和社会的自我加以描述,也能够认识到精神方面的自我。因此,戴蒙等人将儿童的自我概念划分为:身体我、活动我、社会我和心理我,并且从童年到青少年阶段这4种自我概念的发展都可以分为4个水平,分别具有不同的特点:童年早期的特点是分类识别,童年后期的特点是比较性评价,青少年早期的特点是人际关系含义，青少年后期的特点是系统的信念和计划。小学生一般处于第 1 和第 2 个水平，具体见表 6-5。

**表 6-5　学龄儿童自我概念的特点**

| | 身体我 | 活动我 | 社会我 | 心理我 |
| --- | --- | --- | --- | --- |
| 水平 1 | 根据体形、性别、种族、年龄、穿着等描述自我。如：“我个子高。” | 根据个体参加的或被期望、允许或不允许参加的典型活动来描述自我。如：“我打篮球。” | 根据个人与家庭、朋友或其他社会人物的关系或社会团体的成员资格来定义自我，如：“我有个妹妹。” | 根据个人的情绪、思想和态度来定义自我，但尚未涉及永久性的性格、能力或信念。如：“我是个快乐的人。” |
| 水平 2 | 根据能够反映或者影响一个人能力的身体或物质属性对自我进行比较性评价。如：“我比别的孩子跑得快。” | 根据与他人、规范标准或对自己在不同环境中行动和能力的比较来定义自我，这种比较可以是外显的，也可以是内隐的。如：“我学习不是很好，总是得 C 和 D。” | 根据他人的反应来考虑自己的能力，这些反应可以包括赞成、不赞成或任何形式的情感反应。如：“当我打球时，我的父母为我喝彩，让我知道我打得好，这令我感到骄傲。” | 根据能反映人的认知能力、相对的认识或与能力有关的情绪状态的心理术语来解释自我。如：“我不像其他孩子那样聪明，我做功课花的时间长一点。” |

资料来源：李晓东 主编. 小学生心理学. 人民教育出版社，2003.

小学儿童在自我认识的发展上经历了几方面的变化。首先，儿童对自我的认识不再仅仅局限于外在的和身体方面的特征，他们开始更多地关注心理方面的特征。比如，6 岁的儿童会这样形容自己：“跑得很快，擅长绘画。”这些描述关注的是外在的活动技能。相反，11 岁的儿童则会这样描述自己：“一个非常聪明、善良、乐于助人的孩子。”他们更侧重于心理特征和内在品质的描述，更为抽象。其次，儿童关于自我的认识开始多样化，他们能够关注到自我的多个方面，比如年长儿童会发现自己并非在所有的事情上都很擅长，儿童会这样描述自己：“我擅长数学，但语文学得不好；我的特长是绘画，但体育却不太好。”此外，儿童还学会了通过社会比较来评价和认识自己，而且，他们逐步地学会和那些与自己相似的人进行比较。例如，儿童会在考试成绩公布之后去密切关注他人的成绩，然后得出“你成绩比我好”或者“我成绩比你好”的结论。

学习是儿童在小学阶段的主要任务，因此小学儿童的自我概念开始逐渐地分化为非学业领域和学业领域。非学业领域的自我概念包括：长相、同伴关系及身体方面的能力。学业自我概念与儿童对自己在不同的学业领域，如语文、数学、外语、科学等方面相对应的能力知觉有关。学业自我概念在小学儿童自我的发展中占据重要地位，研究者们对此进行了大量的研究。通常认为，学业自我概念是个多维度的结构，与具体学科有着很强的对应性，例如，一个学生如果对自己的数学能力知觉较高，而对语文的能力知觉较低，那么他就可能会形成积极的数学自我概念和消极的语文自我概念。根据有关研究结果来看，学业成绩对小学儿童的自我概念有重要的影响，学习成绩的提高有助于提高学生的学业自我概念。此外，社会比较在学生学业自我概念的形成过程中也起着重要作用。如果一个儿童经常进行向上的社会比较，往往会感受到自己不如别人，就会体验到较多的挫折感，可能就会形成消极的学业自我概念，从而丧失学习的信心。相反，一些儿童虽然学习成绩并不十分突出，但他们却拥有积极的学业自我概念，原因就在于他们往往会进行向下的社会比较，但这也可能会导致儿童对自己的评价过高，形成不切实际的自我概念。

### （二）自尊

自尊虽与个体对自己的能力知觉有关，但二者并不是同一结构。能力知觉是对个人的技能与能力的认知判断，它是这样一些信念，如：你能学习社会科学，你能踢足球，或你能交到朋友。自尊是对自己的一种一般性的情感反应或评价，如：你对自己很不满意因为你在文科方面表现得不好，或者你因为球踢得好而自我感觉良好。詹姆斯(1890)认为自尊是成功与抱负的比率。如果一个人能够实现所有的目标，那么他的自尊就会高一些。哈特(1990)认为儿童自尊的水平是两种内部评价或判断的产物。一是儿童的理想我和现实我之间的差距。他想成为一个什么样的人，与他现在是什么样的人之间的差距。如果两者之间差距大，表示儿童没有实现自己的目标，他的自尊心就低，差距小，自尊心就高。每个儿童给自己定的目标不同，有的孩子看重的是学业能力，有的孩子看重的是运动能力或是否有好朋友。但是决定自尊高低的关键是儿童想达到的目标与他目前的表现之间的差距。如果一个儿童很看重跑得快不快，但他又不擅长跑，他的自尊心就比不擅长跑步但也不看重跑步能力的儿童低。同样一个儿童虽然擅长某项工作，但是如果他并不看重的话，也无助于提高儿童的自尊。影响儿童自尊的第二个方面是重要他人的支持。如父母、老师和同伴是否喜欢儿童现在的样子。社会支持高的儿童往往比社会支持低的儿童有更高的自尊。哈特认为如果儿童缺乏足够的社会支持的话，即使理想我和现实我之间的差距小，也不能保证儿童有高的自尊。同样，即使有足够的社会支持，但理想我和现实我之间的差距大，也同样不能保证儿童有高的自尊。所以，两方面都很重要。

小学中低年级的学生对理想我和现实我还难于区分，对自己的能力评价也不够客观和准确，一般是倾向于高估自己的能力，对自己正面的评价较多，因此中低年级的小学生一般自尊心水平较高。到了小学高年级，儿童开始能够用较为客观的标准来评价自己，能够与同伴作更多的社会比较，因此趋向于更诚实更客观地评定自己，自尊心趋向中等水平(李晓东，2003)。

## 二、学龄儿童的情绪情感发展

相对于基本的情绪理解，对于复杂的自我意识情绪的理解更有赖于儿童自我认知能力的发展。所谓自我意识情绪(self-conscious emotion)是指在个体自我意识的基础上，有自我参与的一种高级的情绪，例如自豪、内疚、羞耻和尴尬等。随着年龄的增长，小学儿童已经能够逐步理解诸如自豪感、内疚感之类的一些高级的情绪情感。陈琳等人(2007)运用情绪词汇，以反应时间为指标，考察小学生对四种不同类别情绪(基本积极情绪、基本消极情绪、积极自我意识情绪、消极自我意识情绪)的认知发展差异，结果发现，儿童对消极自我意识情绪的认知加工速度最慢；在对引发情绪的原因、情绪的外在行为反应、情绪的后继调节三个维度的认知中，儿童对情绪行为认知的加工速度最快。这表明，就小学生而言，对基本积极情绪、基本消极情绪、积极自我意识情绪的认知相对比较容易，对消极自我意识情绪的认知相对较难，对引发情绪的原因、情绪的后继调节的认知，比情绪的外在反应的认知相对困难些。王昱文等人(2011)运用自我意识情绪理解情境故事考察了小学儿童自我意识情绪理解的发展特点，结果表明，小学1年级学生已具备了一定的自我意识情绪理解能力，但处于较低水平，小学儿童自我意识情绪理解水平存在着显著的年级差异，随着年级的升高而提高，1～3年级自我意识情绪理解总体水平提高得较快，而在3年级以后逐渐变缓慢。

从7、8岁开始，儿童就逐渐能够体验和理解一些冲突性情绪。哈特将儿童对于冲突性情绪的理解划分为5个阶段，具体见表6-6。

**表6-6　儿童对冲突性情绪的理解水平**

| 发展阶段 | 儿童的理解 | 儿童的回答 |
| --- | --- | --- |
| 0水平：3～6岁 | 儿童不明白两种情绪可以共存。他们甚至还不能够区分两种类似的情绪，比如愤怒和伤心。 | “你怎么可能同时拥有两种感受？你只有一个大脑啊！” |

续表

| 发展阶段 | 儿童的理解 | 儿童的回答 |
|---|---|---|
| 1 水平：6～7 岁 | 儿童开始能够对积极和消极的情绪进行分类，他们能够同时意识到两种情绪，但前提是这两种情绪必须都是积极的或者消极的，而且还要同时指向同一个对象。 | “如果我弟弟打了我，我会感到很愤怒，同时也感到很伤心。” |
| 2 水平：7～8 岁 | 儿童能够识别同一类别、指向不同对象的两种情绪，但却不能够理解同时拥有完全对立的两种情绪。 | “我感到很兴奋，因为我要去墨西哥，在那里我可以见到我的祖父母。我没有害怕；我不可能同时感到既高兴又害怕；如果那样的话，我就可能成为两个人了。” |
| 3 水平：8～10 岁 | 儿童能够将一系列的积极情绪和消极情绪加以整合，他们能够理解一个人同时可以拥有两种完全对立的情绪，但前提是这些情绪分别指向不同的对象。 | “我弟弟让我很恼火，于是我掐了他一下。令我高兴的是，爸爸没有打我。” |
| 4 水平：11 岁 | 儿童能够描述出几种相互冲突的情绪，这些情绪都指向同一个对象。 | “要去新的学校了，我感到很兴奋；但同时我也有一些恐慌。” |

资料来源：Papalia，et al.（2005）Human Development.

小学儿童在日常学习和活动中不仅能够体验到各类情绪情感，而且他们还学会了在特定的情境下对自己的情绪加以调控，以更有效的方式来表达自己的情绪情感。儿童到了六七岁的时候，就开始表现出掩盖自己真实情绪状态的能力，他们已经知道如何根据社会文化规则来表达情绪。到了小学高年级阶段，儿童已经逐渐能够意识到自己的情绪表现以及可能产生的后果，控制和调节情绪的能力也逐渐加强。情绪调节能力的发展意味着儿童开始学会适应复杂的社会生活。有研究表明，小学生情感自我调控能力随年龄增长而增长，而对喜怒哀惧这四种情绪的移情能力则随年龄增长而呈下降趋势。研究者认为，小学生移情发展的下降趋势可能正反映了其情感自控能力的提高（王景英，盖笑松，1998）。

## 三、学龄儿童的人际关系

随着儿童年龄的增长和认知能力的发展，他们会试图摆脱父母的控制，努力去探索外部的世界。在小学阶段，儿童在学校学习和活动的时间不断增多，与父母相处的时间逐渐减少，相应地，他们的人际关系也有了新的变化。小学儿童的人际关系网络主要由父母、同伴和教师构成，他们各自对小学儿童的心理发展产生独特而又不可替代的影响。美国心理学家哈吐普（Hartup,1989）认为，儿童与父母、老师的关系是一种垂直关系，交往双方的地位不同，上下有序，双方表现出的行为不同，通常是一种互补的关系。家长和教师为儿童提供的是必要的安全与保护，在这种关系中，儿童学会了基本的社会技能。儿童与同伴的关系是一种水平关系，交往的原则是平等互惠，彼此的行为也非常类似。在这种社会交往中，儿童有机会实践他们的社会技能，并且学会只有在平等的关系中才能学会的社会技能，如合作、竞争和建立亲密关系等。

### （一）亲子关系

尽管同伴关系对于小学儿童来说变得日益重要，然而他们的影响并没有超出家庭和父母对于儿童的影响。小学儿童对家庭和父母仍有很强烈的依赖感，因此亲子关系的质量在儿童的心理发展过程中占据极其重要的地位。

#### 1. 父母的教养方式对学龄儿童的影响

父母在教养孩子时，有两个方面非常重要，一是温情，二是控制。温情是指父母对孩子作出的反应的性质与数量。有些父母对孩子的要求非常敏感并积极作出回应，对孩子亲切和蔼。当孩子有良好的表现时，热情地赞扬、肯定、鼓励他们，为他们的出色表现感到骄傲。有些父母则表现得冷漠迟钝，对孩子的表现熟视无睹，很少作出反应，或者常常责备孩子，这种家庭里的孩子往往很少感到家庭的温暖、父母的爱护，他们常常觉得自己是多余的、不受重视的。控制是指父母对儿童管理和监督的程度。有些家长对子女有很多的要求，严格要求儿童执行，并伴有赏罚措施；有些家长则给孩子较多自由发展的空间，允许孩子发展自己的兴趣、爱好，表达思想和情感。温情与控制是两个相互独立的维度，它们可以组成四种教养方式：权威型、专制型、放纵型和忽视型。① 权威型父母。他们对孩子的态度是肯定和接纳的，对孩子的控制是建立在理性的基础之上的，在向孩子提出要求或命令时，通常会解释这样做的理由，同时亦能倾听儿童的心声，考虑儿童的需要。权威型父母的孩子往往更可能服从父母的要求，更加独立与自信。他们往往有较好的学业成绩，有更高的理想与抱负，与同伴相处融洽，表现出较多的利他行为。② 专制型父母。他们对孩子严厉、粗暴，缺少温情。他们滥用权力，要求儿童绝对服从，却很少解释这么做的原因。为使儿童服从，他们常常运用惩罚和剥夺爱的策略。由于亲子之间缺乏沟通，专制型父母的孩子无法向父母学到适当的社会技巧，一般不善于交往。对学校生活适应较差,有些孩子对他人充满敌意、攻击性很强、不能自控。有些孩子则是抑制、退缩的,缺乏自信,游离于群体之外。③ 放纵型父母。他们对孩子高度接纳和肯定,允许孩子自由表达思想和感情,但很少提出控制和要求。由于父母对孩子的迁就,放纵型父母的孩子,没有学会处理问题的方法,在学校与同伴相处时的表现往往不够成熟,攻击性强。他们的责任心和独立性都较差。④ 忽视型父母。对孩子缺少关注与爱,很少提出要求与控制,对儿童的要求缺乏回应,让儿童感觉受到忽视与冷落,情感需求得不到满足。忽视型父母的孩子社会交往及学业表现上往往都会存在问题,也更可能出现行为偏差。

大量研究结果表明,父母的教养方式与儿童的学校适应状况、学业成绩、情绪情感体验、反社会行为均有一定的关系。父母严厉型教育方式与儿童被负向提名、儿童的攻击性和学习问题有显著的正相关,与儿童被正向提名、儿童的害羞、儿童的语文和数学成绩有显著的负相关,最近,我国有研究者对父母教养方式与小学学业不良儿童孤独感的关系进行了考察,结果发现:相对于正常儿童,学业不良儿童的父母采用的教养方式更为严厉,对孩子的态度倾向于拒绝和否认,缺少认同和情感支持;父母的惩罚严厉、拒绝否认是影响学业不良儿童孤独感的主要原因(谷长芬,张庆平,2008)。另外,帕特森等人(Patterson, et al.,1989)提出了一个习惯性反社会行为发展模式,从中可以看出父母教养方式与青少年违法行为的关系,见图 6-2。

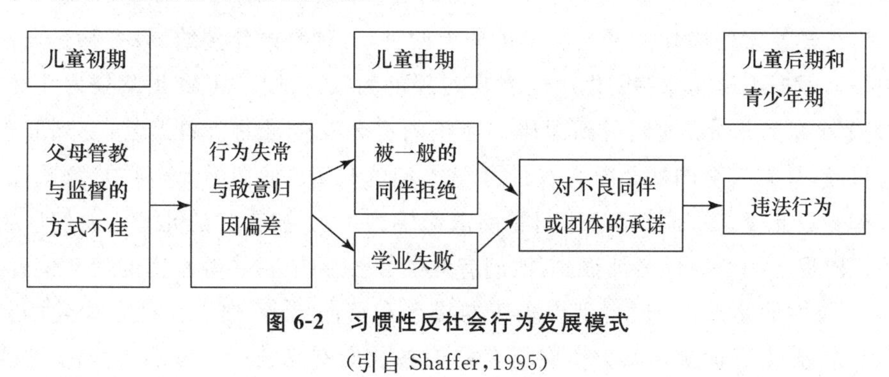


**图 6-2 习惯性反社会行为发展模式**

(引自 Shaffer,1995)

### (二) 同伴关系

同伴关系,尤其是友谊关系对儿童的影响不亚于父母对儿童的影响,它对儿童社会技能的习得以及正常社会行为的发展具有相当重要的作用。通过与同伴共同的游戏和活动,儿童能够有机会去实践他们在家庭中获得的社会技能,在同伴关系中儿童可以学习各种技能,交流经验,宣泄情绪,获得社会规范,等等。同伴交往还能够促进儿童社会认知的发展,儿童能够从其他同伴那里获得新知识、问题解决的新方法。同伴关系还作为一种重要的安全感的来源,对儿童适应社会生活具有重要的意义。

安娜·弗洛伊德等人对第二次世界大战后6个德国犹太裔孤儿进行了追踪研究。这些孩子出生后父母就惨遭杀害,他们在集中营中度过了早期依恋形成的关键期,期间没有和任何成人建立亲密的关系。第二次世界大战结束后,他们被带到英国,得到了细心的照料。通过观察发现,他们之间形成了极其亲密的情感联结,彼此之间有很强烈的依恋感。在相互交往过程中,他们表现出很强的亲社会行为,能够分享,相互帮助。正是同伴之间的相互支持,避免了亲子依恋关系的缺乏可能导致的问题的产生。

哈洛等人对父母与同伴对猴子的社会适应是否具有不同的功能进行了研究。他们将幼猴分为两组。一组称为"只有妈妈的猴子",这些幼猴单独与母猴待在一起,没机会接触同伴。结果发现,这些猴子无法发展出正常的社会行为模式。当它们有机会与同龄猴子接触时,会表现出逃避行为,或者表现出强烈的攻击性,这种反社会倾向常持续至成年期。另一组称为"只有同伴的猴子",将幼猴与母猴分开饲养,但与其他同龄的幼猴待在一起。结果发现,这些幼猴之间形成了强烈的相互依附的情感,不愿去探索,长大后对团体之外的猴子有很强的攻击性。但在团体内,它们会发展出正常的行为模式。

小学儿童的同伴关系基本上可分为两种,一种是同伴接纳,另一种是友谊关系。根据小学儿童在团体中的受欢迎程度和社会地位,可将儿童分为5类:① 受欢迎的儿童:他们得到同伴许多正向提名及少量的负向提名,受到同伴的喜爱,具有较高的社会影响力。② 被拒绝的儿童:他们不受多数儿童欢迎,只有少数儿童喜欢他们,但他们有高的影响力。③ 被忽略的儿童:他们所得的正向提名和负向提名都很少,他们有低的社会影响力,中等程度的社会偏爱。④ 争议性的儿童:他们得到许多正向提名和负向提名,他们在社会偏爱的得分是中等的(正向提名减去负向提名),但是他们有高的社会影响力。⑤ 普通地位的儿童:他们得到的正向提名和负向提名都是一般程度的。其中受欢迎的儿童往往比较活泼外向、对人友善、善于合作、富有同情心,表现出较多的亲社会行为,较少表现出敌意和攻击性行为;而被忽略的儿童往往是害羞和退缩的,也很少引起他人的注意;被拒绝的儿童往往攻击性强,不爱合作,缺乏解决社会问题的技能,亲社会行为较少。被拒绝和被忽略的儿童都没有被同伴接纳,这对于他们适应学校生活是非常不利的。儿童所指出的受欢迎的儿童和不受欢迎的儿童分别具有以下特征，见表 6-7。

**表 6-7　儿童指出朋友身上最受欢迎和最不受欢迎的行为**

| 最受欢迎的行为 | 最不受欢迎的行为 |
| --- | --- |
| 有幽默感 | 言语攻击 |
| 乐善或友好 | 表达愤怒 |
| 乐于助人 | 不诚实 |
| 赞美别人 | 批判的、批评的 |
| 邀请别人参与游戏等 | 贪婪的、专横的 |
| 分享 | 身体攻击 |
| 避免不愉快的行为 | 令人讨厌或者烦恼 |
| 应允或给予控制权 | 嘲笑他人 |
| 提供指导 | 妨碍成功 |
| 忠诚 | 不忠实 |
| 表现非常了不起 | 违反规则 |
| 促进成功 | 忽视他人 |

资料来源：费尔德曼著(2007).发展心理学——人的毕生发展(第四版)

随着儿童交往范围的扩大，他们逐渐与一个或者多个同伴形成了比较密切的友谊关系，获得友谊也成为他们社会生活的重要组成部分。友谊对于小学儿童的社会性发展有着重要的影响。在友谊中，儿童获得关于外部世界以及自身的信息，友谊还能够给儿童提供情感方面的支持，帮助他们更好地应对压力，此外，还能够使儿童避免成为受同伴攻击的对象。从友谊中儿童学到了如何建立亲密关系，并且友谊给他们提供了社会支持和安慰，这些使得儿童在遇到压力事件时，如父母离婚，也能够保持良好的自我感觉。此外，友谊还能够使儿童远离孤独，在面临新的挑战时可以勇敢面对。

儿童之间的友谊关系也是不断发展的。8 岁之前，儿童的友谊的基础主要是共同活动，认为朋友就是住在附近的同伴，而且喜欢和他们玩。8～12 岁，由于儿童观点采择的能力增强，他们更能够推断他人的需求、动机、意图和渴望。这一年龄阶段中，友谊的基础是心理相似性，朋友之间应该有共同的兴趣、特性和动机，朋友应该是忠诚、合作、友好的。鲁宾(1980)对不同年龄的儿童提出了这样一个问题："什么是朋友?"3 岁儿童回答说："我们现在是朋友，因为我知道伙伴的名字。"8 岁儿童回答说："朋友就是，如果你对他们好，他们也对你好。"而 13 岁的儿童则会这样回答："朋友是你能够和他分享秘密的人。"

小学儿童友谊概念的发展大致可以划分为三个阶段：小学二三年级处于

第一阶段，即得失阶段，这一阶段的特征是，朋友是住得较近、有好玩具、喜欢与自己一起玩、玩自己喜欢的游戏的同伴。到了小学四五年级，开始处于第二阶段，即常规阶段，这一时期的价值观和准则变得重要了，朋友应该是互相支持、互相忠诚的人，还应该彼此共享一切，帮助、合作，彼此不打架。小学五年级开始处于第三阶段，即移情阶段，这一时期儿童开始把朋友看做是有共同兴趣、希望互相了解、互相透露小秘密的人。

此外，小学儿童的友谊关系还呈现出了一定的性别差异。女孩喜欢室内游戏，而且比较排外，重视朋友之间的亲密感，不太关心朋友的数量多少，而男孩的朋友圈子更大，但往往彼此之间不太亲密，更喜欢户外大场地的游戏活动。无论男孩还是女孩，在友谊关系的选择方面，儿童都是主动地避免与异性同学交往，都更倾向于选择同性别的朋友，在同伴关系中呈现出明显的性别隔离。

在小学阶段，男生与女生的另一个差别表现在攻击行为方面。表 6-8 是一项基于教师评定的 4～11 岁男女生攻击行为的差异。由表 6-8 可以看出，男生比女生表现出更多的攻击行为，但我们并不能由此就简单地得出男生比女生有更强的攻击性的结论。研究发现，女生在小学阶段的攻击主要表现为关系攻击(relational aggression)，其具体表现有伤害他人的自尊或破坏同伴关系、冷酷的八卦或蔑视的表情等，而男生的关系攻击比例很低。

**表 6-8　基于教师评定的 4～11 岁男女生的攻击行为**

| 行为 | 男生 | 女生 |
|---|---|---|
| 对他人不友好 | 21.8% | 9.6% |
| 对他人进行身体攻击 | 18.1% | 4.4% |
| 多次参与打架 | 30.9% | 9.8% |
| 毁坏个人物品 | 10.7% | 2.1% |
| 毁坏他人物品 | 10.6% | 4.4% |
| 威胁要伤害他人 | 13.1% | 4.0% |

引自 (Offord, Boyle, & Racine, 1991)

**阅读栏 6-2　学校里的欺负**

“一个学生受到另外一个或几个学生如下对待时，这个学生就是在受欺负：说难听的话、取笑或取难听的外号；将他排斥在朋友群体之外、故意不理他；打、踢、推、撞或威胁；散布谣言、散布恶意小纸条以使别的学生不喜欢他；做其他诸如此类的伤害性事情。”上述事情经常发生，并且对受欺负的学生来讲，他难以保护自己，那么，这个学生就是在受欺负。当一个学生经常被别人以伤害性方式讽刺时，也是受欺负(Olweus, 1993)。

张文新等对9235名山东和河北中小学生调查发现，在小学阶段，受欺负者和欺负者所占比例分别为22.2%和6.2%，其中严重受欺负者和欺负者所占比例分别是13.4%和4.2%。在中小学阶段儿童总体上受言语欺负的比例最高，其次是身体欺负，关系欺负的发生率最低。在小学阶段，男生受身体欺负和关系欺负的比例均高于女生，在受言语欺负方面无性别差异。

受欺负通常导致个体产生抑郁、焦虑、孤独等心理问题。受欺负者易为同伴所拒绝，不受欢迎。受欺负通常造成儿童对学校的消极态度，厌恶学校，甚至会逃学或辍学。受欺负的经历以及所产生的消极情绪也会导致儿童无法专心学习，导致成绩低下。

欺负他人的儿童通常会因富有攻击和破坏性等遭到正常同伴群体的拒绝，易卷入不良同伴团伙，会表现出很多不良的行为问题。他们由于经常表现违规行为而受教师的批评导致与老师的情感疏远，进而产生对学校的消极情感，从而影响学业成绩。

引自 张文新，纪林芹.关注学校中的欺负问题.教育科学研究，2005(1).

## 四、学龄儿童观点采择能力的发展

观点采择能力充分体现了儿童社会认知能力的发展。所谓观点采择能力，是指一种采纳他人观点和理解他人的思想与情感的能力。观点采择能力与个体的道德判断以及对他人的移情能力的发展是密切相关的。塞尔曼（Rober Selman，1980）认为，当儿童能够将自己和他人的观点加以区分，并能了解这两种观点之间的内在差异的时候，他们对自己和他人的了解就更加客观和准确。

塞尔曼（1976）用两难故事来考察儿童观点采择能力的发展：

霍莉是一个8岁的女孩，她喜欢爬树。她是附近最好的爬树高手。一天，当她从一棵高高的树上往下爬的时候，摔下来了……但是没有伤到自己。父亲看到她掉下了，感到很不安，要她答应以后再也不爬树了，霍莉答应了。

后来的一天，霍莉与朋友遇到了肖恩。肖恩的猫爬到了树上不能下来。现在必须马上采取行动，否则猫有可能掉下来。只有霍莉有能力将猫救下来，但是霍莉想到了曾经给父亲的承诺（Selman，1976）。

为了评估儿童怎样理解霍莉、父亲和肖恩各自的观点，研究者问："霍莉知道肖恩对小猫的感觉吗？如果霍莉的父亲发现她又爬树了，父亲的感觉会怎样呢？如果父亲发现霍莉又爬树了，霍莉会认为父亲将会做什么呢？在这种情景下你会怎样做？"

通过儿童对这些问题的回答进行分析，塞尔曼(1976)得出结论，认为观点采择能力是以类似阶段的形式发展着，并且将这种发展划分成了五个阶段，具体见表 6-9。

**表 6-9　塞尔曼的观点采择阶段**

| 观点采择阶段 | 对两难问题的典型反应 |
| --- | --- |
| 水平 0：未分化的观点采择(3～6 岁) | 儿童会认为霍莉会去救小猫。当问及霍莉的父亲将会有什么反应时，儿童认为"他会很高兴，因为他喜欢小猫"。也就是说，儿童因为自己喜欢猫，就以为霍莉和她父亲也喜欢猫。表明儿童还未能将自己和别人的观点加以区分。 |
| 水平 1：社会信息的观点采择(6～8 岁) | 当问到霍莉的父亲是否会生气时，儿童回答："要是不知道她爬树的原因，他会生气的；但如果知道了原因，他会理解的。"表明儿童意识到别人可能拥有和自己不同的观点，但他们相信这只是由人们接触到的信息不同所导致。 |
| 水平 2：自我反思的观点采择(8～10 岁) | 儿童认为霍莉会爬树救小猫，因为她知道父亲会理解她的行为的。但是当问到父亲是否希望霍莉爬树时，他们会给出否定的回答，因为他们知道父亲担心霍莉的安全。表明儿童已经知道，即使得到的信息完全相同，别人也会有和自己不一样的观点。这一阶段的儿童能够设身处地站在他人的角度理解和预测他人的行为。但他们还不能同时考虑自己和他人的观点。 |
| 水平 3：第三方的观点采择(10～12 岁) | 儿童会站在中立的角度叙述霍莉的困境，他们认为霍莉和父亲都能从对方的角度思考问题。表明儿童可以同时考虑自己和他人的观点，并想象自己站在第三方的立场来考虑问题。 |
| 水平 4：社会的观点采择(12～15 岁) | 儿童认为霍莉不会因为爬树而受到父亲的处罚，因为他们认为大部分父亲都会赞同她的做法的。这一阶段的儿童会将他人的观点和社会系统中的"一般他人"的观点加以比较。 |

根据塞尔曼的观点，小学阶段的儿童通常处于观点采择能力的第 3 或第 4 阶段，他们开始能够推断他人的需求、动机、意图和愿望，并以有效的方式来处理各种两难问题。观点采择能力发展良好的儿童通常会比相应技能较差的儿童社会化能力更强，在同伴中更受欢迎，他们往往会表现出更多的同情心和助人行为，这主要是由于他们能够更好地推断同伴对帮助和安慰的需要(Eisenber，Zhou & Koller，2001；Shaffer，2000)。

张文新和郑金香(1999)采用情境故事法，对 425 名幼儿园大班及小学生的认知观点采择能力和情感观点采择能力进行了研究。认知观点采择指对他人关于某一事件或情景的思想或知识的推断。情感观点采择是指在角色采择基础上对他人情感的推断。结果发现,在认知观点采择能力方面,幼儿园大班儿童与小学二年级学生之间无显著差异,四年级和六年级学生之间也无显著差异,但前两个年龄组学生的得分显著低于后两个年龄组学生的得分。在情感观点采择任务上,大班儿童与二年级学生之间无显著差异,四年级和六年级学生之间有显著差异,六年级学生得分显著低于四年级学生。前两个年龄组学生的得分显著低于后两个年龄组学生的得分。儿童在情感观点采择任务上的得分显著低于认知观点采择任务。

## 五、学龄儿童的亲社会行为

个体在婴幼儿时期就会表现出同情、分享、助人等利他行为,但这些行为相对还是比较少的,而且通常与周围成人的期望和赞许有关。到了小学阶段,儿童开始表现出越来越多的分享和助人行为,他们的亲社会倾向也越来越明显。通常,人们认为女孩比男孩更乐于助人、慷慨或者富有同情心,女孩往往会比男孩更多地用面部和言语方式表达同情(Hastings 等,2000)。然而,大多数研究发现,在自我报告体验到的同情数量方面,以及对他人进行安慰、帮助或者分享资源的意愿方面,女性和男性几乎没有什么差别(Eisenberg & Fabes,1998)。

亲社会道德推理和移情作为非常重要的社会认知因素和情感因素,在儿童亲社会行为发展方面起着重要的作用。有研究结果显示,儿童的亲社会道德推理水平可以预测其亲社会行为。艾森伯格等人(1999)在一项纵向研究中发现,那些在 4、5 岁时就表现出较多的自主分享行为并且亲社会道德推理水平相对成熟的儿童,在随后的岁月里仍然会更加助人、更多地为他人着想,他们对亲社会问题和社会责任的推理也更加复杂化和成熟化。艾森伯格将个体从儿童早期到青少年时期的亲社会推理能力的发展划分为 5 个阶段,具体见表 6-10。

**表 6-10　艾森伯格的亲社会道德推理水平**

| 水平 | 年龄阶段 | 典型性特征 |
| --- | --- | --- |
| 快乐主义 | 学前、小学低年级 | 只关注自己的需要,是否提供帮助主要根据是否会对自己有利。如"我不能帮助她,否则宴会我会迟到的"。 |
| 需要定向 | 小学和少数学前儿童 | 把他人的需要作为提供帮助的合理根据,但很少表现出移情,不能帮助时也不会产生内疚感。如"我帮助她是因为她需要帮助"。 |
| 模式化的赞许定向 | 小学和一些中学生 | 关注外界的赞许,对好与坏的刻板印象在很大程度上影响到个体的思维。如"如果我帮助了别人,妈妈会表扬我"。 |

续表

| 水平 | 年龄阶段 | 典型性特征 |
| --- | --- | --- |
| 移情定向 | 小学高年级和中学生 | 开始根据移情作出判断,有时候也会根据责任和价值观作出判断。如"因为她很痛苦,能帮助她我很高兴"。 |
| 内化的价值观定向 | 少数中学生 | 根据内化的价值观、规范、信念和责任判断是否提供帮助;违背这些原则会削弱个体的自尊。如"我拒绝捐款是因为慈善机构浪费了太多的筹款,很少把它给予真正需要帮助的人"。 |

资料来源:Eisenberg, Lemmon, & Roth, 1983

艾森伯格(1999,2001)认为,儿童移情能力的发展能够在很大程度上促进亲社会推理的成熟。所谓移情,是指个体体验他人情绪的能力。霍夫曼(1981,1993)认为,个体在体验到他人的焦虑情绪时可能会产生同情或怜悯情感,这将成为促进个体亲社会行为发展的一个非常重要的中介因素。移情和利他行为之间的关系在一定程度上取决于被试的年龄和移情的评价方式。对于学前儿童和小学低年级儿童来说,移情和利他行为之间只有中等程度的相关,而对青春前期、青春期和成年期的个体来说,二者之间的相关程度更高一些(Underwood & Moore,1982)。一些学者对此的解释是,年幼儿童观点采择能力的缺乏导致他们难以充分理解别人的悲伤以及自己情绪受影响的原因。当儿童能够更好地推断他人的观点和理解自己移情情绪产生的原因时,移情就可能成为促进其亲社会行为发展的重要因素(Eisenberg 等,2001;Roberts & Strayer,1996)。

**阅读栏 6-3　对亲社会行为理解上的文化差异**

在西方个人主义社会中,儿童认为亲社会行为是值得赞扬的,他们会因为所做的自我牺牲行为而受到好评。相反,生活在一个集体主义社会——中国的儿童,不但认为亲社会举动是一种必要和责任,而且他们接受的教育是鼓励谦虚和回避自我赞扬,所以对自己良好的行为表现,他们并不追求奖励或荣誉。这些教育是如何影响中国儿童对亲社会问题的思考的呢?他们是否真的会对自己的友善行为轻描淡写呢?

为了明确这个问题,Kang Lee 及其同事(1997)对加拿大和中国 7 岁、9 岁及 11 岁的儿童进行了一个有趣的跨文化研究,要求他们对四个简短的故事进行评价。为了比较加拿大和中国儿童对亲社会问题的观点,其中两个亲社会故事的前提都是一个儿童为了做好事(如给一个没钱参加实地考察旅行的同学匿名捐款),所不同的是,当老师询问"是谁做了这件好事"时,两个故事中的主人公的回答有所区别,一种情况是坦率地承认,另一种情况则是不承认这件好事是自己做的。为了做对照，儿童对反社会行为的观点也做了评价。故事中的主人公做了一件错事（如打伤了一个同学），当被老师问起时，故事中主人公的处理方式或者是坦白承认或者是撒谎。每听完一个故事，都要求被试评价主人公的行为以及他们对自己行为的陈述。

有趣的是，对于反社会行为的故事，无论是对主人公的反社会行为（通常被认为是不好的行为），还是对主人公陈述的评价，两国儿童都没有表现出明显的跨文化差异。他们都认为，做了错事坦白承认是好的，而对自己的错误撒谎、遮掩、回避则是非常有害的。同样，中国和加拿大儿童对亲社会行为的评价也都是非常积极的。但是，他们在对承认还是隐瞒亲社会行为的看法上却存在很大差异。

所有年龄组的加拿大儿童都认为主人公应该爽快地承认自己所做的好事（即说明真相并接受表扬），他们认为否认自己的行为（撒谎）是不好的，或者说是很傻的。相反，随着年龄的增长，有越来越多的中国儿童对从亲社会行为中赢得表扬持冷淡态度，相反，他们把否认自己所做的好事看做是更加积极的行为。实际上，中国文化极为强调谦逊和虚心，最终超过了儿童对撒谎的抗拒，所以，对于那些好孩子应该做的事情，中国的儿童会逐渐认为对自己的行为表示谦虚比坦率地说出来或赢得他人注意更加值得赞扬。

## 六、学龄儿童的道德判断

道德判断或道德推理是指如何判断一个行为的对与错。道德是人际交往中的规则与习俗，遵守规则会受到表扬与肯定，违反规则则会受到批评与惩罚。皮亚杰首先采用临床法，在与孩子玩游戏的过程中考察儿童是如何理解规则的，然后采用对偶故事法，考察儿童是如何理解公平正义的（见阅读栏 6-4）。

**阅读栏 6-4　皮亚杰的对偶道德故事举例**

皮亚杰运用道德对偶故事，构建了他的道德发展理论，下面就是其中一个道德对偶故事的例子。

故事 A：一个叫约翰的小男孩在房间里听到妈妈喊吃饭，于是他走进饭厅。在饭厅门后的椅子上放着一个托盘，托盘里放着 15 个杯子，但约翰不知道后面有这些东西。在他进来的时候，门把托盘碰倒在地上，里面的 15 个杯子全摔碎了。

故事 B：有一天，有一个叫亨利的小男孩趁妈妈不在家，想偷偷地从放食物的橱柜中取一些果酱吃，于是他爬到椅子上去取。但是果酱实在太高了，他够不着，在他尽力去拿的时候不小心碰翻了一个杯子，杯子掉到地上摔碎了。

在被试听完故事后，皮亚杰询问他们这样的问题：哪个孩子更淘气？为什么？你认为那个更淘气的男孩应该受到什么惩罚？

（引自 Piaget，1965）

根据儿童对规则的理解及对道德故事的回答，皮亚杰把儿童的道德发展过程分为一个前道德期和两个道德期(Shaffer，1995)。

1. 前道德期(4、5 岁之前)

这一阶段儿童对规则缺少理解，在游戏时无明显的求胜意图，也不能有系统地玩。儿童经常创建自己的规则，认为游戏就是经常轮流、有乐趣地玩。

2. 道德现实主义或他律道德期(5～10 岁之间)

所谓他律是指在他人的控制之下，这时的儿童有了很强的规则意识，认为规则是由权威如上帝、父母、警察制定的，这些规则神圣不可更改。他律的儿童把规则看做绝对化的道德。他们认为，任何道德问题都有是非对错之分，而正确就意味着要遵守规则。

他律的儿童倾向于根据客观结果而不是行为意图来判断行为的恰当性。他们会认为不小心打破了 15 个杯子的约翰，比因偷吃果酱打破了一个杯子的亨利的行为更不恰当。他们主张按过失程度惩罚，往往不考虑不良行为与惩罚本身的关系。例如一个 7 岁的男孩的玩具被同伴损坏了，7 岁的孩子会选择辱骂或攻击同伴，而不是让他赔偿。他律的儿童也相信内在正义，即认为违反规则就一定会受到惩罚。

3. 道德主观主义或自律道德期(10 或 11 岁以后)

到了 10 或 11 岁时，大多数儿童都会达到道德发展的第二个阶段，即自律道德的阶段。儿童明白社会规则是一种协议，只要人们同意，就可以提出挑战或修改。他们也会意识到，有时为满足人类的需要也是可以违背规则的，如为了紧急运送急症患者，司机可以闯红灯。

处于自律道德阶段的儿童对是非的判断更多依赖于行为者的意图而不是行为的结果，喜欢按过失性质惩罚，帮助破坏规则的人理解规则的含义，避免再犯。如对待破坏自己玩具的同伴，会警告他以后小心点或让他赔偿。自律阶段的儿童也不再相信内在正义，因为他们从经验中了解到有些违反社会规则的人并没有被发现或者受到惩罚。

皮亚杰认为认知成熟和社会经验在从他律道德向自律道德转化的过程中发挥了重要的作用。这一转换所必备的认知发展技能包括自我中心的减少和角色采择技能的提高，儿童只有具备了这些条件才能从多个视角看待道德问题。社会经验是指儿童与同等地位的同伴之间的交往。同伴之间的平等地位有利于更加灵活的自律道德的产生，因为：① 他能减少儿童对成人的权威崇拜；② 能够提高儿童的自尊和对同伴的尊重；③ 也表明了规则只是主观的协议,可以在管理者的同意下有所变动。

## 思考与练习

1. 学龄儿童所面临的主要健康问题是什么?
2. 注意力缺陷儿童的主要表现是什么?
3. 学龄儿童会采用哪些记忆策略来更好地提高记忆效果?
4. 请谈谈内容知识对记忆效果的影响。
5. 学龄儿童学业技能的发展特点是什么?
6. 什么是自我概念,自我概念由哪儿部分组成,学龄儿童自我概念的特点是什么?
7. 有哪些因素会影响自尊的高低呢?
8. 哈特是怎样划分儿童对冲突性情绪的理解的几个阶段的? 各个阶段的特点是什么?
9. 父母的教养方式分为几种类型,不同的教养方式会对孩子的成长造成哪些影响?
10. 小学儿童友谊概念的发展经历了几个阶段,每个阶段的特点是什么?
11. 塞尔曼将儿童观点采择能力划分成了几个发展阶段? 试述各阶段的特点。
12. 社会道德推理水平是如何影响亲社会行为的?
13. 请介绍皮亚杰的道德发展理论。

# 第七章　青少年的心理发展

青少年是指 11、12 岁至 17、18 岁这一年龄段的孩子。青少年是从童年向成人过渡的一个阶段，一般始于青春发育期，一旦完成教育，进入劳动力市场或建立家庭，就进入了成人阶段。由于生理的剧变，青少年心理也相应产生了极大的变化，产生了成人感，对自我开始了追寻与探索；与父母和同伴的关系也有了新的变化，从受父母监控的儿童发展成为要对自己行为负责的青少年；同伴的影响力日益上升，对异性产生了兴趣。青少年的思维也将达到逻辑思维的最高水平——形式运算阶段，这使得他们有能力学习难度更大的任务。

## 第一节　青少年的生理发展

### 一、青少年身体的生长发育

青少年的生长发育是以青春期为标志的，其生理变化主要表现为身高体重的快速增长、身体成分的变化以及性的成熟。

#### （一）青少年的生长陡增

青春期是以青少年的生长陡增为标志的，在这一时期，青少年身高和体重快速增长，每年身高增长在 6～8 厘米至 10～11 厘米之间。体重每年增加 5～6 千克，个别可达 8～10 千克。女孩生长突增期比男孩早两年，一般开始于 9～10 岁左右，到 11～12 岁时发育速度达到最高峰，13～13.5 岁时发育速度回落到较慢的水平。而男孩的青春生长突增期一般到 11～12 岁才开始，14 岁达到高峰，16 岁回落到一个较慢的速度。无论是男孩还是女孩，约 18 岁时达到其最高身高。

青少年体重的增加表明骨骼、肌肉及脂肪发生了变化。肌肉组织的发育在青春发育初期主要是指肌纤维随身高的急剧增高而增长。15～18 岁期间，肌肉组织的快速增长则主要是肌纤维的增粗，这时肌肉组织变得比较坚实有力。青春期两性肌肉的增长都非常突出，与骨骼的生长保持平行。不仅肌肉重量在体重中的比例增加了,而且肌肉组织也变得更为紧密,肌肉的力量大大增强,因而体力也随之增强。男孩比女孩的肌肉组织生长更快,而且力量也更大,男性肌肉的增长一直持续到20多岁才达到高峰。

与此同时,青春发育期机体的脂肪也发生了很大的变化,两性皮下脂肪的增加在1～6岁之间一直很缓慢,女孩从8岁,男孩从10岁起才开始加快增长。到了青春期,男生的脂肪逐步减少,与脂肪相比,他们的肌肉更为发达,看起来更强健;然而女生的脂肪却没有减少,而是在骨盆、胸部、背部、臀部积存,女生变得日益丰满起来。男孩在青春期结束时,肌肉和脂肪的比率大约为3∶1,而女孩的比率大约为5∶4。

青少年身体的发育,使得他们开始关注身体形象(body image),很多青少年对自己的外表不满意。尤其是女孩在青春期发育中,脂肪增加令她们觉得自己胖,产生了负面的身体形象,从而引发进食障碍,见阅读栏7-1。

**阅读栏7-1　进食障碍**

青少年中,有进食障碍的男女比例是1∶10。进食障碍主要包括厌食症(Anorexia nervosa)和暴食症(Bulimia nervosa)两类。

厌食症患者有一个扭曲的身体形象,持续节食,甚至不吃东西,仍然觉得自己"太胖",这种自我饥饿会危及生命。患有厌食症的青少年往往是好学生,成绩出色,参加大量的课外活动,倾向成为完美主义者,常伴随抑郁。

暴食症患者的特点是在很短的时间内(2个小时或更少)吃下大量食物,然后又通过呕吐、严格的节食或者高强度的运动、服用泻药、灌肠等消耗掉大量的热量。这些症状在三个月内每周至少发生两次。他们对自己的进食习惯感到羞耻、低自尊、看不起自己、抑郁。

(引自 Papalia, et al., 2005)

### (二)第二性征与性的成熟

第一性征是指完成生殖活动所必需的器官。对女性来说,这些性器官包括卵巢、输卵管、子宫和阴道;对男性来说,这些性器官是指睾丸、阴茎、阴囊,精囊和前列腺。在青春期,这些器官会变大和成熟。

第二性征是指除性器官以外的那些代表性成熟的生理表现。女孩的第二性征最明显的是胸部的发育,乳头变大并凸出,乳晕变大。乳房一开始为锥形,继而发展为圆形。男孩的第二性征主要表现为喉结突起,声音变得粗而低沉,男孩一般于13岁时开始进入变声期,最早者8岁,15岁时几乎全部进入变声期。19岁以后所有男性喉结突起且声音变粗。此外,阴毛和腋毛相继出现。

一般来说,男孩会为自己长胡子和胸部长毛感到高兴,但是女孩通常为脸上或乳头上的毛感到烦恼(Papalia, et al., 2005)。

对于男性来说,性成熟的标志是能够生产精子。青春期的少年会出现遗精现象,即在睡梦中射精,平均年龄为 13 岁。对女性来说,性成熟的标志则是月经来潮。青少年身体发育有很大的个体差异,见图 7-1。早熟与晚熟对青少年的心理也有不同的影响。早熟对男孩来说比较有利,因为他们身材高大,在体育运动中容易成功,更易受到同伴以及成人的欢迎,因此有更积极的自我概念。但是也有不利的一面,由于他们发育早,使他们有机会接触年龄更大的人,受其影响容易做出与年龄不相称的事情,如不当行为和物质滥用。女孩早熟则是另一番景象。由于发育早,令她们看起来与同龄人不一样,易招致来自同伴的嘲笑,影响她们的自我概念。同时,早熟女孩易吸引异性的目光,更可能成为异性追求的对象,易出现早恋、过早性行为等。

晚熟的男孩相对来说比较没有吸引力,由于长得矮小,往往不擅长体育运动。他们的典型特征是缺乏自信,更为好动、专横、反叛,过分敏感和依赖。为了获取地位和别人的注意,他们更可能采取一些过度补偿行为,因而不受欢迎。晚熟女孩的情况则相对积极,由于身材苗条,对自己身体的满意度会好于早熟女孩,情绪问题也较少(Feldman, 2007)。

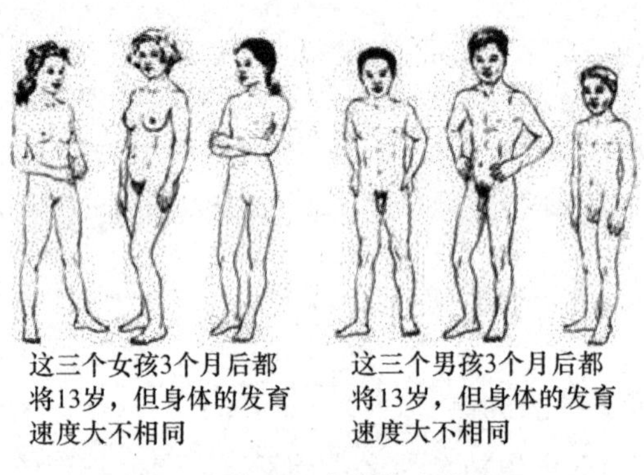


**图 7-1 青少年身体发育的差异**

## 二、青少年大脑的发展

与青春期前的儿童相比,青少年的大脑有两大变化。一是随着神经元的发展,在轴突周围会形成一层髓鞘,髓鞘起到绝缘的作用,提高神经元之间电冲动的传递速度。与感觉和运动有关的脑区的髓鞘化在出生后的头几年就已完成,但是额叶皮质轴突在青少年期仍在持续的髓鞘化,意味着神经信息加工的速度在增加。二是前额叶皮质突触密度的变化。前额叶皮层会发生大量的突触剪裁，对脑组织功能网络的微调十分重要。很多采用磁共振成像(MRI)技术的研究表明，从童年到青少年，额叶和顶叶的白质容量持续增长，这与语言的发展有密切关系。但灰质容量则呈倒U曲线的发展趋势。有青少年之前的阶段，额叶的灰质容量是增长的，女孩在11岁、男孩在12岁时达到高峰；同样，顶叶的灰质容量也是增长的，女孩在10岁、男孩在12岁时达到高峰。之后，灰质的密度开始下降，在童年和青少年期之间，背侧额叶皮质密度呈加速下降趋势，这与青春期后的突触剪裁有关(Blakemore & Choudhury, 2006)。

人类进行复杂认知活动时，如做计划、决定、设置目标和元认知活动等，前额叶皮层会被激活。有研究表明，前额叶皮层的发育成熟度低于一般水平的青少年，更可能出现品行问题(Bauer & Hesselbrock,2002)。

研究显示，青少年的情绪化、冒险性行为以及对感官刺激更多寻求等典型青春期行为特点可能有一定的脑神经化学基础。加工情绪刺激的部分脑区(如边缘系统)，某些神经递质在青春期会发生变化，其中包括人们熟知的多巴胺和5-羟色胺。这些变化可能会使个体更加情绪化，对压力有更大的反应，与此同时对奖励的反应性会降低。对奖励敏感性的降低会刺激青少年寻求更强的新异性，更多地出现冒险行为，如尝试吸毒、吸烟、迷恋网络游戏、加入非法社会团体等。另外，值得关注的是，青春期对奖励敏感性的降低，以及继之而来的对感官刺激的更多追求，使得青少年对抑郁、滥用药物和其他心理健康问题的抵抗力下降(Spear,2002)，易出现青少年偏差行为(斯滕伯格,2007)。

**阅读栏7-2　腹内侧前额皮层功能的年龄差异**

一般用爱荷华赌博任务(Iowa Gambling Tasks)评估腹内侧功能。要求被试从四套面朝下的牌中抽取卡片，每张牌都有输赢的信息。有两套牌中的卡片提供了高额的奖赏，但是其中一套牌偶尔会有极高的损失；另一套牌则经常会有中度的损失，持续从两套牌中抽取卡片会导致净损失。与此相反，另外两套牌的卡片提供的是小额奖赏，经常伴随小损失，或者零星的中度损失，但持续从这两套牌中抽取卡片会导致净赢利。

研究者通过大量的实验监测个体的选择模式。健康的成年人通常先是随机在几套牌中抽取，渐渐地会增加从“好牌”中抽取卡片，减少从“坏牌”中抽取卡片。但是腹内侧前额皮质病变的人、有物质滥用问题的个体以及报告在日常生活中有高冒险倾向的人，则坚持从“坏牌”中抽取卡片，尽管这会导致净损失。

最近的研究考察了爱荷华赌博任务的年龄差异问题。四个年龄组：6～9岁，10～12岁，13～15岁，18～25岁。最小年龄组的被试抽取“好牌”和“坏牌”的数量是一样的；两个中间组随着时间的推移有中度的提高，到最后一个实验区组时，两组抽取“好牌”的时间分别达到了55%和60%；而青年组从“好牌”抽到卡片的时间则达到了75%，且比年龄小的级别更早转向“好牌”。

另一个针对9～17岁青少年的研究也发现，随着年龄的增长，被试在赌博任务上的表现是不断提高的。14～17岁的孩子总是比9～10岁（但不总是比11～13岁）的孩子更多地抽取好牌，也比两个低年龄组更早转向好牌。研究者还采用了激活背外侧前额皮质的任务：go/no-go任务用来评估反应抑制，数字广度测验用来评估工作记忆。正如所预期的，被试在背外侧前额皮质任务上的表现是随着年龄增长而提高的。更为重要的是，腹内侧任务表现与背外侧任务表现无显著相关，说明腹内侧前额皮质的成熟在发展上是独立于额叶其他区域的成熟过程的。

（Steinberg，2005）

## 第二节 青少年的认知发展

与身体发展一样，青少年的思维也产生了巨大变化。他们掌握了更高级的认知能力，能够运用逻辑进行有效的推理、更好地解决问题；能够脱离具体事物的束缚进行抽象思维和反思，并能够设置个人目标，对未来做出一定的规划。按照皮亚杰的认知发展阶段论，青少年处于形式运算发展阶段，具体请参见第二章，本节主要介绍青少年执行功能的发展以及思维的特点。

### 一、青少年执行功能的发展

工作记忆和抑制控制是执行功能的核心成分，用来控制目标导向的行为，主要与前额叶皮质的功能有关。工作记忆是指在加工信息的同时对信息的短暂储存。抑制控制是指在做出适当反应的同时，抑制不当反应或注意倾向的能力。邢等人（Shing，Lindenberger，Diamond，Li & Davidson，2010）研究表明，记忆保持和抑制控制这两种认知功能是随着年龄增长而逐渐分化的。她们对263名4～14岁的孩子进行研究发现，对于4～7岁或7～9.5岁的儿童来说，记忆保持和抑制控制不是分离的，但是对于9.5～14.5岁的青少年来说，两种认知功能则是分化的。

卢西安纳等人（Luciana，Conkin，Hooper & Yarger，2005）认为前额叶皮

质对执行控制过程的调节及其结构的成熟是在青少年期进行的，相比于需要工作记忆但控制程度较低的区域，要求高水平执行控制的前额功能成熟要更晚一些。她们要求9～20岁的青少年完成执行控制程度不同的各种非言语工作记忆任务，结果发现，对单个单位空间信息的回忆能力在11～12岁就发展成熟；保持和操作多个空间单位信息的能力在13～15岁发展成熟；要求策略性自我组织的记忆能力在16～17岁发展成熟。在9～20岁这个年龄区间，再认能力并未表现出随着年龄增长而发展的趋势。

## 二、青少年思维的特点

尽管青少年在思维方面与成年人已经很相似，但由于他们刚刚掌握新的思维形式，运用起来有如婴儿蹒跚学步，存在诸多不足，埃尔凯德(Elkind，1984，1998；转引自Papalia，et al.，2005)认为青少年思维的不成熟表现在以下6个方面。

### (一) 理想性和批判性(Idealism and criticalness)

青少年预设了一个理想世界，然而通过比较，认识到现实世界与之相差甚远，他们认为成年人对此负有责任。青少年对虚伪超级敏感，他们有着超强的言语推理能力，喜爱阅读或观看杂志和艺人用讽刺和模仿的方式对公众人物攻击的内容。他们确信自己比成年人更懂得如何管理这个世界，经常找父母的碴，认为父母的作法错误。

### (二) 好争辩性(Argumentativeness)

青少年常常寻找机会展示或炫耀自己新掌握的形式推理能力，会利用事实和逻辑滔滔不绝地为自己的行为进行辩护。有时青少年是为了争辩而争辩，为一些细枝末节、没有明显理由的事进行争辩，令成人感到不可理喻。对此，成人不必有挫折感，青少年只不过在练习新的推理能力，他们需要运用这些技能的机会。

争辩并不是毫无意义的，特别是当父母与青少年的争辩主题是处事原则问题而非恶化到毫无意义的争吵时，争辩可以提高青少年的认知水平，因为争辩本身可以令青少年逐渐了解父母的价值观及父母行为背后的原因，从而使得青少年逐渐被父母的合理信念所同化，使其成为自己的价值观的一部分(Berk，2005)。另外，有效地争辩，如基于道德及政治主题的辩论赛或闲谈，能促进青少年的智力发展，经过陈述自己的见解、批判及寻找一系列的问题解决方案，青少年将会达到更高层次的思维及认知水平。

### (三) 犹豫不决(Indecisiveness)

即使如今天应该穿什么衣服这样一个简单事件,如果存在很多选择的可能性时,青少年也会表现出犹豫不决。由于缺少经验,以及缺乏有效的选择策略,青少年在需要作出决定时很难下决心。

国外一项研究考察了青少年犹豫不决与职业决策之间的关系。对象为281名12年级的学生,采用犹豫不决量表、职业选择焦虑量表和六个职业选择任务在开学初、学年中和学年结束时进行了三次施测。六个职业选择任务包括:① 选择取向,即意识到需要做出选择并有投入到职业选择过程的动机;② 自我探索,即搜集关于自己的信息;③ 对环境的广泛探索,即搜集关于职业选择的一般信息;④ 对环境进行深入探索,即针对筛选后的职业选择搜集详细的信息;⑤ 决策地位,即选择的进展情况;⑥ 承诺,即对特定职业选择的信心强度。结果表明,犹豫不决对于环境探索的深度和广度、自我探索的量、决定地位以及承诺来说是一个危险因素,犹豫不决与上述变量之间的关系是以职业选择焦虑为中介变量的。犹豫不决的程度在整个12年级呈下降趋势,但是三个阶段测量之间的高相关支持犹豫不决是一种人格特质的看法(Germeijs, Verschueren, & Soenens, 2005)。

### (四) 明显的虚伪(Apparent hypocrisy)

青少年常常不能认识到理想诉求与捍卫理想需要作出牺牲之间的差异。例如,关心动物福利的青少年打算在温暖的春天在皮草店门前举行抗议活动,以避免在寒冷的冬天在户外挨冻。对成年人来说,这种行为简直就是虚伪,但对于这些认真的青少年来说,他们甚至没有意识到自己的行为与所倡导的理想之间的联系。

### (五) 自我意识(Self-consciousness)

青少年已经能够对自己和他人的思想进行思考,但是他们过于关注自己的心理状态,常常以为别人与自己的想法相同,认为自己的一举一动都在他人的关注之下。埃尔凯德(D. Elkind,1931— )把青少年的这种自我意识高涨现象称为假想观众(imaginary audience),并认为从某种意义上说,每一名青少年都有想象中的观众,即一个观看他们怎样穿戴、行动、说话的群体。青少年想象中的观众是一个想象集体,这个集体是由所有可能关心青少年自我和行为的人们组成,青少年常用“他们”来表达想象中的观众,并经常意识到想象中的观众对自己不断发挥作用,假想观众使得青少年必须时刻保持警觉以避免作出任何可能导致尴尬、嘲笑或拒绝的行为(Elkind,1967;Eckstein,1999)。由于青少年高估了自己的行为导致的社会接受或拒绝程度，他们很难抗拒来自同伴的压力。

假想观众在青少年早期是最突出的，但直到成年，这种现象其实一直存在，只不过程度上有所减轻。

**（六）独特性与无所不能（Specialness and invulnerability）**

埃尔凯德用个人神话（personal fable）来描述青少年认为自己是特殊的、独一无二的以及无所不能的现象。青少年常常认为自己的经历、体验、观点和价值都是独特的，并会带给自己名声、财富、荣誉、荣耀或者巨大的成就。不仅如此，青少年还认为自己无所不能，能够抗拒一切侵害。这种自我中心会让青少年陷入危险的、自我损毁的行为。如他们虽然熟知醉驾与交通死亡的关系，但仍然会酒后驾驶，因为他们相信自己不会发生交通事故。

台湾研究者发现假想观众和个人神话与青少年的赌博、吸烟、酗酒等偏差行为存在正相关，有高假想观众的青少年可能由于希望博得想象观众的关注而用一些不正常的手段表示出来（陈惠如，2004），而个人神话无懈可击、无所不能的特点使得他们更易于采取偏差行为。男生具有更高的无懈可击和无所不能观念，所以有更多的冒险行为。另一些研究证明了假想观众和个人神话与青少年冒险性的性行为存在相关。研究表明低自我中心的青少年有更多的避孕知识，更倾向于使用避孕措施而且对避孕有更积极的态度。而高自我中心的青少年则相反（Holmbeck & Crossman，1996）。研究发现个人神话可以很好地解释青少年为什么不使用避孕措施，在这些青少年看来，怀孕或被传染性病只可能发生在别人身上，而不太可能发生在自己身上（Arnett，1995）。

## 第三节　青少年的人格与社会性发展

### 一、青少年同一性的发展

埃里克森认为建立同一性是青少年时期主要的心理社会发展任务。在这一阶段，青少年开始对“我是谁”、“我将来会成为怎样的人”等问题进行思考和探索，如果不能顺利解决这一问题，便会陷入同一性危机；严重影响青少年的适应与发展。继埃里克森之后，马西亚（Marcia，1980）比较系统地对青少年同一性发展进行了研究。他认为同一性是一种动态的自我结构，这一结构发展得越好，个体越能清楚地认识自己的独特性以及与他人的相似之处，越能意识到自己的强项与弱点；这一结构发展得越不好，个体对自己与他人的不同就越感到困惑，就越加依赖外部资源来评价自己。马西亚从探索和承诺两方面的关系提出了青少年同一性地位模型(The Identity-status Model)，采用半结构式访谈，根据个体是否处于决策期以及在职业和意识形态(ideology)两个领域的个人投入程度将青少年后期的同一性划分为下列四种地位。

1. 同一性获得(Identity achievement)：个体已经经历决策期，作出了选择解决了同一性危机，正在努力追求自我选择的职业及意识形态目标。

2. 停止探索(Foreclosure)：这类青少年很少或没有同一性危机，他们对职业或意识形态目标很投入，但这些目标并不是他们选择的，而是父母为其确定的。

3. 同一性扩散(Identity diffusion)：无论是否经历了决策期，青少年都还没有设定职业目标或价值取向。

4. 延迟决定(Moratorium)：这类青少年正处于同一性危机之中，正在为职业选择或价值取向问题而苦恼，但尚未作出决定。

米尤斯等人(Meeus, van de Schoot, Keijsers, Schwartz, & Branje, 2010)从对承诺的管理角度提出同一性形成的三个维度。① 承诺(commitment)是指青少年对发展的相关领域做出了坚定的选择，对自己的选择非常自信。② 深度探索(in-depth exploration)是指青少年保持目前的承诺方式，包括反思自己的选择、搜集与承诺有关的信息、与他人讨论等。③ 重新考虑承诺(reconsideration of commitment)指愿意放弃原来的承诺，寻找新的承诺。当青少年对目前的承诺不再满意时，会重新考虑其他承诺并与当前的承诺进行比较。青少年通过深度探索和重新考虑两条途径来管理承诺。深度探索是对当前承诺进行连续监控的过程，目的是对承诺有更清楚地意识并维持它们。重新考虑是对当前承诺和备选方案进行比较来决定是否需要改变承诺。强调同一性地位的动态过程。

克罗西提等人(Crocetti, Rubini, Luyckx, &Meeus, 2008；转引自Meeus, et al., 2010)采用聚类分析的方法，对1952名荷兰中早期青少年同一性地位进行研究发现，可以抽取出5种同一性地位。其中4种与马西亚的同一性地位相似。同一性获得代表的是高承诺、高深度探索和低重新考虑。延迟决定代表的是相对低的承诺、中等程度的深度探索和相对高的重新考虑；停止探索是高承诺、相对低的深度探索以及非常低的重新考虑。同一性扩散在承诺、深度探索和重新考虑维度上都非常低。此外，还发现第5种同一性地位，即高承诺、高深度探索以及非常高的重新考虑，并将其命名为正在寻求延迟决定(searching moratorium)，指青少年有强烈的承诺并积极对其进行探索，但同时也非常主动地考虑其他的选择。

米尤斯等人将1313名荷兰青少年分成两个年龄组：中早期青少年组(923名，平均年龄12.4岁)和中后期青少年组(390名，平均年龄16.7岁)，在一年之内对他们进行了5次测量，年龄跨度在12～20岁之间。在考虑上述5种同一性地位的同时，还进一步将停止探索分为两种：提早闭合(early closures)，指青少年开始处于停止探索的地位并持续保持这一地位、有强烈的承诺，但没有尝试考虑其他承诺，也没有对当前的承诺进行深度探索；闭合(closures)，是指由延迟决定地位转变而来的高承诺、低深度探索、低重新考虑的地位，这类青少年已经考虑了备选承诺，且没有对当前的承诺投入深度探索。结果发现青少年同一性形成是一个渐进的过程。同一性扩散、延迟决定和正在寻求延迟决定呈下降趋势；而代表高承诺的地位(停止探索和同一性获得)不断增加。有63%的青少年在5次测量中都保持相同的同一性地位，支持同一性是一种个体差异的观点。同时发现，同一性发展有7种转变形式：由扩散到延迟决定；扩散到提早闭合；延迟决定到闭合；延迟决定到获得；寻求延迟决定到闭合；寻求延迟到获得；提早闭合到获得。

## 二、青少年情绪调节的发展

青少年常被认为处在一个情绪充满动荡的时期，虽然他们并不总是处于急风骤雨之中，但情绪高低起伏的状况是经常出现的。尤其是青少年早期，这一时刻他们还在世界之巅，下一时刻就感到已坠落谷底。青少年对事件往往反应过度，一点小事也会大发雷霆。

在有关青少年情绪的研究中，一个重要的问题是成人与青少年在情绪反映性(emotional responsivity)上的差异应归因于情绪反应性(emotional reactivity)还是情绪调节能力的差异呢？是青少年自然的、自下而上的情绪反应比成人强烈，还是他们控制的、自上而下的调节能力比成人弱呢？例如，面对同样的负性事件，青少年比成年人更为烦恼，是因为事件激起的情绪对青少年来说更为强烈，还是因为他们不善于调节情绪而造成的呢？为回答这个问题，斯尔沃斯等人(Silvers, McRae, Gabrieli, Gross, Remy, & Ochsner, 2012)做了两个实验研究。

研究一的被试为10～23岁的正常的青少年。首先呈现线索词4s，当呈现

"Look"时，要求被试对中性和负性的图片进行自然的反应。当呈现"Decrease"时，要求被试采用重新评价(reappraise)的调节策略来调节情绪，如尝试讲一个关于图片的故事来减轻负性情绪。"Look"程序用来评价情绪反应性，而"Decrease"程序用来评价情绪调节。图片来自国际情绪图片库，每张图片呈现8s。然后被试自评情绪强度，4点评分，1＝弱，4＝强，时间为4s。将被试分为三个年龄组：10～13岁，14～17岁，18～22岁。结果发现情绪反应性不存在年龄差异，但在情绪调节方面，从青少年后期开始是更为成功的。

研究二采用社会性刺激，当呈现"close"时，要求被试想象自己离图片中的情境很近，并体会图片所唤起的情绪。当呈现"far"时，要求被试想象自己离图片中的情境很远，并专注图片所代表的事实而不是情绪。"close"程序评价情绪反应性，"far"程序评价情绪调节能力。图片又分为社会性的和非社会性的。其他程序与研究一相同。结果发现，在情绪反应性上仍无年龄差异，情绪调节能力则存在年龄差异，年长的青少年比年幼的青少年情绪调节更为成功。情绪调节的年龄差异在社会性刺激上的差异大于非社会性刺激，拒绝敏感性(Rejection sensitivity，测量个体对拒绝的焦虑和愤怒的预期)高的个体对社会性消极刺激的调节能力差，这种差异在年幼群体中比年长群体表现得更为明显。两个研究均发现情绪调节能力的年龄差异是非线性的，即不是随着年龄增长而增长，而是在青少年期有独特的发展特点。

迈克瑞等人(McRae, et al., 2012)也发现，无论是自我报告的情绪还是杏仁核的激活，情绪反应性都没有年龄差异，但在重新评价能力和年龄之间则既有线性增长也存在二次关系，见图7-2。在进行重新评价时，14～17岁的青少年在内侧前额叶，后扣带(posterior cingulate)和颞叶部分比儿童和成人有更多的激活。

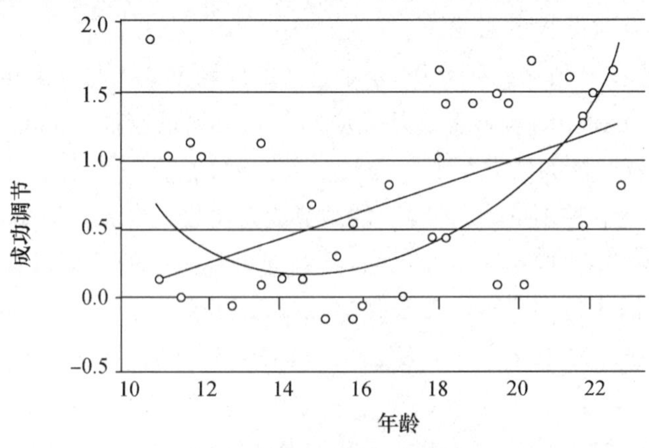


**图7-2　情绪调节能力的发展**

## 三、青少年的人际关系

### (一) 青少年的亲子关系

亲子关系一直是青少年研究的重点,在20世纪70年代以前,关于青少年亲子关系的研究,主要是探讨亲子冲突的本质与作用,强调青少年独立的需要、亲子冲突的增加是因为青少年要从心理上与父母分离的需要,认为青少年的逆反是成长的标志,缺少亲子冲突会阻碍青少年的发展。但是研究表明,大多数家庭中,青少年并没有表现出急风暴雨,而且在亲子关系亲密、非冲突的家庭中,青少年的心理更健康。我国研究也发现青少年(初一、初二及高一、高二学生)与父母的冲突处于较低水平,发生冲突最多的和最激烈的是学业、日常生活安排和做家务,而发生冲突最少和最弱的是隐私。言语冲突和情绪冲突是亲子冲突的主要形式。随着年级升高,青少年与父母冲突的频率和强度呈倒U曲线发展,初二年级处于顶峰。另外,青少年与母亲发生冲突的频率和强度均高于与父亲的冲突(方晓义,张锦涛,刘钊,2003)。

但是家长认为青少年时期相对孩子其他成长阶段来说是比较困难的。为什么如此呢?可能的原因是家长与青少年对社会习俗的期望和观点不同。家长与子女的冲突不仅是意见分歧,而且是看问题的角度不同。家长倾向于用对错这种道德视角看问题,但青少年则认为是个人的选择。例如,家长认为人们之所以保持房间的整洁,是因为保持整洁是正确的事,而青少年认为房间整洁与否是个人的事。家长把事情看做是与道德有关的,涉及基本价值观,而青少年则认为争论毫无意义,因此在亲子冲突中,往往是家长而不是青少年更为烦恼(Steinberg, 2001)。我国的研究也表明家长与青少年对亲子冲突的感知是有差异的,研究考察了学业、家务事、交友、花钱、日常生活安排、外表、家庭成员关系和隐私8个方面的亲子冲突,结果发现除事关子女隐私外,父母对亲子冲突发生频率和强度的感知都高于子女(刁静,桑标,2009)。

很多研究表明,家长的教育方式对青少年心理健康和社会发展有重要影响。生长在权威型家庭的青少年,在学校里成绩更好,焦虑和抑郁水平更低,自尊和自立水平高,很少有偏差和药物滥用等反社会行为。斯腾伯格等人从温情、坚定(firmness)和给予自主权(autonomy granting)三个方面考察了权威型父母教育方式对青少年的影响,发现上述三个方面对心理社会发展均有影响,且对学业能力有影响,与温情一样,给予自主权起到保护因子的作用,尤其是对焦虑、抑郁和其他内部危险因素有抵抗作用。

### （二）青少年的同伴关系

同伴在青少年成长中具有重要作用，能够帮助青少年更好地向成人过渡。家长与同伴对青少年影响的领域是不同的。家长影响的多为长远的重要问题，如职业选择、道德与价值问题等；同伴主要影响青少年文化如品味、风格和外表。

1. 友谊

童年时友谊意味着一起玩耍、相互关心和忠诚，青少年的友谊则更多的是亲密关系和自我开放（self－disclosure）。青少年愿意选择与自己相似的人做朋友，有共同的兴趣、态度、价值和人格。对青少年来说同性友谊很重要，是他们发展亲密关系的一种重要途径，但是与异性的友谊也开始发展，国外一项研究（Sharabany，Gershoni，& Hofman，1981）揭示了青少年与同性和异性朋友的亲密关系的发展，见图 7-3。从图 7-3 可以看出，同性友谊的亲密程度在青少年时期始终保持高水平，但异性友谊的亲密程度在 5～11 年级之间持续发展，到 11 年级时才达到较高水平。女孩与异性的亲密度比男孩发展早且水平高。

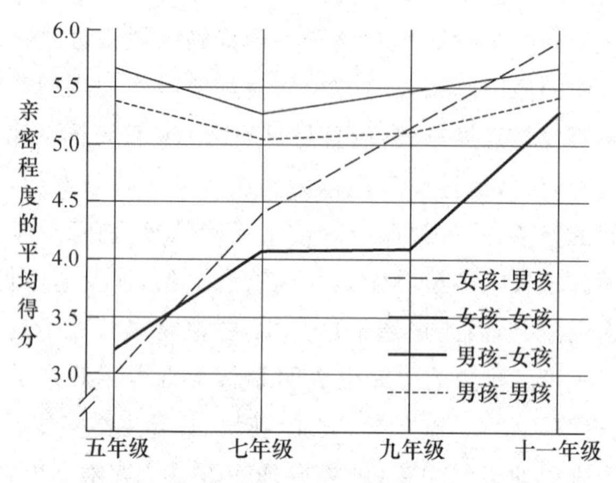


**图 7-3　青少年与同性及异性的友谊发展**

（"女孩-男孩"表示女孩报告的与男孩的亲密度，"男孩-女孩"表示男孩报告的与女孩的亲密度）

2. 小团体与团体（cliques and crowds）

从童年后期开始，男女生分别成为同性别的小团体成员，然后男生小团体与女生小团体开始频繁互动。正如家长为发展同伴关系提供了安全基地的作用，同性小团体也为发展恋爱关系（romantic relationship）提供了安全基地的作用，试想一下，一个少年在电影院当着朋友的面与一个也和朋友在一起的女孩搭讪，要比独自去和女孩讲话容易得多。到了第三阶段，那些最受欢迎的男女青少年会组成小团体(Sigelman，Rider，2005)。

被同伴接纳是青少年自我认同的重要部分，为了寻求同伴的支持与接纳，许多青少年都会依附于一个同伴团体。同伴团体是一群基于声誉的、有着相似刻板印象的人的集合，同伴会根据特征给青少年贴上标签。青少年团体可以分为高地位、偶像取向的团体(受欢迎或焦点人物)；运动取向的团体(运动员或爱运动的人)；学术取向的团体；抵制社会规范的团体；离经叛道的团体(倦怠、不修边幅或吸毒者)；独立的适应不良团体(孤独者或默默无闻的人)(La Greca & Harrison，2005)。

一个常见的误解是同伴对青少年发展会产生负面影响，其实同伴的影响也完全可以是正面的、积极的，主要取决于青少年与谁在一起。滥用药物的团体，就会鼓励青少年嗑药，但学术取向的团体则不鼓励这样的行为。如果青少年的朋友没有离经叛道的行为，青少年也不会有偏差行为、抑郁或孤独。如果青少年有不良的朋友或者没有朋友，更可能出现偏差行为或抑郁。但是同伴压力也不可忽视，青少年在14、15岁时最容易屈从同伴的压力，之后会下降，因此关注同伴群体的性质非常重要(Sigelman & Rider，2005)。

### (三) 青少年的恋爱关系

随着青春期的到来，青少年对异性的兴趣也如春草萌发般自然而然地产生了。恋爱关系是双方自愿的、带有一定的身体方面的吸引力、也许会有性期待的交往活动。布朗(Brown，1999)认为青少年恋爱关系的发展分为四个阶段。

1. 起始阶段(initiation phase)。青少年早期，通过与异性同伴的关系认识自我。

2. 地位阶段(status phase)。在青少年中期，谈恋爱，尤其是有一个相配的对象，有助于提高在较大的同伴团体中的地位。

3. 情感阶段(affection phase)。在青少年后期，认识自我和同伴接纳已不是重点，异性关系变得更加个人化，彼此关心。并置身于男女混合的小团体中，朋友会为他们提供建议和情绪方面的支持。

4. 粘合阶段(bonding phase)。是向成人过渡的一个阶段。男女双方在情感上非常亲密，并承诺长久保持下去。这一阶段，可以说真正实现了情感的依恋联结。

国外一项关于青少年健康的全国性纵向研究表明在过去的18个月内谈过恋爱的青少年比例：12岁为25%；15岁时有近50%；到18岁时达到70%(见

图 7-4)。而且多数青少年称与他人谈论过这种关系并见过双方家长(Carver, et al.,引自 Collins,2003)。

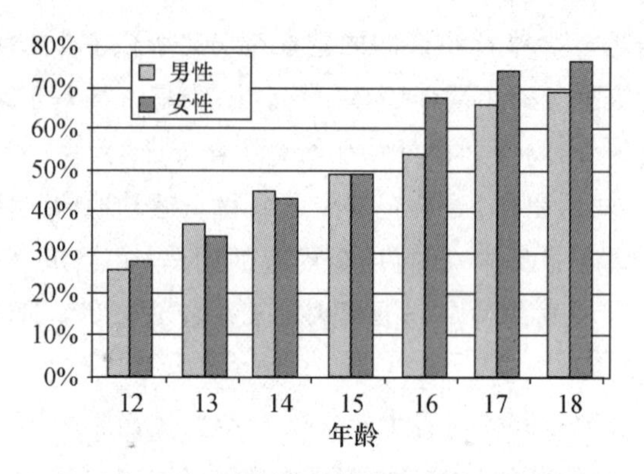


**图 7-4 青少年报告在过去 18 个月谈过恋爱的比例**

我国对青少年恋爱的实证研究很少,但是青少年恋爱现象的存在却是不争的事实,一般被称为"早恋"。早恋问题常成为亲子关系、师生关系紧张的一个重要原因。家长和教师对青少年恋爱持负面态度,担心青少年因恋爱影响学业或者发生性行为而造成身心伤害。我国一项关于大城市青少年性行为的 15 年追踪研究表明,青少年性行为的发生被高估了,见表 7-1,实际存在"滞后释放"现象(杨雄,2008)。尽管青少年性行为的发生率并不高,但是媒体上不时报道的少女怀孕事件还是值得引起重视,国外少女怀孕与生育的情况见阅读栏 7-3。

**表 7-1 有过"性行为"体验、不同年级青少年接触异性身体比较**

| 样本:3000 | 手拉手 | 拥抱 | 接吻 | 爱抚 | 性交 | 合计(人) |
|---|---|---|---|---|---|---|
| 小学高年级 | 3 | 1 | 1 | 1 | 1 | 3(0.4%) |
| 初一 | 63 | 23 | 11 | 8 | 3 | 70(9.2%) |
| 初二 | 124 | 35 | 13 | 14 | 7 | 130(17.1%) |
| 初三 | 86 | 35 | 26 | 18 | 11 | 93(12.2%) |
| 高一 | 137 | 63 | 36 | 20 | 10 | 155(20.4%) |
| 高二 | 190 | 101 | 79 | 50 | 23 | 205(27.0%) |
| 高三 | 94 | 72 | 55 | 35 | 18 | 104(13.7%) |
| 合计 | 697 | 330 | 221 | 146 | 73 | 760(100%) |

**阅读栏 7-3　少女怀孕和生育**

在美国,每年有超过100万的未婚少女怀孕。虽然50%的怀孕以流产或堕胎告终,但据估计,美国每四年大约有200万婴儿是由青少年妈妈生出的(Miller等,1996)。少女怀孕对母亲及胎儿都会产生诸多不利影响。青少年母亲往往因生育孩子而无法继续学业(辍学率达50%),失去各种社会关系。辍学的未婚母亲可能因为低收入的工作,一生都处于经济贫困之中。与年龄稍长一些的正常母亲相比,青少年母亲往往会经历更多的孕期和生产并发症,更有可能生出早产儿和低体重儿。另外,青少年母亲所掌握的养育知识更少,对婴儿需要的敏感性更低。青少年母亲的教养方式可能产生长期的不良影响,她们的孩子在学前期经常表现出明显的智力缺陷和情感障碍,在儿童期往往学业成绩和同伴关系都较差。

如何才能推迟性行为的开始时间,减低青少年怀孕和感染性传播疾病的比率呢?许多发展学家认为实现这些目标关键的第一步在于家庭。父母一直低估青少年子女的性行为,很少有父母直接与孩子交流来表明他们强烈的反对态度。另外,为青少年普及性知识教育非常重要,普及性知识一方面可以帮助青少年确立健康的性意识、性观念,另一方面,可以减轻青少年性行为所导致的严重后果。

(引自Shaffer等,2005)

虽然西方家长与子女也常因为恋爱问题产生冲突,但家长多处于矛盾的情感之中,既为子女长大成熟而高兴,又会因为子女对自己的依恋减少而失落甚至嫉妒。学者认为建立恋爱关系对青少年发展有重要影响,能够帮助青少年建立自我同一性。青少年从他人眼中认识自己,恋爱帮助青少年认识异性眼中的自我。那些从恋爱关系中得到积极体验的青少年会认为自己有吸引力,在与异性交往中会增加自信,而且也有助于提高自尊,也会加强性别角色的认同(Furman & Shaffer, 1999)。

## 四、青少年道德推理能力的发展

继皮亚杰之后,美国心理学家科尔伯格(L. Kohlberg,1927—1987)更系统地对道德推理的发展进行了研究,他采用了道德两难故事,对10～26岁的美国男性进行了纵向研究,提出了道德推理的三水平六阶段理论,见表7-2。

表 7-2 科尔伯格的道德判断发展水平

<table>
<tr><td colspan="3">科尔伯格通过为儿童描述道德判断的两难故事鉴别儿童道德判断的发展水平，其中有一个海因茨的故事：海因茨的妻子得了癌症，快要死了，有一种特殊的药可以挽救她，这种药是当地的一位药剂师最近研制出的，药剂师制造这个药剂花费了 200 元，但其要价是造价的 10 倍。海因茨向他的每一个熟人借他需要的 2000 元，但仅借到了 1000 元。“我的妻子快要死了，”他告诉药剂师，要求把药廉价卖给他，或者是让他延期付款。但药剂师拒绝了。绝望之余，海茵茨钻进了药剂师的仓库，为他的妻子偷盗了药物。海因茨应该这样做吗？为什么？</td></tr>
<tr><td rowspan="2">前习俗水平的道德</td><td>第 1 阶段：惩罚与服从定向</td><td>“如果偷药，他会被投入监狱的。”（惩罚）判断行为的好坏主要根据结果。为逃避惩罚而遵守权威。</td></tr>
<tr><td>第 2 阶段：天真的享乐主义定向</td><td>“偷药可以救他妻子的命，出狱后，他就可以和妻子生活在一起了。（行为由行为者的快乐主义的后果驱动。）个体遵守规则是为了获取奖赏或者满足个人目标，也可能会考虑他人观点，但主观的动机是希望获得回报。</td></tr>
<tr><td rowspan="2">习俗水平的道德</td><td>第 3 阶段：“好孩子”定向</td><td>“如果偷药是为了救他的妻子，人们会理解他的，但如果他不这样做，人们会认为他既冷酷又懦弱。”（对他人的反应、社会关系行为的影响变得重要。）个体为了赢得他人支持或维持社会秩序而遵守规则和社会规范。社会奖励和回避伤害已经取代惩罚成为道德行为的动机。这时候的儿童已经能够明确地意识并认真考虑他人的观点。</td></tr>
<tr><td>第 4 阶段：维护社会秩序的定向</td><td>“即使偷药之后感到有负罪感，但救妻子是丈夫的责任。”（制度、法律、职责、荣誉以及负罪感驱动行为。）个体开始考虑普通大众的观点，即在法律中所反映的社会群体的意志。</td></tr>
<tr><td rowspan="2">后习俗水平的道德</td><td>第 5 阶段：社会契约定向</td><td>“即使丈夫付不起药费，他也有权利得到药剂。如果药剂师不向他收取药费，政府也应该给予弥补。”（民族的法律保护个体的权利；契约是互利的。）个体把法律看成是反映大多数人意志和促进人类幸福的工具。法律应该保障这一目的的完成和公正地实施，个体有责任遵守法律，那些损害人类权利和尊严的强制性法律是否公正值得商榷。</td></tr>
<tr><td>第 6 阶段：普遍的伦理定向</td><td>“尽管偷盗是非法的，但如果丈夫不去救妻子的命，其在道德上是应该受到谴责的，生命比金钱的收益更重要。”（良心是个体的，法律具有社会的效用，但并不神圣）个体判断是非对错是根据在良心基础上形成的道德原则。这些原则是对普遍意义上的公平的抽象的道德指导。这凌驾于任何可能与此产生冲突的法律和社会契约之上。</td></tr>
</table>

（参自 Lefrancois，2004）

科尔伯格认为大部分9岁以下的儿童处于前习俗水平，一部分青少年和许多青少年罪犯或成年罪犯处于这一水平。社会上大部分青少年和成人处于习俗水平。只有少数成年人能够达到后习俗水平，且通常是20岁以后才能达到。科尔伯格认为，道德发展依赖于一定的认知能力，认知能力是按照固定顺序发生发展的，因此这些道德水平和道德阶段的发展顺序也是固定不变的。处于具体运算阶段的人，其道德判断水平就被限于前习俗水平，处于形式运算前期的人，其道德判断水平将处于习俗水平。后习俗水平的道德判断依赖于形式运算阶段后期的水平(史密斯等，2006)

## 五、青少年的问题行为

近年来，青少年的吸烟、饮酒、吸毒等物质滥用问题、网络成瘾及反社会行为等偏差行为频繁出现。这些问题行为及其引发的各种不良后果(如违法犯罪等)已严重危害到青少年的身心健康。

### (一) 物质滥用及其危害

1. 吸烟与饮酒

吸烟与饮酒是青少年常见的问题行为。1996年全国吸烟行为流行病学调查显示，全国15～19岁青少年吸烟人数为900万，其中尝试吸烟人数不下1800万。一些研究发现吸烟的青少年更容易出现酗酒、打架斗殴、过早性行为、吸毒等违纪违法行为问题和各种情绪问题(Jessor，1987；方晓义等人，1996；转引自林丹华，方晓义，2005)。

一项对全国18个省份中学生的调查发现，我国51%的中学生曾经饮过酒，其中男生饮酒率高达59%。同时，在现在饮酒者中约一半的中学生为大量饮酒者，大量饮酒的青少年更容易出现学业失败、身体暴力、自杀、吸毒以及抑郁焦虑等严重问题。不仅如此，青少年饮酒的年龄呈现逐年下降的趋势，研究表明我国60%以上饮过酒的中学生在13岁之前就开始尝试饮酒。青少年开始饮酒的年龄越小，成人后越容易出现酗酒、酒精依赖、吸毒和高危性行为等问题。也更容易出现与饮酒相关的意外伤害(林丹华，2008)。

2. 药物滥用与吸毒

药物滥用是指非医疗目的反复、大量使用具有依赖性特性或潜在依赖性潜力的某种药物，为的是体验该药物所产生的特殊精神效应，并导致精神性依赖和生理性依赖。根据国家药监局2011年度监测报告，中国青少年药物滥用现象严重，药物名单加长。首次滥用药物的年龄从16岁下降到14.5岁。药物滥用严重伤害青少年的身体，可能引发中毒性精神病、昏迷甚至死亡。

林丹华等人(2010)对193名工读学校的学生进行了调查，发现40.9%的工读学生曾使用至少一种毒品。使用最多的毒品分别是K粉、冰毒和摇头丸。女生使用毒品的比例高于男生。开始吸毒的年龄在12～14岁之间。其他一些流行学调查表明，我国新生的吸毒者主要是15～19岁的青少年。吸毒对青少年的身体健康构成巨大的威胁，也更容易出现焦虑、抑郁、违法犯罪等问题。

影响青少年物质滥用的因素有以下4个方面。

1. 人格特征。和同龄人相比，具有易怒、易冲动以及注意力不集中等人格特征的个体(通常这些人格特征在青春期前已出现)更可能在青春期出现物质滥用行为(Chassin, et al., 2004; Tapert, Baratta, Abrantes, & Brown, 2002;转引自斯滕伯格,2007)。

2. 家庭因素。与那些和家庭成员关系紧密，在成长过程中得到家人悉心抚养的同龄人相比，同家人关系疏远、互相怀有敌意，或者和家人间有矛盾的青少年更可能出现物质滥用问题。滥用药物青少年的父母更可能放纵、不在意他们，亲子关系冷淡，或对他们置之不理(Chassin, et al.,2004;Barnes,Reifman,Farrel,& Dintcheff,2000)。

3. 同伴影响。有物质滥用问题的青少年，更可能拥有同类的朋友或对使用药物抱有宽容态度的朋友，这既是由于他们会受到朋友的影响，也是由于这类朋友对他们具有吸引力。正如“物以类聚，人以群分”的道理一样，使用药物的青少年会寻找其他使用药物的同龄人，而且使用药物的青少年之间会鼓励彼此更多地使用药物。如果使用有害物质的青少年的朋友中，也有很多人在使用有害物质，那么这些青少年就可能高估有害物质使用的普遍程度，因为他们看到他人也参与其中的可能性要比实际情况高得多(Unger & Rohrbach,2002)。

4. 社会环境因素。有害物质的滥用程度与青少年所处的环境密不可分。重要的环境因素包括：药物的易得程度，社区中涉及药物使用的行为规范，与药物有关的法律的执行力度，以及大众传媒传递的药物使用方式(Allison, et al., 1999; Petraitis, et al., 1995)。在所有其他条件等同的情况下，更容易获得药物的青少年，更可能使用以及滥用药物。

### (二) 网络成瘾行为

网络成瘾(Internet addiction, IA)，又称病理性网络使用(pathological Internet Use,PIU)，是指个体由于过度使用互联网而产生明显的社会、心理损害的现象(Watson,2005)。具有突显、退瘾、忍耐和复发等类似于其他成瘾行为的特征(Davis,2001)。过度使用网络会增加孤独感和抑郁,并导致社会卷入减少和心理幸福感降低(Kraut,Kiesler,Bonka B,2002)。我国青少年的网络使用日趋普遍,网络成瘾问题日趋严峻。对不同地区青少年的调查研究发现青少年网络成瘾比例介于 6%～14% 之间。网络成瘾对青少年的生理、心理健康和人格发展、日常生活和学习都产生了不利影响。

研究表明青少年网络成瘾的影响因素有以下几个方面(刘勤学,方晓义,周楠,2011):

1. 父母教养方式。父母的过分干涉、拒绝否认、父亲的惩罚严厉和母亲的缺少温情都和青少年网络成瘾有显著关系。

2. 社会支持。高成瘾倾向青少年获得和感受到更少的社会支持。在对网络成瘾的影响上,主观体验到的支持可能比实际的支持更为重要。

3. 人格特征。多数研究都发现,网络成瘾者往往具有某些特殊的人格特征,如忧虑性、焦虑性、自律性、孤独倾向、感觉寻求高。

### (三) 反社会行为

反社会行为(Antisocial Behavior)是指那些违背社会公认的行为规范,做出对他人和社会造成损害乃至严重破坏的行为。青少年第一次参与严重违法活动的年龄一般在 13～16 岁之间(Farrington,2004)。我国一项关于青少年反社会行为调查的研究表明,青少年严重违法和犯罪行为极少,出现最多的反社会行为有破坏公物、撒谎、逃学、向父母骗钱等,其次是赌博、色情活动、进入违禁场所,其他如强要财物、偷窃、打架等也有所涉及(蹇璐亦,李玫瑾,2007)。

许多具有反社会行为的青少年,在长大成人后会被诊断为患反社会人格障碍,而且会持续实施违法犯罪活动。最新纵向研究表明,那些从儿童期一直持续到成人均具有反社会行为的个体,往往具有以下特点:低智力水平、阅读困难、多动以及不良的家庭环境(被父母粗暴对待、不一致的要求、较多的家庭冲突以及家庭经济困难等)。这些个体到 32 岁时,无论男女,均更有可能出现严重的犯罪行为,存在心理上、身体上的健康问题,经济上也更有可能出现困难。那些从青春期开始出现不良行为的个体,到 32 岁时也会存在上述困难,只不过在程度上没有从儿童期就出现反社会行为的个体严重(Odgers, Moffitt, Broadbent, et al. ,2008)。

## 思考与练习

1. 发育早晚对青少年心理有怎样的影响?
2. 结合青少年性心理的发展特点,应该如何对其进行性教育?
3. 马西亚关于青少年同一性地位模型是如何划分同一性地位的?
4. 青少年期,亲子冲突的原因有哪些? 如何应对?
5. 友谊对青少年发展有怎样的意义?
6. 团体对青少年发展有何影响?
7. 如何应对青少年物质滥用问题?
8. 影响青少年网络成瘾的因素有哪些?

# 第八章　成年期的心理发展

成年期年龄跨度较大,包括成年初期、成年中期和成年后期。成年初期,即青年后期,年龄范围是18、19岁到35岁。成年中期,即中年期,一般指35～60岁这段时间。成年后期的年龄范围是60岁至死亡这段时间。成年期的年龄范围并不是一成不变的,随着社会生活水平和医疗保健条件的改善,年龄阶段的划分也随之变动。近些年,随着老龄化社会的来临,加之学科发展的需要,心理学家对成年心理的研究越来越重视。

## 第一节　成年期的生理发展

个体的生理发育和成熟在成年早期已经完成,大部分人处于身体能力的高峰期,他们的身高、体重获得充分的发育,骨化完成,身高的增长逐渐停止。身体内部各系统功能指标趋于平衡。大脑和神经系统功能显著发展并逐渐成熟。生殖系统功能成熟,已具有良好的生殖能力。25～30岁之后,骨质含量将随年龄增长而逐渐减少,从中年期开始,个体的身体机能开始下降。进入成年后期,个体的生理出现逐渐衰老的迹象,这种衰老的外部迹象表现在身体外形的变化,如头发变灰、变白,皮肤出现皱纹,身高变矮等,内部衰老则表现在脑与神经系统、消化系统、呼吸系统、循环系统、泌尿系统、性与生殖系统、内分泌和骨骼系统等方面的老化。本节主要从亚健康、更年期和老化三个方面介绍成年期生理发展。

### 一、亚健康

亚健康(sub-health)是一种介于健康与疾病的中间状态,是个体在适应生理、心理、社会应激过程中,由于身心系统(心理行为系统、神经系统、内分泌系统、免疫系统)的整体协调失衡、功能紊乱,而导致的生理、心理和社会功能下降,但尚未达到疾病诊断标准的状态,这种状态通过自我调整可以恢复到健康状态,长期持续存在可演变成疾病状态(王文丽,周明洁,王力,张建新,2010)。

亚健康的主要表现形式为生理、心理和社会适应三方面的改变。生理方面主要表现为疲劳、困倦、乏力、多梦、失眠、头晕、目眩、心悸、易感冒、月经不调、性功能减退等。心理方面主要表现为抑郁、烦躁、焦虑、妒忌、恐惧、冷漠、孤独、记忆力下降、注意力分散、反应迟钝、精神紧张、情绪低落等。社会适应方面主要表现为工作吃力、学习困难、人际关系紧张、家庭关系不和谐等(闫剑勇,丁国允,雷达,2005)。

世界卫生组织(WHO)的一项全球性调查表明,真正健康的人仅占5%,患有疾病的人占20%,75%的人处于亚健康状态(赵瑞芹,宋振峰,2002),年龄分布在20—45岁之间(刘姝,宁利苗,2003)。中华医学会曾对33个城市、33万各种人群做过一次随机调查,结果表明,我国亚健康人数约占全国人口的70%。其中,沿海城市高于内陆城市,脑力劳动者高于体力劳动者,中年人高于青年人。而高级知识分子、企业管理者的亚健康发生率高达70%以上(王瑞红,2007)。

克服不良的生活习惯,积极参加体育锻炼和娱乐活动,放松情绪,缓解工作压力,提高身体和心理素质,有助于预防亚健康的发生。

**阅读栏8-1　慢性疲劳综合征(CFS)**

慢性疲劳综合征(CFS)是1988年由美国疾病控制中心(CDC)提出来的,是具有一组临床症状的疾病。以长期疲劳为主要临床特征,低热合并有咽炎、淋巴结肿大、头痛、肌肉酸痛、关节痛、失眠、精神不集中、记忆力下降、抑郁等复杂的症状。CFS的病因尚不十分清楚,一般认为与病毒感染有关,如肠道病毒感染,人类疱疹病毒6型、巨细胞病毒等,尤其是与EB(Epstein-Barr virus)病毒感染有关。

1994年美国疾病控制中心修订并简化了CFS的诊断标准:

1. 主要表现:经临床评定不能解释的持续反复发作的慢性疲劳,该疲劳是新发生的或者有明显的开始日期;不是持续用力而造成的;经充分休息而不能明显缓解;因疲劳而导致工作、学习、社会活动或个人活动水平较发病前有明显的下降。

2. 临床症状:发生慢性疲劳表现之后同时有4项或更多的下述症状,且这些症状已经持续存在或发作6个月或更长时间。

(1) 短期记忆力或注意力集中能力明显降低;

(2) 咽痛;

(3) 颈部或腋下淋巴结肿大、触痛;

(4) 肌肉痛;

(5) 没有红肿的多关节疼痛;

(6) 出现一种新的、程度较重的头痛;

(7) 不能解乏的睡眠;

(8) 运动后发生的疲劳持续在24小时以上。

(引自杨振东,董向荣,2007)

## 二、更年期

更年期是指个体由中年向老年过渡过程中生理和心理状态明显改变的时期。男、女两性都会出现更年期，一般发生在50岁左右。更年期是人生的一个必经阶段，是一种正常的、自然的生理现象。一般而言，大部分人会在半年到两年左右的时间内恢复正常的生理状况。因此，个体和家人应该科学、客观地看待这些现象，并且积极参与到这个过程中，帮助其顺利度过更年期。

### (一) 女性更年期

女性更年期是指女性“绝经”前后的一段时期，意味着由可以生育到不能生育的转变。更年期最显著的标志是绝经。女性月经变得没有规律并且频率下降，之后的一年左右没有出现月经，就已经进入绝经期。进入更年期的年龄存在很大差异，不能一概而论。

更年期女性的性激素分泌水平开始下降，这导致一系列的症状。最普遍的体验便是“潮热”，即女性腰部以上的部位会突然发热、流汗，随后会感觉到寒冷。头痛、头晕眼花、心悸、关节疼痛、腰背痛、肌肉痛和生殖系统的不适都是症状的体现。更年期女性还会出现一系列的心理体验，如压抑、紧张、间歇性哭泣、注意力不集中、烦躁等。

更年期女性的生理变化是真切存在的，但是，其心理体验与更年期没有必然的因果关系。研究发现，更年期症状的性质和程度受到对待更年期的态度及其预期、家庭、社会地位、生活地域、种族和文化背景等因素的影响。研究表明，能够顺利度过更年期的重要影响因素是个体对待更年期的态度和预期，那些预期更年期会很困难的女性更倾向于认为更年期会引起不良的身体症状和情绪问题；相反，对更年期持有积极态度的个体很少将身体不适归罪于更年期(费尔德曼，2007)。临床观察发现，由于亲子关系紧张、夫妻关系不和、工作不顺等因素的影响，更年期的女性容易出现严重的精神症状。研究发现，非西方文化和西方文化女性在更年期体验方面存在差异。表8-1列出了绝经年龄和症状体验的地域差异。

**表8-1　绝经年龄和症状体验的地域差异**

| 地域 | 绝经年龄(岁) | 症状体验(人数百分比) |
| --- | --- | --- |
| 欧洲 | 50.1～52.8 | 74% |
| 北美洲 | 50.5～51.4 | 36%～50% |
| 拉丁美洲 | 43.8～49.5 | 45%～69% |
| 亚洲 | 42.1～49.5 | 22%～63% |

(引自 Palacios, Henderson, Siseles, Tan, & Villaseca, 2010)

### （二）男性更年期

男性更年期是一种临床症候群，主要特征表现如下：第一，性欲和勃起功能减退，尤其是夜间勃起；第二，情绪改变并伴有脑力和空间定向能力下降，容易疲乏、易怒和抑郁；第三，瘦体量减少，伴有肌肉体积和肌力下降；第四，体毛减少和皮肤改变；第五，骨矿物质密度下降，可引起骨量减少和骨质疏松；第六，内脏脂肪沉积。上述症状不一定全部出现，其中可能以某一种或某几种症状更为明显，可伴有血清睾酮水平减低。目前，普遍认为男性更年期综合征是指男性由中年期过渡到老年期的一个特定的年龄阶段，一般发生于40～55岁年龄段，也可以早至35岁或延迟到65岁。它是以男性体内的激素水平和心理状态由盛而衰的转变为基础的过渡时期，如果这个变化过程比较缓和平坦，可以没有任何明显的临床异常；如果表现得过于激烈，并表现出一定程度的身心异常的症状或体征时，则称之为男性更年期综合征（郭应禄，李宏军，2004）。

夏磊、张贤生、叶元平和郝宗耀等人（2012）对1026例45岁以上接受检查的男性进行问卷调查，结果表明：中老年男性更年期综合征样症状总发生率为64.7%，其中轻度58.1%，中度30.9%，重度11.0%，且与年龄具有明显相关性；性功能症状随年龄增加而显著增加；年龄、整体健康状况及生活方式是影响男性更年期综合征样症状的重要因素。

更年期给男性的身体和生活带来诸多烦恼和不适。男性更年期教育在西方国家已经有了一定的基础。我国的更年期教育尚属刚起步阶段。目前，只有少数几个发达的大中城市开展了更年期教育，大众对于男性更年期的认识更是明显落后。陆曙民和唐文娟（2002）对长江中下游3个城市的2574名40～70岁中老年男性对更年期情况的知识、态度和实践能力及其可能出现的有关生殖保健方面的24个问题进行了综合调查，结果显示：男性更年期症状出现最多的是关节痛；其次是健忘、兴趣减少、失眠、多汗、全身乏力、注意力不集中、烦躁、心悸、潮热、性交时不能勃起、对性感的事物无动于衷、无晨间勃起、无缘无故的恐慌，绝大多数症状都随年龄的增加而增加。听说过有“中老年男性部分雄激素缺乏症”的仅有38.67%；知道治疗男性性功能障碍药物万艾可（伟哥）的男性有63.68%；而知道有一种叫安特尔的补充雄激素药物（可以治疗男性雄激素不足）的仅有17.10%。

## 三、老化

老化（aging）与老龄化是不同的概念，老化是指人体组织和生理结构衰老变化的过程和现象。老龄化是一个人口学术语，指的是老年人口在总人口中比重的提高过程，是指人口年龄结构的变化（黄哲，2012）。

### （一）脑老化

进入成年后期，大脑和神经系统发生了一系列的变化，出现老化现象。脑老化是指随着年龄的增长，大脑组织结构、功能、形态逐渐出现的衰退老化现象，并表现为一定程度的脑高级功能障碍，其中认知功能减退是其重要特征之一。脑老化是一种正常生理现象，它与病理性大脑变化有着本质的区别（杨艺，隋建峰，2012）。

脑老化的主要生理病理学改变表现在以下五个方面。

第一，脑重量减轻和脑萎缩。成年男性的脑平均重量在1400～1500克之间，成年女性则在1200～1250克之间。随着年龄的增长，脑重也开始减轻。20～90岁之间，脑重和体积下降了5%～10%。50岁以后，脑重量减轻的速率加剧。生命终结时，脑重平均减轻100～150克（许淑莲，申继亮，2006）。除了脑重减轻外，大脑的沟回变平、裂缝变宽，脑室空间增大，这些变化主要发生在脑皮质的额叶，其次是顶叶和颞叶。

第二，神经元和神经胶质细胞的变化。随着年龄增长，神经元数量减少，而神经胶质细胞数量增加，这是脑老化的基础性改变。研究发现大脑皮层神经元数量的减少以颞上回、额上回、中央前回以及纹状体最明显，其次为中央后回和颞下回，神经胶质细胞的增生与活化则是脑老化的一种代偿机制。

第三，老年斑形成。主要分布于大脑皮层（特别是枕颞回），还可见于杏仁核、海马、间脑、脑干和脊髓内，但不在白质内出现，随着年龄的增长，老年斑逐渐增多。

第四，神经元纤维缠结。随着年龄的增长，一些脑区锥体细胞的细胞质内的原纤维易形成纤维丝缠结（赵雪，牛广明，2010；Raz & Rodrigue，2006）。

第五，树突和突触的变化。在脑老化的过程中，神经细胞分为正在凋亡和持续生长的两类细胞。正常老化的过程中，树突的长度逐渐增长，突触一方面随着凋亡的神经细胞而减少，同时，又随着生长的神经细胞而增加，导致由突触相连而形成的神经网络几乎没发生变化，只是单个突触的结构发生一些变化，持续生长的神经细胞占主导地位。因此，年龄并不一定会导致神经元总数的改变，正常老化对大脑功能的影响微乎其微。非正常老化过程中，树突的长度逐渐缩短，正在凋亡的神经细胞占主导地位。神经细胞的凋亡在细胞类型和脑区上是有选择性的，并不是平均分布在脑的各个区域，小脑和海马部分凋亡的数目较多(Rutten, Schmitz, Gerlach, Oyen, Mesquita, Steinbusch, & Korr 2007)。同时,人的大脑具有可塑性,有些神经细胞凋亡后,具有可塑性的神经细胞会取代他们,继而形成新的树突和新的突触联结,执行被取代的凋亡神经细胞的功能(许淑莲,申继亮,2006)。

中枢神经系统退变性疾病是以原发性神经元变性为主的一组严重危害健康的疾病,包括阿尔茨海默病、帕金森病、脊髓小脑共济失调、运动神经元病以及多发性硬化等各种类型(李晔,刘贤宇,王晓民,2002)。大量证据表明正常脑老化并不一定导致脑功能障碍。脑功能障碍与神经元和突触数量的减少、神经纤维结、老年斑有一定的关系,但不是必然的关系。研究发现阿尔茨海默病患者的新大脑皮质和海马细胞均有损伤,且存在大量的神经纤维结和老年斑。亦有研究发现,55 岁以后很多人的嗅皮层中出现一些神经纤维结,但是这些人并没有出现任何的记忆缺失(Morrison & Hof, 1997)。

**阅读栏 8-2 大脑与神经系统障碍**

阿尔茨海默病是一种进行性老年痴呆,年龄越大,发病越多。研究者认为阿尔茨海默病与人类大脑里的胆碱类物质有关,在患者的大脑里,乙酰胆碱水平显著降低;也可能与血清类物质和多巴胺类物质有关;或者与遗传基因有关,如果某人的直系亲属中有患阿尔茨海默病的,那么这个人患此病的概率是那些直系亲属中没有人患此病的人的 3 倍。阿尔茨海默病发展较为缓慢。第一阶段,病人表现为缺乏精力和动力,学习和反应变慢,会忘记一些常用的词,心情烦躁,易发脾气。第二阶段,患者说话能力和理解力明显下降,对他人情感的知觉变得迟钝。第三阶段,患者出现严重的记忆障碍,会忘记最近发生的事、时间、季节和亲人。第四阶段,患者需要别人的帮助才能完成日常行为。

帕金森综合征是一种慢性疾病,主要是由于脑内的神经递质多巴胺急剧减少而引起的。脑内产生多巴胺的主要部位是中脑黑质的黑色素细胞。帕金森综合征的患者,黑质的黑色素细胞大部分或几乎完全消失,黑色素颗粒崩解。最典型的症状就是双手颤抖。病情轻微时,双手会不停地抖动或像搓药丸似的搓捻。严重时,全身颤抖,头部、舌头、手脚都表现出有节奏的抖动。情绪激动时,抖动明显加剧,但入睡后,抖动则完全消失。帕金森综合征病人的全身肌肉僵硬,行动起来特别困难,起床、翻身、站立都非常缓慢。他们走路的姿势也很特别,身体向前屈伸,步距小,速度快,两手紧贴身体,没有自然的摆动,迈第一步特别困难,几步后就比较容易,但是不会停步、转弯,只会笔直向前。病情发展到晚期,智力也会衰退,直至卧床不起,吞咽困难,饮食不进,最后全身衰竭而死。

(引自许淑莲,申继亮,2006)

### (二) 感官系统的老化

步入中年期以后,个体的所有感官都以大体相同的速度在退化,其中变化最显著的是视觉和听觉。

1. 视觉变化

成年期,视觉系统会发生一些生物学方面的变化。眼睛外部的变化主要发生于35至45岁之间。角膜开始失去光泽,表面出现浑浊的流质,外周有了灰圈,曲度变小、变厚,折射光线的能力变差,开始出现散光;瞳孔的直径逐渐变小,调节光线的能力减弱,导致老年人在光线弱的情境下很难看清楚物体;睫状肌萎缩衰老,收缩性减弱,使得老年人很难看清楚近处的物体,成为"远视眼";晶状体变黄、变浑浊、变硬、缺乏弹性,导致视觉能力下降(许淑莲,申继亮,2006)。研究表明,由于晶状体不透明性的极端发展,有20%～25%的75岁以上的老年人会患上白内障(夏埃,威里斯,2002)。视网膜和神经系统的变化则发生在55～65岁之间。血液循环降低导致视网膜细胞缺乏养分,使细胞遭到破坏或者功能损伤。另外,正常的衰老和疾病都可能引起视网膜和神经系统的功能损伤。

2. 听觉变化

进入成年期后,耳郭会变宽、变长、变厚、变硬,长出一些硬的细毛,外耳道中的耵聍腺分泌越来越多的耵聍,鼓膜的张力变得难以恢复,听小骨变得僵硬,这些变化使得成年人在50多岁时听力敏锐度开始下降(许淑莲,申继亮,2006)。听力减损首先表现为高频音听力困难。一般而言,老年人听女声比听男声困难,听女高音比男高音困难,听高音喇叭放出的声音比听低音喇叭的困难(夏埃,威里斯,2002)。男性比女性听力下降得更快,大约是女性的两倍。

## 第二节　成年人的认知发展

进入成年初期,个体的各种感觉能力达到了最佳状态,在40或50岁时,这类感觉能力才开始退化。其中,视觉和听觉的变化最为突出。随着年龄的增长,轻度的感知觉缺陷是正常的,可以采取一定的措施弥补,只有少数的老人会产生严重的问题。记忆困难是困扰老年人的一项重要问题,但老年人似乎只在某方面表现出这种困难。步入成年期,个体所面临的全新的社会环境和任务赋予了他们新的社会角色,使得他们的思维特点不同于青少年时期所表现出来的形式逻辑思维的特点,辩证的、相对的、实用性的思维形式逐渐成为成年人的重要思维方式。

## 一、成年期的记忆特点

总体而言,成年人记忆变化的总趋势是随着年龄的增长而不断下降和老化。然而,随着年龄的增长,是不是所有的老年人都存在记忆困难?是不是在所有类型的记忆任务上,老年人都表现出这种困难?答案是否定的。研究发现,老年人在需要大量认知资源的任务中存在困难,具体表现在限时任务、不熟悉的任务、使用日常较少应用的学习和记忆技巧任务、外显记忆任务和情景记忆等方面。但是,在熟悉任务、自动化的熟练技巧性任务上、语义记忆和内隐记忆方面,老年人的表现与青年人的一样,甚至优于青年人(西格曼,瑞德尔,2009)。

### (一) 自传体记忆

研究者通常采用自传记忆测验来考察成人的自传体记忆。测验中,给被试提供一些线索词,要求被试在规定的时间内,根据线索词的提示,回忆在具体时间和地点个体所经历的事件。线索词分为三种:积极线索词,如有趣、幸运、高兴、希望等;消极线索词,如失败、不高兴、难过、被抛弃等;中性线索词,如工作、城市、家、鞋子等。自传体记忆分为具体记忆和一般记忆。具体记忆是指在具体的时间、地点,个体经历的事件,事件持续的时间不会超过一天,一般不会重复发生;不符合这些特征的事件被认为属于一般记忆。

具体测验过程中向被试提出以下问题考察积极和消极线索词激发的自传体记忆:

请努力回忆过去曾令你感到________(此处是线索词)的某一天或某件事情;

中性线索词激发的自传体记忆的问题是:努力回忆与________(此处是线索词)有关的某一天(Serrano, Latorre, Gatz, 2007)。

主试除了记录被试所报告的事件外,还要记录被试的回忆潜伏期,即从主试发问完毕到被试说出第一个词之间的时间。

自传体记忆的高峰期只有在35岁以上的成人身上可以观察到,他们对自己10～30岁之间所经历的事情记忆得更加深刻、生动。研究发现,50岁个体对10～20多岁之间的记忆更多,70岁人回忆更多的是20～30多岁之间的内容,即他们对早年的回忆要好于对近几十年的回忆,但是完整程度欠佳(费尔德曼,2007)。

研究表明成年人的自传体记忆与一些心理问题有关。与非抑郁症患者相比，抑郁症患者回忆起更多的消极事件，其回忆潜伏期也更长（Serrano，Latorre，Gatz，2007）。与正常成年人相比，有自闭症状的成年人回忆的具体事件更少，其回忆潜伏期也更长（Goddard，2012）。

### （二）工作记忆

从加工资源的角度讲，认知表现上的年龄差异很多都可归因于一些基本结构如工作记忆、抑制等的年龄差异。伯瑞拉等人对 304 名 20～86 岁的成人工作记忆进行了研究，发现工作记忆随着年龄增长有持续下降的趋势，下降的速率在整个成年期是持续的，在成年后期并无加速下降的现象。无论是言语工作记忆任务还是视—空间工作记忆任务对下降的速率均无影响（Borella，Carretti，& De Beni，2008）。

### （三）前瞻记忆

前瞻记忆是对未来打算做的行动的一种记忆，如记得帮同事交请假条、记得明早 8 点开会。前瞻记忆对老年人尤其重要，如要记得按时服药、记得关煤气等。索尔都斯等人（Salthouse，Berish，& Siedlecki，2004）采用四种任务对 330 名 18～39 岁的成年人的前瞻记忆进行了研究。

第一种任务是“红粉笔”：要求被试无论何时听到主试说“红粉笔”时都要重复这个词。被试被告知在三个实验中的任何时候都可能出现这个词，且事先不会有任何提醒。

第二种任务是“图画分类”：要求被试对用黑白线条画的有生命的和无生命的物体进行分类，有生命的按“1”键，无生命的按“0”键。除此之外，当出现一个物体的名称后，如果在后面的刺激中，出现了该物体的图片则按“2”键进行反应，作为前瞻记忆任务。

第三种任务是“概念分类”：要求被试将一个有多个维度的刺激分配到 4 个类别中的一个，同时要记住对目标刺激做不同的反应。刺激包括图形（圆、方、十字、星）、颜色（红、蓝、绿、橙）和数量（1、2、3、4）三个维度组成。前瞻记忆目标是 4 个绿星，告诉被试当目标出现时就按“0”键，无论其类别如何。

第四种任务是“运行记忆”（running memeory）：在 6 种不同背景下呈现词，要求被试记住最近呈现的 3 个词，同时对目标背景作出特定反应，如按“0”键，其他背景则按“1”键。

结果发现 50 岁之前，在四种前瞻记忆任务中都没有表现出年龄差异，60 岁以后，前瞻记忆表现出随着年龄的增长而下降的趋势，见图 8-1 。

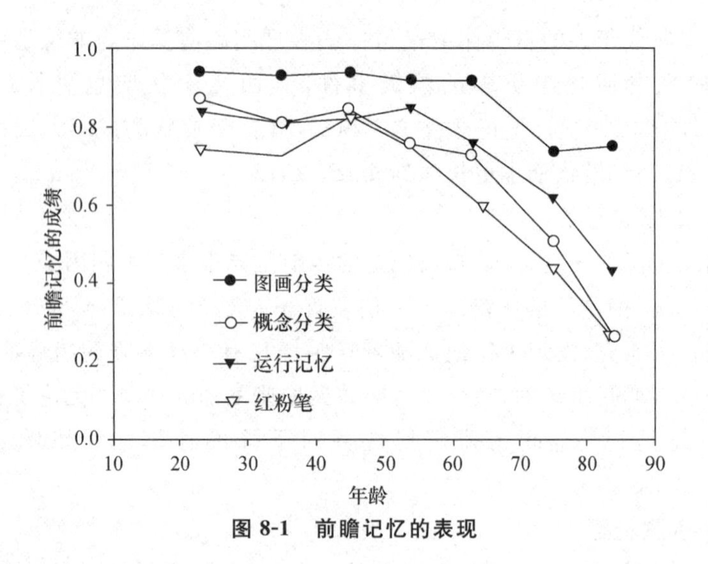


**图 8-1 前瞻记忆的表现**

## 二、成年期的智力发展

早期的研究认为老年人的智力不如年轻人，但这类研究采用的是横断研究，很难排除族群效应的影响，即可能是老年人与年轻人受教育程度不同造成的。夏埃等人(Schaie,1994)做了一项成人智力发展的大型研究。他们在 1956 年对 5000 多名 22～70 岁的个体进行了测验，然后分别在 1963 年、1970 年、1977 年、1984 年、1991 年和 1998 年再次对这些被试进行测验，搜集了 42 年间的纵向数据。结果发现直到 60 岁，个体的言语能力、推理能力、数字能力、词语流畅性和空间视觉等能力上基本没有下降；在某些样本中，智力在成年期还有所提高。即便超过 60 岁，在 74 岁或 81 岁以前智力下降都很轻微。

他们总结出成年人智力变化的四点特征。第一，成年期各种智力能力随年龄增长而变化并不存在统一的模式。从 25 岁开始，成年人的某些智力持续下降而某些能力则相对稳定。第二，对大多数人而言，67 岁之前，个体的某些能力会小幅度的下降，80 岁以后才会很明显的下降。第三，智力随年龄增长而变化的趋势存在明显的个体差异，有人下降得早，有人下降的晚。第四，环境和文化是影响智力下降程度的重要因素。以下因素能够降低个体记忆下降的风险：没有罹患心血管系统等方面的慢性疾病；良好的居住环境；参加激发智力的活动；人格具有灵活性；配偶具有高认知能力；保持良好的知觉加工速度；对自己早年的成就感到满意。

贝尔茨(Baltes,1993,1996)区分出两种智力，即随着年龄增长而下降且出现老化的信息加工智力(cognitive mechanics)和随着年龄增长而稳定甚至提高的文化知识智力(cognitive pragmatics),见图 8-2。用计算机语言来讲,信息加工智力相当于心理的硬件,反映了进化过程中脑发育的神经生理结构,涉及感觉输入、视觉记忆、区分、比较、分类等信息加工过程的速度和准确性。由于受到生理的、遗传的和健康的影响,随着年龄的增长,信息加工智力呈现下降趋势。相反,文化知识智力是基于文化的心理软件程序,包括阅读和写作技能、言语理解、教育水平、专业技能、自我知识和生活技能,由于受到文化的影响,即使到了老年期,智力的提升也是可能的。因此,老年期信息加工智力可能降低,而文化知识智力却可能提高(Santrock, 2003)。

对于老年人的智力发展可以得到这样的基本结论:老年人的智力有所衰退,而且,衰退的多是非言语性的且要求一定速度的动作性智力操作;并非所有的智力因素均衰退,有的因素到了老年不但不衰退,还有所增长;各智力因素衰退的表现也不同,有快有慢。

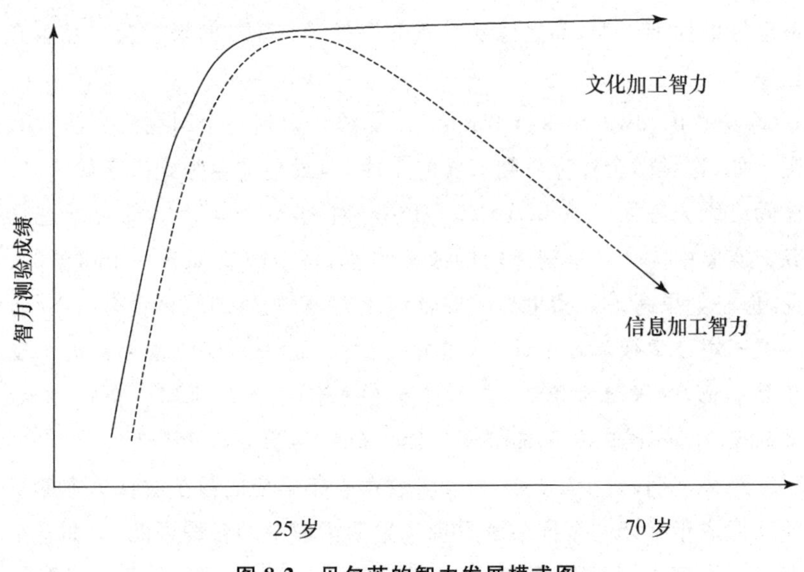


**图 8-2　贝尔茨的智力发展模式图**

(引自 Santrock, 2003)

## 三、成人期的思维发展

皮亚杰认为个体的认知发展止于形式运算阶段,青少年就已经具备了形式运算的能力,思维水平达到了人类认知发展的顶峰。一些发展心理学家认为大多数成人并不是以形式运算方式进行思维的，也不寻求合乎逻辑的问题解决方式，而是寻求最有效的问题解决方式。成人也不再像青少年那样在看待事物时简单地分成对与错、黑与白，而是能看到灰色地带，成人能够更加辩证地、从多个视角、相互作用的观点看待问题、能够采取折衷的办法解决问题。心理学家将成人这种更为成熟的高级认知称为后形式思维(postformal thought)。

辛诺特(Sinnot，1984;1998;转引自 Papalia，et al.，2005)提出了后形式运算的 4 个标准。

1. 切换(shifting gears)。具有在抽象推理和现实世界之间来回转换的能力。如认为某个观点理论上是可以的，但在现实中行不通。

2. 多因多法(multiple causality，multiple solutions)。认识到大多数的问题并非由单一因素引起，也不只有一种解决方法，并且有些方法比另外一些方法更有效。

3. 实用主义(pragmatism)。能够在几种可能的解决办法中选择最佳方案并知道选择的标准。如，你想稳妥一点就选择 A 方法，如果想快一点就选择 B 方法。

4. 悖论意识(awareness paradox)。能够认识到一个问题或方法含有固有的冲突。如，这样做会让你得到想要的东西，但最终你会为此付出代价。

拉勃维维夫等人(Labouvie-Vief，1987)对 10～40 岁个体的思维进行了实验研究。实验中向个体呈现不同的故事情境，每个故事都有一个清晰的、逻辑的结论，但是如果考虑真实世界的要求和压力，对故事的解释会有所不同。如：

本是一个经常饮酒过量的人，尤其是他去酒吧时，饮酒情况更加严重。本的妻子警告他，如果他再饮酒，自己将带着孩子，离开这个家。今晚，本参加了办公室的聚会，很晚回到家，而且喝了酒。他的妻子会离开他吗?

研究结果表明，青少年前期和大多数青少年早期的孩子会认为本的妻子会离开他。但成年早期的个体会考虑现实生活情境中的各种可能性，如本是否承认错误、道歉，请求妻子原谅他，他的妻子是否有地方可去，等等。实验说明成年早期个体表现出了超越形式运算思维的后形式思维。

老年人往往运用智慧(wisdom)解决问题，智慧是内省的产物，与教育和读书关系不大。智慧是老年人的一项重要资产，他们需要一种视角去理解现实并赋予生活以意义。由于身体机能以及信息加工能力的下降，老年人在解决问题尤其是面对可能的损失时，更多地采用代偿策略，即只动员必要的资源加以应对。但是年轻人则更愿意调动注意、能量、努力和坚持等一切资源以最优化的策略去达成目标。一项研究对比了年青人和老年人在计算机上完成感知运动任务的情况：在最优化条件下，目标是完成任务越多越好；在代偿条件下，目标是避免损失或下降。结果发现，年青人在最优化条件下动机和坚持性更高，而老年人则是在代偿条件下动机和坚持性更高(Freund，2006)。

# 第三节　成年期的人格与社会性发展

进入成年期，个体的生活事件发生了一系列的变化：个体寻求友谊；开始恋爱；组建家庭、经营婚姻；开创并发展自己的职业与事业；适应退休生活；迎接死亡的来临。

## 一、成年期自尊的发展

自尊是自我发展的重要方面，很多研究表明，高自尊的个体身体更健康、很少出现抑郁症状以及犯罪行为，他们会取得更大的成就、获得更多的财富。发展心理学家认为在人生的一些转折时期，个体的自尊会发生变化。例如，有研究发现，青少年时期会出现自尊水平降低的现象，这可能是因为他们正经历身体上的巨大变化、角色冲突以及日益复杂的同伴关系与恋爱关系(Harter，1998；Robins，et al.，2002)。另一个自尊下降的阶段是从中年向老年过渡的阶段，因为这阶段老年人要面对的是空巢、退休、丧偶、身体机能及社会经济地位的下降等问题，这些都是影响自尊的重要因素。中年期则被认为是高自尊的时期，因为在人生中这一阶段在工作、家庭和两性关系方面都处于一个高度稳定的状态，在事业上也往往处于高峰状态。

奥斯等人(Orth，Trzesniewski，Robins，2010)对3617名25～104岁成人自尊发展进行了研究，被试来自美国一个全国性的、有代表性的样本，历经16年共进行了4次测试。结果表明成人自尊发展轨迹为二次曲线，从成年初期到中期，自尊持续增长，到60岁时达到顶峰，继而在老年期开始下降，见图8-3。自尊的发展轨迹未见族群差异。在成年初期，女性的自尊水平低于男性，但在老年时则无差异。白人和黑人在成年初期和中期时，其自尊的发展轨迹相似，但老年时，黑人的自尊下降比白人快。受教育程度高的个体，其自尊水平高于受教育程度低的个体，但二者发展轨迹相似。社会地位和身体健康可以解释老年期自尊下降的现象。

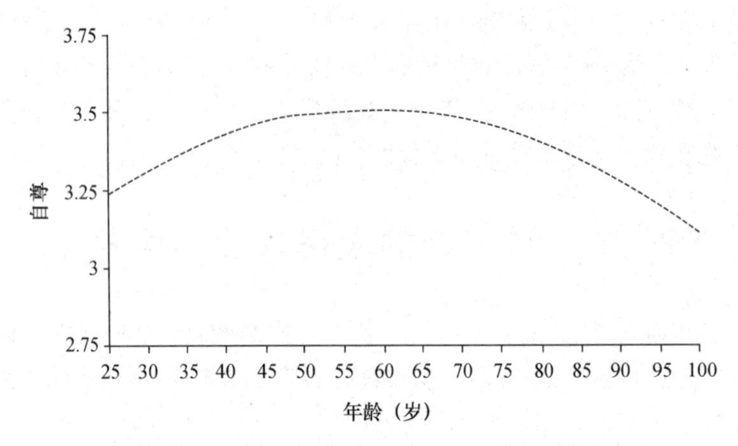


**图 8-3　成年期自尊发展的轨迹**(Orth，et al.，2010)

## 二、友谊

友谊对个体具有重要的适应性意义，当人们遇到困难或危机时，总会想到找朋友帮忙。进入成年期后，友谊也相应地发生了变化。除了要求彼此信任、忠诚和亲密外，朋友之间更多的是分享思想与情感。女性同性之间的友谊比男性要多，这可能是因为男性之间有较大的竞争性，不愿把自己的弱点或不足告诉对方，相对来说，自我开放程度较少，影响了亲密关系。

成年期建立的友谊常基于共同的环境与经验，如在同一单位上班或参加同一个活动组织，由于有共同的活动、价值与兴趣，容易建立友谊。成年初期，朋友之间交往比较频繁，随着家庭建立、孩子降生、职业压力等问题接踵而至，朋友之间的交往范围与频率有所下降。到了老年，友谊则在生活中又显得非常重要了。朋友能够陪伴老年人度过闲暇时间，获得情感支持与接纳，扩大社交范围，从朋友那里得到更多的信息。

当成年人没有亲密的伴侣或缺少令人满足的友谊关系时，可能会产生孤独感。人或多或少都会体验过孤独，如刚到一个新环境，没有认识的人。孤独感是失去与他人联结的痛苦体验，有孤独感的人感到被群体排斥，周围的人不爱自己，与环境疏远，无人可以分享内心感受。

成人初期孤独感比较强烈，见图 8-4。这一时期，个体因升学及就业，必须在新的环境里开始新的人际关系，同时对亲密关系的期望也较高，因而普遍感到孤独。

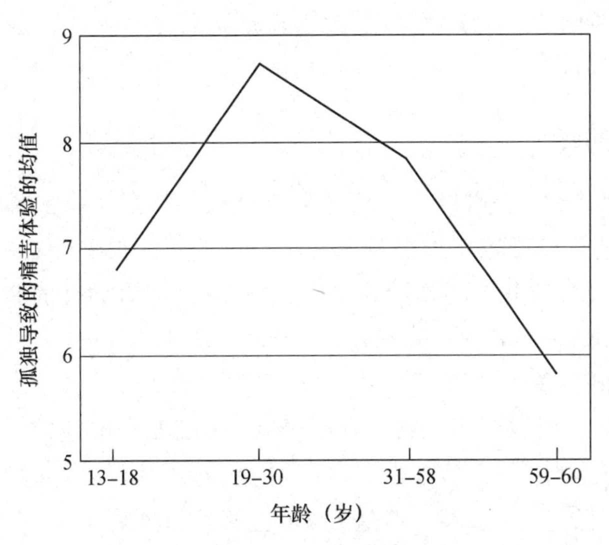


**图 8-4　年龄与孤独感的关系**

（Rokach，2001；转引自 Beck，2012）

澳大利亚一项研究，调查了成人在 2001—2009 年的孤独感，发现成年人的孤独感与家庭类型及性别的有关（见表 8-2）。在单身情况下，男性感到孤独的比例比女性多 2 倍。有子女的夫妻比无子女的夫妻孤独感强，且有子女的女性比有子女的男性孤独感更强。对于刚当父母的夫妻来说，孩子的出生改变了原有的生活方式，与原来的社交网络联系松散、彼此依赖，共同体验了与社会失去联结的感受。而单亲父母因为缺少另一半，则更为现实一些，相对来说比双亲家庭的孤独感低一些。

**表 8-2　不同家庭类型的成年人的孤独体验**

| 家庭类型 | 女性（25—44 岁） | | 男性（25—44 岁） | |
|---|---|---|---|---|
| | 人数 | 百分比 | 人数 | 百分比 |
| 单身 | 50 | 12% | 210 | 39% |
| 无子女的夫妻 | 70 | 13% | 92 | 16% |
| 有子女的夫妻 | 439 | 62% | 511 | 52% |
| 单亲父母 | 149 | 47% | 54 | 39% |
| 总计 | 724 | 35% | 893 | 39% |

美国一项研究调查了 3012 名 45 岁以上人士的孤独感，结果发现中年人的孤独感要高于老年人。有孤独感的比例分别为：45～49 岁：43%；50～59 岁：41%；60～69 岁：32%；70 岁以上：25%。此外，研究发现高收入的人比低收

入的人孤独感低，参加社会活动、与他人保持联系的个体孤独感低（Wilson & Moulton，2010）。

## 三、婚姻与家庭

找到伴侣并建立一种持久的情感联结是成年初期一项主要的发展任务。一项研究调查了 7539 位年龄在 18～25 岁之间的异性恋者。结果发现，75%的人有亲密的伴侣，其中，同居的有 20%，结婚的有 20%，约会的有 35%（Scott，Steward-Streng，Manlove，Schelar，& Cui，2011）。

### （一）择偶偏好

一般来说，个体所选择的终身伴侣都是与自己比较相似的人，如共同的教育背景、生长环境、社会经济地位等，两个人越相似，对亲密关系的满意度越高，就越可能持久保持这种关系。但是男女在选择伴侣时侧重点还是有差异的。

#### 1. 女性的择偶偏好

女性对经济资源有着稳定的偏好，无论是选择约会对象、性伴侣，还是稳定配偶，对对方的赚钱能力都有较高的要求。一项大型跨文化研究（37 种文化）要求被试对潜在配偶和婚配对象的 18 项品质的重要性进行评分，结果发现，不同洲际、不同政治体系、不同种族、不同宗教团体以及不同婚配制度下，女性都比男性更看重对方的经济前景，女性对经济资源的评分是男性的两倍（Buss，1994）。

女性往往偏好社会地位较高的男性。一项研究要求大学生对他们想要或不想要的 67 项配偶的品质进行评估，女性把职场成功和有发展前途评为最想要的品质（Buss & Schmitt，1993）。在其他文化中同样可观察到女性对社会地位的偏好。

女性还偏好年长的男人，在前面提到的 37 中文化中，平均而言，女性偏爱年长约 3.5 岁的男性。二十多岁的女性更愿嫁给比自己稍稍年长又差距不大的男性，不愿选择已经位居高职但无甚前途的年长许多的男性。

此外，女性还偏爱勤奋而有抱负的男性，这些都是与成功的品质有关。

#### 2. 男性择偶偏好

研究发现，在 37 种文化中，男性均对年轻有偏好，平均而言，男性理想中的妻子要比自己小 2.5 岁。男性越大，所期望的配偶的年龄就相应越小。

男性还偏好外貌。一项从 1939 年到 1996 年跨时 57 年的择偶研究，每隔 10 年测一次，在所有情况下，性魅力和长得好看对男性起的作用都比女性大得多。男性把性魅力视为重要的，而女性认为它是令人满意的但不是关键性的（转引自巴斯，2007）。

进化心理学认为择偶偏好是对个体解决适应性问题所采取的策略的反映。个体的生殖能力是有限的，女性选择配偶时看重对方的赚钱能力和情感承诺等因素，是因为这些因素能够为子女提供更好的生存条件。而男性为了得到更多的后代，则看重对方的生育和抚养孩子的能力，年轻、健康、有吸引力和生育能力就显得重要。

### （二）家庭生命周期

杜瓦尔（E. M. Duvall）将家庭生命周期分为8个阶段，每一个阶段都有不同的发展主题，家庭成员扮演着不同的角色，承担着不同的任务（许淑莲，申继亮，2006）。

阶段1：新婚期。这一阶段恋爱的双方结为夫妻，但是尚无孩子。男女双方的角色仅仅是丈夫和妻子，面临的主要问题是婚后的适应问题，包括性生活、家庭人际关系、饮食习惯、作息习惯、个人习惯、家务劳动等。同时，他们为生育作着心理、生理和经济的计划和准备。

阶段2：生育期。第一个孩子出生到30个月这段时期。家庭角色发生一定的变化：女性既是妻子，又是母亲；男性既是丈夫，又是父亲。主要的家庭问题是父母角色的转变、适应问题以及经济问题。此时，父母承受的巨大压力来自于照顾孩子。

阶段3：孩子处于学龄前的家庭时期。第一个孩子2.5岁～6岁这段时期。主要的家庭问题是围绕孩子所产生的一系列问题，如养育、入托、经济问题。夫妻间经常因为这些问题发生争吵。

阶段4：孩子处于学龄期的家庭时期，指孩子6～12岁这段时期。主要的家庭问题依然来自于孩子、入学择校、学习、青春期心理和生理教育等问题。家长最关注的就是孩子的学业质量问题，以及由此带来的精力困难问题。

阶段5：孩子处于青少年期的家庭时期，指孩子13～20岁左右的时期。主要的家庭问题依然是孩子问题。如孩子的异性交往问题，社会化问题，与孩子的沟通问题，性教育问题等。最令家长头疼的是青春期孩子的逆反和早恋问题，以及由此而产生的冲突问题。

阶段6：子女离巢期，主要是指孩子纷纷离家求学、创业的阶段。此时家庭角色再次发生改变：女性主要是妻子、母亲、祖母；男性的角色主要是丈夫、父亲、祖父。主要的家庭问题是父母情感上的孤独感，子女的工作和成家的压力。

阶段 7：空巢期，所有的子女离家到退休这段时期。此时所有的子女离开家庭，夫妻两人重新适应婚姻生活，并且在经济和物质上支持子女。最可能面临的问题是家庭成员健康问题。

阶段 8：老年成员期，从退休到死亡这段时间。主要的家庭问题是退休适应、老人的疾病、配偶死亡等问题。

**阅读栏 8-3　影响婚姻满意度的因素**

| 因素 | 幸福的婚姻 | 不幸福的婚姻 |
|---|---|---|
| 家庭背景 | 在社会经济地位、教育、宗教和年龄方面，双方都很相似 | 在社会经济地位、教育、宗教和年龄方面，双方差别很大 |
| 结婚年龄 | 23 岁以后 | 23 岁以前 |
| 求爱时间 | 交往时间至少 6 个月 | 交往时间少于 6 个月 |
| 第一次怀孕时间 | 结婚一年以后 | 结婚一年以前或一年之内 |
| 与扩展家庭的关系 | 温暖而积极 | 消极；希望保持距离 |
| 扩展家庭的婚姻模型 | 稳定 | 不稳定；频繁分居和离婚 |
| 经济和就业处境 | 安全 | 不安全 |
| 家庭责任 | 共同；有公平感 | 大部分由女性承担；感到不公平 |
| 人格特征 | 积极情绪；有良好的解决冲突的技能 | 消极情绪且冲突；缺乏解决冲突的技能 |

（Beck，2012）

## （三）家庭变化趋势

有学者依据美国人口调查局的数据总结出 10 种家庭变化趋势（Chadwick，Heaton，Demo & Himes，1992）。

第一，独身。可能要承受一定的心理压力，尤其是到了结婚年龄依然独身的女性承受着来自家庭和社会的压力。但相当一部分独身者依然期待着在将来的某一时刻会结婚。

第二，晚婚。为了学业和事业的发展，很多青年人选择晚婚。

第三，低出生率。出于多方面的考虑，有些夫妻选择丁克式生活方式，他们不要孩子。

第四，女性职业者增多。随着社会生活压力的增加，生完孩子后，越来越多的母亲选择出去工作。

第五，高离婚率。现代社会，离婚率呈显著上升趋势。研究表明，40 岁以后，8 个女性中就有 1 个女性离婚（Stewart，1997）。结婚 1～4 年的夫妻离婚的可能性最大(Eshleman,1994)。60%的新婚夫妇认为自己可能离婚。中年离婚对女性是不利的,对那些一直专职相夫教子、从未工作过的女性更加不利。离婚后,她们找不到工作,即使是找到了工作,也处于被动的、受支配的工作地位,承受着心理和生活的双重压力。

第六,单亲家庭增多。未婚生子以及高离婚率导致单亲家庭不断增多。与母亲独自养育子女相比,父亲独自养育子女的情况增长速度更快。

第七,生活在贫穷家庭的儿童增多。单亲家庭面临着巨大的经济压力,他们的经济状况普遍不理想,这使得生活在贫穷家庭的儿童数量不断增加。

第八,再婚率增加。即使是第一次婚姻出了问题,很多离婚的个体会选择再婚。研究表明75%～80%的离婚者在2～5年期间会选择再婚,而且再婚的对象多半是离婚者(DeWitt,1992)。虽然再婚率很高,但是女性特别是年老的女性再婚很困难。研究发现,25岁以前,90%的离婚女性会再婚;40岁以后,女性再婚率低于33%(Bumpass, Sweet, &Martin, 1990)。再婚后,重组家庭的成员关系亦比较复杂。

第九,子女和父母不在一起生活的时间延长。由于求学和工作的需要,很多子女会离开父母,这使得父母有更多的机会独自相处。

第十,几代人一起生活的家庭增加(Sigelman & Shaffer, 1995)。现代社会双职工家庭越来越多,夫妻双方都面临着事业的竞争及其压力,他们有了子女之后,很难有充足的精力兼顾事业和家庭,因此,很多人选择与父母一起生活。随着生活水平的提高和医疗条件的进步、改善,长寿的人越来越多,这些年龄更老的老年人也需要人照顾,这些原因导致几代人一起生活的家庭越来越多。

## 四、工作与退休

成年早期的另一个重要发展主题是选择工作、确立和发展职业。成年初期,个体开始真正意义上思考自己未来的工作和职业发展。他们提出各种职业疑问,提升自己的能力,寻找与未来职业相关的学习和实践的机会,不断尝试职业领域内的相关工作。深入的职业思索使个体能够有针对性地为自己未来的职业发展作好各方面的准备。经过成年早期的探索和职业的发展,大多数人在成年中期事业达到顶峰,工作满意度也达到最高峰。步入成年后期,个体则开始了退休生活(Feldman, 2006)。

### (一) 职业选择

当人们向他人做自我介绍时常常会以职业来说明自己的身份,因此职业是一种重要的自我认同。金斯伯格(Ginzberg, 1972)认为职业选择具有明显的阶段性。第一阶段是幻想阶段(11岁以前),儿童在考虑将来做什么的时候,主要是根据这份工作是不是听起来有意思,而不考虑技术、能力或工作机会的可获得性。第二阶段是尝试阶段(11~17岁),开始务实地考虑职业要求,自己的能力与兴趣、价值与目标,以及工作满意度。第三阶段是现实阶段(17、18岁后),成年早期个体会根据自己的实践经验或职业培训,明确自己的职业选择。通过不断学习和了解,个体逐渐缩小职业选择的范围,并最终作出选择(转引自费尔德曼,2007)。

职业选择会受到家庭因素的影响。父母的社会经济地位影响子女的受教育水平,受教育水平影响其获得的职业地位。父母亦可利用自己的人脉关系和事业基础为孩子谋取就业机会。父母对不同职业领域的态度也会影响孩子对职业的看法,特别会影响孩子形成有关职业的性别刻板印象。父母比其他任何成人对青少年最终的教育与职业选择施加了更多的影响,如果父母认为只有少数几种职业适应他们的孩子,就可能限制孩子能力的发展,限制孩子有更多的选择机会。

个体在选择职业时,父母常常是重要的咨询对象,一项对加拿大和中国上海的中学生的研究,要求学生对其职业选择有影响的人进行排序。结果发现,无论是加拿大的中学生还是上海的中学生,他们均将父母排在第一位。不仅如此,学生的职业选择还反映了父母对他们的职业期望。学生对所要求选择的10种职业的排序与他们父母的排序相同(France & Jin,1991; 转引自侯志瑾,2004)。

霍兰德认为要对一份工作作出明智的选择,不仅要知道自己的兴趣和能力,还要了解工作环境的特点与要求。他通过对特定职业和职业环境特点中成功个体的人格特征和兴趣的研究,提出了人格—环境适应性模型,见表8-3。霍兰德认为人格与职业环境匹配度高,个体就会喜欢该职业,会在职业道路上稳定地走下去;如果人格与职业匹配度低,个体会不开心,更可能更换职业。

**表8-3 霍兰德的人格类型与工作偏好**

| 人格类型 | 特点 | 典型职业 |
| --- | --- | --- |
| 现实型 | 注重实效,偏好解决具体问题而非抽象问题;男子气,有攻击性;身体强壮,具备良好的运动协调能力和技巧,缺乏语言和人际交往技巧 | 技术工人、工程师、大型机械操作人员;农民 |

续表

| 人格类型 | 特点 | 典型职业 |
|---|---|---|
| 研究型 | 喜欢思考问题，善于抽象推理，任务定向，不好交际 | 科学家、科研工作者、科学期刊编辑 |
| 社交型 | 喜欢通过与他人的情感和人际交往的技巧来解决问题；女性化、仁慈、细心、负责任、好交际 | 教师、咨询师、顾问、外交人员 |
| 艺术型 | 不善社交；容易陷入感情困扰；喜欢通过艺术媒体进行自我表现来解决问题 | 作家、诗人、艺术家，艺术品商人 |
| 企业型 | 具备推销、支配及领导他人的语言技巧，喜欢不明确的社会任务；热衷于不同于传统的权力、地位及领导权 | 推销员、经理人、政治家 |
| 传统型 | 喜欢结构化的语言和数字活动，乐于处于从属地位；能有效完成具有良好组织的任务；认同权力，重视物质财产和地位 | 出纳、办事员、统计员、秘书 |

（引自夏埃，威里斯，2002；费尔德曼，2007）

### （二）职业发展

舒泊（Super，1980；1990）提出不同年龄的个体，有不同的职业发展任务，见表 8-4。他认为成年人职业发展分为四个阶段：探索、建立、维持和脱离（disengagement）。在个体生命周期里，前三个阶段是循环的。职业阶段的转折点是个体的人格与生活环境的函数，与生理年龄关系不大。例如，一个人可以在 14～25 岁这个年龄段完成了第一阶段的职业探索任务并选择了一个职业，然后一直保持同一职业并度过了后面的发展阶段，直到 65 岁退休。也可以走不同的发展道路，决定接受更高层次的教育，涉足更广泛多样的职业领域，甚至延缓就业直到完成抚养孩子的任务，这些都会令探索阶段延长，结果导致完成后面的阶段都要相应地延迟。同样，中年时换工作就要多次经历这些阶段。舒泊认为不遵从传统的年龄完成相应的发展任务，并不会导致职业发展更艰辛或者不成功。

舒泊认为职业决策是一个持续终生的过程，个体需要不断使自己的职业目标与现实的工作环境相匹配。除了个人发展需要，社会力量如经济下滑、裁员、电算化以及新技术的出现或组织内部的新的职业道路都会让这些职业发展阶段循环往复（recycling）。澳大利亚一项研究表明，成人的职业发展阶段确实存在循环现象。样本为 226 名成年男女，大致均衡地分布第二个职业的不同阶段：① 正在考虑换工作；② 正在选择一个新工作；③ 正在进行换工作；④ 已经换完工作。另一组具有相似年龄、性别、教育、职业和工作历史但没有打算换工作的被试作为对照组。结果发现正经历换工作的痛苦的三组被试比对照组表现出对舒泊的第一阶段(探索)更大的关心。处于变化过程当中的两组被试(正在选择或正在换工作)也比已经完成变化的被试更关心探索问题。对当前工作满意度最高的是处于稳定阶段的被试(已经完成换工作和没有打算换工作的人)(Smart & Peterson, 1997)。

**表 8-4　舒泊的职业发展任务**

| 职业发展任务 | 年龄 | 一般特征 |
| --- | --- | --- |
| 结晶 | 14～18 | 形成一般性的职业目标 |
| 规范 | 18～21 | 从探索性职业偏好转向一个具体的职业偏好 |
| 实现 | 21～24 | 完成职业训练,参加工作 |
| 稳定 | 24～35 | 通过实际工作经验来确认职业,运用才智证明职业选择是正确的 |
| 整合 | 35＋ | 伴随着资历、地位和能力的提升,职业处于上升阶段 |

### (三) 退休

退休是人们从中年期过渡到老年期的标志,是生命历程中的一个重要转折点。随着人口老龄化进程的加剧,退休人口将成为一个庞大的群体。通常情况下,国家对于退休的年龄有一定的规定。中国女性的退休年龄是 50～55 岁,男性的退休年龄是 55～60 岁(许淑莲,申继亮,2006)。但是,退休年龄并不是绝对的。Beehr (1986)提出了退休行为的综合模型,指出个人因素和环境因素是影响退休行为的两大因素。个人因素包括健康和经济条件,环境因素区分为与工作有关(工作特性)和与工作无关(娱乐兴趣)的两类因素。这些因素中的任何一个因素都可能使个体不得不继续工作或者是离开工作岗位。因此,退休并不是个体完全自愿的行为,而是受到众多现实条件的限制(Taylor & Shore, 1995)。

1. 退休体验

在退休这种正常的角色变迁中,无论男女都会产生一些心理上的困扰或生理上的不适。一项研究要求 120 名比利时医生评价他们的患者,结果发现,提前退休可能是心理健康问题特别是抑郁和认知能力恶化的重要影响因素(Maes & Stammen, 2011)。与 50 岁仍然工作的个体相比,50 岁之前退休的个体报告更多的健康问题、更多的抑郁情绪、更多的烦恼、更多的无助感和无望感。但是,研究并没有证实是退休导致了身心健康的下降还是身心健康差的人更容易退休(McMahan & Phillips,2000; 转引自许淑莲,申继亮,2006)。

退休角色转换对个体产生的效应是复杂多样的，不同特征与背景的个体间存在着相当大的差异。研究表明，性别、社会地位、受教育水平、经济收入、目标导向等均对退休体验有一定的影响。与女性相比，男性对退休生活的接受更加困难；社会地位很高或者很低、受教育水平较高或较低、收入很高或者很低的个体退休体验十分消极；个体对各种目标重要性的认识对退休体验有直接的影响。如果退休给个体看重的人生目标带来影响，要求个体对人生目标重新进行调整，则退休给个体造成较大的影响，否则，个体较少受到退休的影响。

2. 退休适应

虽然退休可能给个体带来消极反应，但是研究表明，相当多的人对退休的生活感到满意和快乐，产生积极反应。研究者认为虽然退休给个体带来不同的身体和心理反应，但是，大部分个体在退休适应中的心理变化具有普遍性的特点。艾茨雷（Atchley，2000）在大量研究结果基础上，提出了退休的六阶段理论。他认为个体在适应退休的过程中，会做出一系列的调适，经历不同的变化过程。由于退休事件存在很大的个体差异，因此，并不是每个人都必然经历这六个阶段。

阶段一：前退休期。这是真正退休之前的一段时期，个体脱离实际的具体工作场所，为退休做精细的计划和准备。

阶段二：退休期。此时个体已经不再参与付报酬的工作，可能会选择以下三种方式中的一种度过此阶段。方式一是“蜜月期”。个体的行为和感受类似于度蜜月，觉得自己在享受无限制的休假，男性和女性都忙于他们之前无暇顾及的休闲活动，特别是旅游。方式二是“有计划的即刻退休”。除了工作之外有积极且充分时间规划的个体更可能选择这种方式。他们在退休之后，很容易就制定出轻松且繁忙的活动日程。方式三是“休息和放松”。曾经工作非常繁忙，几乎没有私人时间的个体很可能选择这种方式。退休之后的前几年，他们的活动非常少，几乎不做什么，尽情休息和放松。退休几年后，他们的活动又会多起来。

阶段三：幻灭期。这是一段并不轻松的时期。个体休息、放松一段时间后，有人会感到失望、迷茫、痛苦和沮丧。成就感的缺失、丧偶、被迫迁移等创伤性事件都可能引发这些消极的情绪。

阶段四：重新定向期。这阶段的目标是为个体设计一个满意的、愉快的退休生活。此阶段个体开始审视之前的退休经历和体验，提出改善退休生活的新构想。个体往往积极参与社区活动，形成新的爱好，搬到适合自己消费水平的居住地等。

阶段五：常规的退休生活期。这个时期是形成退休生活的最终目标的时期，即形成舒适且具有激励性的常规退休生活方式。这种生活方式一旦形成，就会持续多年。常规退休生活期实现的时间存在个体差异，有些人退休后不久就能完成，有些有则需要很长的时间才能完成。

阶段六：退休终结期。此时，退休角色和个体的生活变得没有太大关系了。老年人由于疾病和瘫痪等因素而无法独立生活时，无法独立生活的角色成为老人们的主要关注点，退休事件对个体不再造成困扰。

## 五、生命的终结——死亡

由于疾病和意外事故等原因，死亡随时可能发生在任何年龄阶段的个体身上，然而，只有老年期的死亡被视为生物上的生命自然终结。死亡不仅仅是个人生命的终止，也是影响家人、朋友甚至其他社会成员的生活事件。

### (一) 死亡与死亡焦虑

科学界对于什么是死亡的判定经历了一个发展的过程，即功能性死亡、完全脑死亡、道德和哲学层面的死亡。过去，如果一个人没有呼吸、心跳，也没有反应的迹象，这个人就被判定死亡了，这是一种功能性死亡判定。然而，随着技术的进步和突破，刚刚经历功能性死亡的人可能死而复生而且毫发无损。1968年，哈弗医学院将生物学上的死亡定义为完全的脑死亡，即负责思维的大脑皮层的高级神经中枢和控制着基本生命过程的脑的低级神经中枢发生的不可恢复的功能丧失。然而，一些特殊“死亡”案例却引起有关死亡判定的再思考。1975年，一位名叫Quinlan的年轻女子在一次聚会上昏迷过去。她完全没有意识，但是在呼吸机和其他生命保障系统的帮助下她仍能维持生命。当法院按照法律条文，允许她的父母(她的代理人)可以拿掉她的呼吸口罩时，出乎意料，Quinlan在没有口罩的情况下能够继续呼吸(西格曼，瑞德尔，2009)。她以一种植物性的状态活着，植物性状态是指大脑半球受到广泛性损害而脑干损害极轻时，所出现的觉醒但意识活动丧失的状态(许淑莲，申继亮，2006)。根据哈佛医学院的标准，Quinlan没有死亡，因为她大脑的低级部分仍在运转并足以维持呼吸和其他基本的身体功能。法律或者社会不应该让这样的人活着吗？然而，一些人却持另一种更开放的立场。他们认为如果个体缺少意识，并且没有任何希望使其恢复，丧失意识的人还能算是真正的人吗？病人的家庭难道一定要为此徒劳地坚持若干年吗？政府难道一定要白白地花费大量资金和资源医治她吗？因此，一些医学专家建议，将死亡仅仅定义为脑死亡未免太狭隘了，他们主张丧失了思考、推理、感觉和体验世界的能力足以宣布一个人死亡(费尔德曼，2007)。这种观点夹杂了许多心理学因素，将人们关于死亡的判定从严格意义的医学标准转移到道德和哲学层面。

个体对死亡的理解应该包含三个成分：第一是不可逆转性，即一旦活着的有机体死亡，其肉体就不可能重新获得生命；第二是无功能性，即一旦死亡发生，身体机能就停止运转；第三是普遍性，即所有活着的有机体最终都会死亡。

人们对死亡会感到忧虑。死亡焦虑(death anxiety)是关于死亡的态度集合，包括恐惧、威胁、不安、不舒服以及其他的负性情绪反应，是一种无特定对象的弥散性恐惧(Neimeyer，1998)。大约90%的青少年经历过家人或朋友的死亡(Oltjenbruns，1991；转引自 Ens & Bond，2005)，青少年的死亡焦虑是最高的，因为学校很少进行有关死亡的教育。对于年轻人来说，即使想一想死亡也很令人烦恼，老年人虽然更常想到死亡，但却不像年轻人那样恐惧，可能是因为他们对自己的一生感到充实而满意，从而降低了死亡焦虑，但这一点却增加了青少年和中年人的死亡恐惧(夏埃，威里斯，2002)。

研究发现，影响老年人死亡焦虑的因素主要有：① 住在疗养院中的老人有更高的死亡焦虑，即使他们身体相对健康，但由于暴露在失能、濒死和死亡的环境中，增加了他们的焦虑。② 老年女性比老年男性死亡焦虑高。③ 受教育程度高的老年人死亡焦虑低。④ 有虔诚宗教信仰的老人死亡焦虑低(Azaiza，Ron，Shoham，& Gigini，2010)。

### (二) 临终体验

突然死亡和自然死亡是幸运的，因为这些人不必面对死亡这一残酷的事实。然而，很多人并没有这样的幸运，他们必须更早地面对自己的死亡。多数情况下，临终阶段之前总会出现某种严重的急性病或长期的慢性疾病，人们有时间来考虑如何度过这个临终阶段。研究者对临终者的临终体验比较感兴趣，其中，芝加哥大学的精神病学家库布勒-罗斯(Kübler-Ross)更为关注临终者的情感需要，对临终者的心理体验进行了开创性的研究。她组成了一个研习班，对临终者及其看护者进行访谈，发展出一套关于死亡和濒死体验的理论。她认为人们在面临死亡的过程中先后经历五个基本的阶段。

第一阶段是否认。当得知自己身患绝症时，人们的第一反应通常是否认。他们认为自己感觉很好，这种事情不可能发生在自己身上。有人甚至认为是医生诊断错误，或者是与别人的结果弄混淆了。否认通常是一种临时性的防御，可以缓冲由不幸事件导致的不良后果，将焦虑情绪排除掉，使人能够以自己的节奏应对疾病。

第二阶段是愤怒。在确认即将死亡的事实之后，临终者的反应是："为什么是我？怎么能发生在我身上，老天太不公平。"他们会产生气愤、愤怒、嫉妒、抱怨和憎恨等不良情绪，这些情绪会发泄在身边的任何人身上，包括家人、朋友、医生和护士。

第三个阶段是讨价还价。获知死亡不可避免之后，临终者会通过和死亡讨价还价来赢得更多的时间。他们会与家人、朋友、医生、疾病甚至神、命运进行交易，请求再多给自己一点时间，完成重要的事情。如，"再给我 7 年时间，我儿子考上大学，我就可以死了。"

第四个阶段是抑郁。由于长期的治疗和病情的折磨，临终者对自己病情的恶化无能为力，更为无力承担家庭和社会责任而失落不已，出现抑郁状态。此时，他们很沉默，拒绝朋友的探访，经常悲伤、哭泣。

第五阶段是接受。死亡即将来临，临终者接受这种现状，表现出平和而宁静的状态。典型的反应是："就快结束了，我再也抗争不动了，我要好好准备准备。"

库布勒-罗斯的五阶段最初只是基于对饱受疾病困扰的临终病人而提出的，后来扩展到一切与灾难性的个人丧失有关的事件，包括经济损失、自由的剥夺、亲人的死亡、离婚、药物成瘾、不孕不育等。库布勒-罗斯指出并不是每个人都以相同的顺序经历这些阶段，存在个体差异：有人只经历了其中的几个阶段；有人一直在某些阶段之间反复；有人一直与疾病作斗争，直到死亡。

### （三）居丧

死亡是每个人、每个家庭必然面对的课题。所挚爱的家人和朋友的离世会引发个体一系列的丧失体验，这种现象称为居丧。居丧涉及三个关键的因素：第一是依恋，即满足个体某种需要的特殊关系，如对个体有重要意义的人物（家庭成员、配偶、朋友、重要他人）；第二是丧失，即依恋关系的终止或者与有价值的人的分离，家人和重要他人的死亡是最困难的丧失。丧失的程度如何取决于众多因素，如亲人的死亡方式、居丧者面临的环境、应对策略、未来需要面对的问题、获得支持的质量等；第三是居丧者（Corr，Coolican，2010）。目前，研究者对居丧的含义是有争议的。有研究者认为居丧是由于失去挚爱的人而产生的一种特殊类型的悲痛；亦有研究者认为居丧是一段时期，在这段时期内，个体体验到悲痛，并应对亲人离世的事实。研究者认为虽然居丧的含义因人而异，

但居丧的共同特点是一种悲痛的过程。(Patricelli，2006)

1. 悲痛的过程

(1) 哈罗维茨(Horowitz)的丧失模型

哈罗维茨(转引自 Patricelli，2006)将正常的悲痛分为 4 个阶段，他指出这些阶段的表现很典型，但是，并不是所有的人都会体验到这些阶段，这些阶段也不是按照固定的先后顺序发生的。

第一阶段，懊恼阶段。当获知对自己具有重要意义的人死亡时，个体经常会感到很懊恼，他们可能会在公开的场合尖叫、呼喊、哭泣，也可能将自己的情绪压抑起来。

第二阶段，否定和侵扰阶段。经过懊恼阶段，个体经常会进入一种否定和侵扰之间的摇摆阶段，即个体会将自己的全部精力投入到其他活动中，使自己没有精力和体力去想与丧失有关的事情。个体亦会产生同懊恼阶段一样强烈的丧失体验，这两种状态经常反复出现。当个体意识到自己能够进行其他的事情，不再被丧失困扰时，他们会感到内疚。

第三阶段，恢复阶段。随着时间的流逝，个体对丧失的关注越来越少，丧失对个体的影响也渐渐减少。个体开始思考如何建立新的关系，如约会、结交新朋友、培养爱好等。

第四阶段，完成阶段。经过一段时间，个体不再感到悲痛，重新开始正常的生活。

(2) 兰度(Rando)的悲痛六 R 模型

心理学家兰度(转引自 Patricelli，2006)提出悲痛的六 R 模型解释居丧者的悲痛过程。第一是承认丧失(recognize)，居丧者经历了亲人的离世，承认这一现实；第二是反应(react)，将体验到的情绪表达出来；第三是重温过去(re-collect and re-experience)，回顾与离世亲人共同经历的事件和时光；第四是放弃(relinquish)，不再纠结于亲人的离世，意识到现实已经发生了转变，不可能回到过去，并接受这种现状；第五是重新调整(readjust)，个体开始回归日常生活，丧失对个体的影响减弱；第六是重新建立关系(reinvest)，个体开始建立新的关系，做出承诺，继续未来的生活。

2. 居丧的个体差异

在居丧期，个体表现出各种躯体的、心理的症状。躯体反应主要有头痛、异常疼痛、视力模糊、便秘、尿频、呼吸困难、痛经等。真正的病理性反应出现得并不多，也不频繁。出现频率较高的都是一些普通的非病理性的反应。除了普遍的反应外，居丧反应存在很大的个体差异。居丧者的性别、年龄、社会经济地位、居丧前的身体状况和心理状态都会影响居丧反应。研究发现：面对配偶或者子女的死亡，男性比女性的反应更加严重；年轻人群，尤其是儿童、青少年和青年人的居丧反应更强烈；经济上的问题、不良的身体和心理状况会导致更糟的居丧反应。另外，与去世者的关系、死者死亡的原因、居丧初期的行为和态度都会影响居丧反应。研究还发现：与死去配偶关系不良的人居丧反应更糟；自杀会使居丧者体验到强烈的悲痛，还可能导致居丧者产生自杀倾向，而突然的死亡不会导致更多的不良反应；亲人去世后，更多酒精和药物的使用，会置居丧者于患病的危险之中，自杀念头和病态哀痛预示居丧者的不良心理状况，而社会支持对居丧者的健康具有保护性作用（徐淑莲，申继亮，2006）。

## 思考与练习

1. 成年人的生理发展表现出怎样的趋势？
2. 怎样理解男性更年期、女性更年期？
3. 脑老化表现在哪些方面？
4. 成年人的记忆表现出怎样的特点？
5. 辛诺特提出的后形式运算的四个标准是什么？
6. 成年期的友谊具有怎样的特点？
7. 男、女的择偶偏好具有怎样的特点？
8. 职业选择的影响因素有哪些？
9. 阐述舒泊的职业发展观。
10. 阐述艾茨雷的退休六阶段理论。
11. 怎样理解死亡？居丧的三个关键成分是什么？

# 参考文献


Abe, J. A., & Izard, C. E. (1999). The Developmental Functions of Emotions: An Analysis in Terms of Differential Emotions Theory. *Cognition and Emotion*, 13 (5): 523-549.

Atchley. (2000). Retrieved August 25, 2012, from http://ohioline. osu. edu/ss-fact/pdf/0201. pdf

Azaiza, F., Ron, P., Shoham, M., & Gigini, I. (2010). Death and Dying Anxiety Among Elderly Arab Muslims in Israel. *Death Studies*, 34(4): 351-364.

Baillargeorn, B., & DeVos, J. (1991). Object Permanence in Young infants: Further Evidence. *Child Development*, 62, 1227-1246.

Banse, R., Gawronski, B., Rebetez, C., Gutt, H., Morton, J B. (2010). The Development of Spontaneous Gender Stereotyping in Childhood: Relation to Stereotype Knowledge and Stereotype Flexibility. *Developmental Science*, 13(2): 298-306.

Bandura, A. (1995). Self-efficacy in Changing Societies. UK: Cambridge University Press

Bee, H. (Ed.). (1999). *The growing child: An applied approach* (2nd ed). NY: Longman.

Berk, L. E. (Ed.). (2012). *Child development* (9th ed). NJ: Prentice Hall.

Berk, L. E. (2008). *Infants and Children: Prenatal Through Middle Childhood* (6th ed). Boston: Allyn & Bacon/Longman.

Blakemore, S. J., & Choudhury, S. (2006). Development of the Adolescent Brain: Implications for Executive Function and Social Cognition. *Journal of Child Psychology and Psychiatry*, 47(3-4):296-312.

Borella, E., Carrettii, B., & De Beni, R. (2008). Working Memory and Inhibition Across the Adult Life-span. *Acta Psychological*, 128, 33-34.

Bussey, K., & Bandura, A. (1999). Social Cognitive Theory of Gender Development and Differentiation. *Psychological Review*, 106(4): 676-713.

Lewis, C. (2005). *Cross-sectional and longitudinal designs*. In: Hopkins, Barr, Michel, et al (eds.), The Cambridge encyclopedia of child development (p. 130). UK: Cambridge University Press.

Carneiro, P., Albuquerque, P., Fernandez, A., & Esteves, F. (2007). Analyzing False Memories in Children With Associative Lists Specific for Their Age. *Child Development*, 78(4): 1171-1185.

Chen, C., & Stevenson, H. W. (1988). Cross-linguistic Differences in Digit Span of Preschool Children. *Journal of Experimental Child Psychology*, 46, 150-158.

Clements, D. H., Swaminathan, S., HanniBal, M. A. Z., & Sarama, J. (1999). Young children's concept of shape. *Journal for Research in Mathematics Education*, 30(2): 192-212.

Cohen, L. B., & Amsel, G. (1998). Precursors to Infants' Perception of Causality. *Infant Behavior and Development*, 21, 713-731.

Collins, W. A. (2003). More Than Myth: The Developmental Significance of Romantic Relationships During Adolescence. *Journal of Research on Adolescence*, 13(1):1-24.

Cookson, H., Granell, R., Joinson, et al. (2009). Mothers' Anxiety During Pregnancy is Associated With Asthma in Their Children. *Journal of Allergy and Clinical Immunology*, 123(4):847-853.

Corr, C. A., & Coolican, M. B. (2010). Understanding Bereavement, Grief, and Mourning: Implications for Donation and Transplant Professionals. *Progress in Transplantation*, 20(2):169-177.

Crane, L., Pring, L., Jukes, K., & Goddard, L. (2012). Retrieved August 6, 2012, from http://eprints. gold. ac. uk/7008/1/Patterns_of_autobiographical_memory_in_asd_2012. pdf

Davis, R. A. (2001). A Cognitive Behavior Modal of Pathological Internet use. *Computers in Human Behavior*, 17(2):187-195.

Donaldson, M. L. (2005). Clinical and Non-clinical Interview Methods. In Hopkins, B., Barr, G. B., Michel, G. F., & Rochat, P. (eds.), Encyclopedia of child development (pp. 106-110). UK: Cambridge University Press.

Ens, C., & Bond, J. B. (2005). Death Anxiety and Personal Growth in Adolescents Experiencing the Death of A Grandparent. *Dearth Studies*, 29,171-178.

Farhadian, M., Abdullah, R, Mansor, Redzuan,M., Kumar, V., Gazanizad,N. (2010).

Theory of Mind, Birth Order, and Siblings Among Preschool Children. *American Journal of Scientific Research*, 7: 25-35.

Freund, A. M. (2006). Age-differential Motivational Consequences of Optimization Versus Compensation Focus in Younger and Older Adults. *Psychology & Aging*, 21,240-252.

Fulkerson, A. L., & Waxman, S. R. (2007). Words (but not tones) Facilitate Object Categorization: Evidence from 6- and 12-month-olds. *Cognition*, 105(1): 218-228.

Furman, W., & Shaffer, L. (1999). The Role of Romantic Relationships in Adolescent Development. In W. Furman, B. Brown, & C. Feiring. (Eds.), The development of romance relationships in adolescence (pp. 3-22). UK: Cambridge University Press.

Geary, D. C. (2006). Development of Mathematical Understanding. In D. Kuhl, & R. S. Siegler (Vol. Eds.), Cognition, perception, and language: Vol 2 (pp. 777-810). W. Damon (Gen. Ed.), Handbook of Child Psychology (6th ed.). New York: John Wiley & Sons.

Geary, D. C. (2002). Sexual Selection and Human Life History. In r. Kail ( Ed.), Advances in Child Developmental and Behavior (vol. 30, pp41-101). San Diego, CA: Academic Press.

German, T. P., & Nichols, S. (2003). Children's Counterfactual Inferences About Long and Short Causal Chains. Developmental Science, 6(5): 514-523.

Germeijs, V., Verschueren, K., & Soenens, B. (2006). Indecisiveness and High School Students' Career Decision-making Process: Longitudinal associations and the meditational role of anxiety. *Journal of Counseling Psychology*, 53(4): 397.

Goswami, U. & Brown, A. (1989). Melting Chocolate and Melting Snowmen: Analogical Reasoning and Causal Relations. *Cognition*, 35, 69-95.

Goswami, U. & Brown, A. (1990). Higher Order Structure and Relational Reasoning. *Cognition*, 36, 207-226.

Grossmann, T. (2010). The Development of Emotion Perception in Face and Voice During Infancy, *Restorative Neurology and Neuroscience*, 28, 219-236.

Harlow, H. F. (1958). The Nature of Love. *American Psychology*, 13, 673-685.

Hopkins, B. (2005). What is Ontogenetic Development? In Hopkins, B., Barr, G. B., Michel, G. F., & Rochat, P. (eds.), Encyclopedia of child development (pp. 18-24). UK: Cambridge University Press.

Izard, V., Sann, C., Spelke, E. S., Strei, A. (2009). Newborn Infants Perceive Abstract Numbers. *Proceedings of the National Academy of Sciences*, 106(25): 10382-10385.

Izard, V., & Spelke, E. S. (2009). Development of Sensitivity to Geometry in Visual Forms. *Human Evolution*, 23(3): 213-248.

John, H. M., & Patrick, R. H. (1997). Life and Death of Neurons in the Aging Brain. *Science*, 278(17): 412-419.

Karably, K., & Zabrucky, K. M. (2009). Children's Metamemory: A Review of the Literature and Implications for the Classroom. *International Electronic Journal of Elementary Education*, 2(1):32-52.

Kelly, Y., Sacker, A., Gray, R., Kelly, J., Wolke, D, & Quigley, M. A. (2009). Light Drinking in Pregnancy, A Risk for Behavioral Problems and Cognitive Deficits at 3 years of age? *International Journal of Epidemiology*, 38,129-140.

Klein, P. J., & Meltzoff, A. N. (1999). Long-term Memory, Forgetting, and Defer-imitation in 12-month-old Infants. *Developmental Science*, 2(1): 102-113.

Kliegel, M., Mackinlay, R., & Jäger, T. (2008). Complex Prospective Memory: Development Across the Lifespan and the Role of Task Interruption. Developmental Psychology, 44(2):612-617.

Kraut, R., Kiesler, S., Boneva, B., Cumming, S. J., Helgeson, V., & Crawford, A. (2002). Internet Paradox Revisited. *Journal of Social Issue*, 58(1):49-74.

Kvavilashvili, L., Messer, D. J., & Ebdon, P. (2001). Prospective Memory in Children: The Effects of Age and Task Interruption. Developmental Psychology, 37(3): 418-430.

La Greca, A. M., & Harrison, H. M. (2005). Adolescent Peer Relations, Friendships, and Romantic Relationships: Do they predict social anxiety and depression? *Journal of Clinical Child and Adolescent Psychology*, 34(1):49-61.

Lee, S. A., & Spelke, E. S. (2008). Children's use of Geometry for Reorientation. *Developmental Science*, 11(5): 743-749.

Luciana, M., Conklin, H. M., Hooper, C. J., & Yarger, R. S. (2005). The Development of Nonverbal Working Memory and Executive Control Processes in Adolescents. *Child development*, 76(3):697-712.

Lundberg, F., Cnattingius, S., D'Onofrio, B., Altman, D., Lambe, M., Hultman, C., et al. (2009). Maternal Smoking During Pregnancy and Intellectual Performance in Young

Adult Swedish Male Offspring. *Paediatric and Perinatal Epidemiology*, 24,79-87.

Maes, M., & Stammen, B. The impact of (early) retirement on subsequent physical and mental health of the retired: a survey among general practitioners in Belgium. Retrieved May 20, 2012, from https://lirias. hubrussel. be/bitstream/123456789/4672/1/11HRP03. pdf

Marcia, J. E. (1980). Identity in Adolescence. In J. Adelson (Ed.), Handbook of adolescent psychology (pp. 159-187). New York: Wiley.

McRae, K., Gross, J. J., Weber, J., Robertson, E. R., & Al, E. (2012). The Development of Emotion Regulation: An fMRI Study of Cognitive Reappraisal in Children, Adolescents and Young Adults. *Scan*, 7, 11-22.

Meeus, W., Van, De, Schoot, R., Keijsers, L., Schwartz, S. J., & Branje, S. (2010). On the Progression and Stability of Adolescent Identity Formation: A Five-wave Longitudinal Study in Early-to Middle and Middle-to-late Adolescence. *Child Development*, 81 (5):1565-1581.

Meltzoff, A. N. (2005). Imitation. In Hopkins, B., Barr, G. B., Michel, G F, & Rochat, P (Eds.), Encyclopedia of child development (pp. 327-331). UK: Cambridge University Press.

Meltzoff, A. N., & Borton, R. W. (1979). Intermodal Matching by Human Neonates. *Nature*, 282(22):403-404.

Miller, C. F., Trautner, H. M., & Ruble, D. N. (2006). The Role of Gender Stereotypes in Children's Preferences and Behavior. In L. Balter & C. S. Tamis-LeMonda (Eds.), Child psychology: A handbook of contemporary issues (2nd ed.). New York: Psychology Press.

Mischel, W., Ayduk, O., Berman, N. G., Casey, B. J., Gotlib, I. H., Jonides, J., et al. (2011). 'Willpower' over the life span: decomposing self-regulation. *Social Cognitive and Affective Neuroscience*, 6, 252-256.

Odgers, C. L., Moffitt, T. E., Broadbent, J. M., & Et, A. (2008). Female and Male Antisocial Trajectories: From Childhood Origins to Adult Outcomes. *Development and Psychopathology*, 20, 673-716.

Orth, U., Trzesniewski, K. H., & Robins, R. W. (2010). Self-esteem Development From Young Adulthood to Old Age: A corhort-sequential Longitudinal Study. *Journal of*

*Personality and Social Psychology*, 98(4): 645-658.

Palacios, S., Henderson, V. W., Siseles, N., Tan, D., & Villaseca, P. (2010). Age of Menopause and Impact of Climacteric Symptoms by Geographical Region. *Climacteric*, 13,419-428.

Parke, R. D., & Beitel, A. (1988). Disappointment: When Things go Wrong in the Transition to Parenthood. *Marriage & Family Review*, 12(3): 221-221.

Parker, J., Rubin, K. H., Erath, S., et al. (2006). Peer Relationships, Child Development and Adjustment: A Developmental Psychopathology Perspective. In D. Cicchetti & D. Cohen (Eds.), Developmental Psychopathology: Risk, Disorder, and Adaptation (2nd ed.) (Vol. 2, pp. 419-493). New York: Wiley.

Patricelli, K. (2006). Retrieved September 10, 2012, from http://www.mentalhelp.net/poc/view_doc.php? type=doc&id=8441&cn=58

Peterson, C. (2002). Children's Long-term Memory for Autobiographical Events. *Developmental Review*, 22, 370-402.

Plomin, R., & Petrill, S. A. (1997). Genetic and Intelligence: what's new? *Intelligence*, 24 (1): 53-57.

Poortinga, Y. H. (2005). Cross-cultural Comparisons. In Hopkins, B., Barr, G. B., Michel, G. F., & Rochat, P. (eds.), Encyclopedia of child development (pp. 110-114). UK: Cambridge University Press.

Raz, N., & Rodrigue. K. M. (2006). Differential Aging of the Brain: Patterns, Cognitive Correlates and Modifiers. *Neuroscience and biobehavioral review*, 30,730-748.

Rochat, P. (2003). Five Levels of Self-awareness as They Unfold Early in Life. *Consciousness and Cognition*, 12, 717-731.

Rutten, B. P. F., Schmitz, C., Oliver, H. H. G., Oyen, H. M., Mesquita, E. B. d., Steinbusch, H. W. M., & Korr, Hubert. (2007). The Aging Brains: Accumulation of DNA Damage or Neuron Loss? *Neurobiology of Aging*, 28, 91-98.

Saalbach, H., & Imai, M. (2006). Categorization, Label Extension, and Inductive Reasoning in Chinese and German Preschoolers: Influence of a Classifier System and Universal Cognitive Constraints. In Proceeding of the 28th Annual conference of the Cognitive Science Society, eds Sun R, Miyake N, ( Austin, TX: Cognitive Science Society), 703-708.

Salthouse, T. A., Berish, D. E., & Siedlecki, K. L. (2004). Construct Validity and Age

Sensitivity of Prospective Memory. *Memory and Cognition*, 32(7): 1133-1148.

Sandrock. (n. d.). Retrieved May 5, 2012, from http://highered. mcgraw-hill. com/sites/dl/free/0070909695/120220/santrock_edpsych_ch02. pdf

Santrock, J. W. (2003). Life-span Development (7th ed). NY: McGraw-hill.

Santrock, J. W. (2007). Children (10th ed.). NY: McGraw-Hill Higher Education.

Schneider, W. (2008). The Development of Metacognitive Knowledge in Children and Adolescents: Major Trends and Implications for Education. *Mind, Brain, and Education*, 2 (3):114-121.

Scott, Steward-Streng, Manlove, Schelar, & Cui. (2011). Retrieved July 14, 2012, from http://www. childtrends. org/Files/Child_Trends-2011_01_05_RB_YoungAdultShips. pdf

Sebire, N. J., Jolly, M., Harris, J. P, Wadsworth, J., Joffe, M., Beard R. W., et al. (2001). Maternal Obesity and Pregnancy Outcome: A Study of 287,213 Pregnancies in London. *Int J Obes relat Metab Disord*, 25(8):1175-82.

Serbin, L. A., Poulin-dubois, D., Colburne, K. A., Maya, G., S., Julie, A. E. (2001). Gender Stereotyping in Infancy: Visual Preferences for and Knowledge of Gender-stereotyped Toys in the Second Year. *International Journal of Behavioral Development*, 25(1): 7-15.

Serrano, J. P., Latorre, J, M., & Gatz, M. (2007). Autobiographical Memory in Older Adults With and Without Depressive Symptoms. *International Journal of Clinical and Health Psychology*, 7(1):41-57.

Shing, Y. L., Lindenberger, U., Diamond, A., Li, S. C., & Davidson, M. C. (2010). Memory Maintenance and Inhibitory Control Differentiate From Early Childhood to Adolescence. *Developmental neuropsychology*, 35(6): 679-697.

Siegler, R. S. (2006). Microgenetic Analyses of Learning. In W. Damon & R. M. Lerner (Series Eds.) & D. Kuhn & R. S. Siegler (Vol. Eds.), *Handbook of child psychology: Volume 2: Cognition, Perception, and Language* (6th ed., pp. 464-510). Hoboken, NJ: Wiley.

Sigelman, C. K., & Rider, E. A. (2009). Life-Span Human Development (6th ed.). USA: Wadsworth Cengage Learning Press.

Sigelman, C. K., & Rider, E. A. (2005). Life-span human development (5th ed.). CA: Wadsworth Publishing.

Silvers, J. A., McRae, K., Gabrieli, J. D. E., Gross, J. J., Remy, K. A., & Ochsner, K. N. (2012). Age-related Differences in Emotional Reactivity, Regulation, and Rejection Sensitivity in Adolescence. *Emotion*. online publication. doi: 10.1037/a0028297.

Smart, R., & Perterson, C. (1997). Super's Career Stages and the Decision to Change Careers. *Journal of Vocational Behavior*, 51,358-374.

Smith, P., & Pellegrini, A. (2008). Learning Through Play. http://www.child-encyclopedia.com/documents/Smith-PellegriniANGxp.pdf

Smith, P. (2005). In Hopkins, B., Barr, G. B., Michel, G F, & Rochat, P (Eds.), Encyclopedia of child development (pp. 340-347). UK: Cambridge University Press.

Sobel, D. M., Yoachim, C. M., Gopnik, A., Meltzoff, A. N., Blumenthal, E. J. (2007). The Blicket Within: Preschoolers' Inferences About Insides and Causes. *Journal of Cognition and Development*, 8,159-182.

Spelke, E. S., Breinlinger, K., Macomber, J., Jocobson, K. (1992). Origins of Knowledge. *Psychological Reviews*, 99(4): 605-632.

Steinberg, L. (2001). We Know Some Things: Parent-adolescence Relationships in Retrospect and Prospect. *Journal of Research on Adolescence*, 11(1): 1-19.

Steinberg, L. (2005). Cognitive and Affective Development in Adolescence. *Trends in cognitive sciences*, 9(2):69-74.

Steiner, H. H. (2006). A Microgenetic Analysis of Strategic Variability in Gifted and Average-ability Children, *The Gifted Child Quarterly*, 50(1):62-80.

Streri, A., & Spelke, E. S. (1988). Haptic Perception of Objects in Infancy. *Cognitive Psychology*, 20, 1-23.

Sue, N. B., Campbell, C. (2011). Intimate Partner Violence Among Pregnant and Parenting Latina Adolescents. *Journal of Interpersonal Violence*, 26, 13.

Taylor, M. A., & Shore, L. M. (1995). Predictors of Planned Retirement Age: An Application of Beehr's Model. *Psychology and Aging*, 10(1):76-83.

Thompson, R. A. (1990). Vulnerability in Research: A Developmental Perspective on Research Risk. *Child Development*, 61 (1):1-16.

Trevathan, W. R. (2005). The Status of the Human Newborn. In Hopkins, B., Barr, G. B., Michel, G. F., & Rochat, P. (eds.), Encyclopedia of child development (pp. 188-192). UK: Cambridge University Press.

Visu-Petra, L., Cheie, L., & Benga, O. (2008). Short-term Memory Performance and Metamemory Judgments in Preschool and Early School-age Children: A Quantitative and Qualitative Analysis. Cognition, Brain, Behavior, 12(1): 71-101.

Waters, E. (1987). Attachment Q-set (Version 3). Retrieved February 12, 2012 from http://www.johnbowlby.com.

Watson, J. C. (2005). Internet Addiction Diagnosis and Assessment: Implication for Counselors. *Journal of Professional Counseling, Practice, Theory and Research*, 33(2): 17-30.

Waxman, S. R., Chamer, D. W., Yntema, D. B., & Gelman, R. (1989). Complementary Versus Contrastive Classification in Preschool Children. *Journal of Experimental Child Psychology*, 28(3):410-422.

Wellman, H. M., Cross, D., & Watson, J. (2001). Meta-analysis of theory-of-mind Development: The Truth About False Belief. *Children Development*, 72(3): 655-684.

Wellman, H. M. (1990). *The child's theory of mind*. MA: MIT Press.

Wilson, C., & Moulton, B. (2010). Loneliness Among Older Adults: A National Survey of Adults 45+. Prepared by Knowledge Networks and insight Policy research. Washington. DC: AARP.

Wynn, K. (1992). Addition and Subtraction by Human Infants. *Nature*, 358(27): 749-750.

Zimmerman, C. (2005). The Development of Scientific Reasoning Skills: What Psychologists Contribute to an Understanding of Elementary Science Learning. Unpublished Final Draft of A Report to the National Research Council Committee on Learning Kindergarten through Eighth Grade

[加]勒费朗索瓦. (2004). 孩子们:儿童心理发展(第九版，王全志等 译). 北京：北京大学出版社.

[美] 凯瑟琳·贾维. (2006). 游戏 (王蓓华 译). 成都：四川教育出版社.

[美] Shaffe, D. R. (1995). 社会与人格发展(林翠湄 译). 台湾：心理出版社.

[英] 史密斯，考伊，布莱兹. (2006). 理解孩子的成长(寇彧等 译). 北京：人民邮电出版社.

巴斯，D. M. (2007). 进化心理学：心理的新科学(第二版，熊哲宏，张勇，晏倩 译). 上海：华东师范大学出版社.

夏埃,K. W.，& 威里斯，S. L.（2002）. 成人发展与老龄化（乐国安，韩威，周静等 译）. 上海:华东师范大学出版社.

Lefrancois，G. R.（2004）. 孩子们：儿童心理发展（第九版，王金志，孟祥芝等 译）. 北京：北京大学出版社.

Papalia，D. E.，Olds，S. W.，& Feldman，R. D.（2005）. 发展心理学（第九版）. 北京：人民邮电出版社.

Sattler，J. M,. & Hoge，R. D.（2008）. 儿童评价. 北京：中国轻工业出版社.

Shaffer，D. R.（2004）. 发展心理学——儿童与青少年（影印版）. 北京：中国轻工业出版社.

Shaughnessy，J. J.，et al.（2004）. Research Methods in Psychology（6th ed.），北京：人民邮电出版社.

[美]贝克. E. L.（2002）. 儿童发展（吴颖 译）. 南京：江苏教育出版社.

陈琳，桑标，王振.（2007）. 小学儿童情绪认知发展研究. 心理科学，3，758-762.

刁静，桑标.（2009）. 理解与隔膜——家庭成员对青春期亲子冲突的感知差异研究. 当代青年研究，9，37-44.

[美] Braaten，E.，& Felopulos，G.（2008）. 儿童心理测验:更好地理解孩子. 北京：中国轻工业出版社.

范建霞.（2000）. 孕妇成瘾物质的滥用. 中国优生与遗传杂志，8(3)：1-3.

范桃珍，方富熹.（2006）. 学前儿童性别恒常性的发展. 心理学报，38(1)：63-69.

方格，方富熹，刘范.（1984）. 儿童对时间顺序的认知发展的实验研究 I. 心理学报，2，165-172.

方格，方富熹，刘范.（1984）. 儿童对时间顺序的认知发展的实验研究 II. 心理学报，3，250-268.

方格，冯刚，姜涛，方富熹.（1993）. 学前儿童对时距的估计和策略. 心理学报，4，346-352.

方晓义，张锦涛，刘钊.（2003）. 青少年期亲子冲突的特点. 心理发展与教育，3，46-52.

冯夏婷.（1990）. 0～8 天新生儿在突然声音刺激下产生情绪反应的实验研究. 心理发展与教育，4，209-213.

高耀洁.（2005）. 中国艾滋病调查. 桂林：广西师范大学出版社.

郭应禄，李宏军.（2004）. 男性更年期综合症. 中华男科学杂志，10(8)：563-566.

侯志瑾.(2004).家庭对青少年职业发展影响的研究综述.心理发展与教育，3，90-95.

谷长芬,张庆平.(2008).父母教养方式对小学学业不良儿童孤独感的影响.中国心理卫生杂志,22(3):179－182.

黄哲.(2012).老年、老化与老龄化的概念辨析.内蒙古民族大学学报(社会科学版),38(3):119-124.

蹇璐亦，李玫瑾.(2007).限于青少年期型反社会行为的发展特点研究.青少年犯罪问题，5，11-14.

姜涛，彭聃龄.(1999).汉语儿童的语音意识特点及阅读能力高低读者的差异.心理学报，1，60-68.

卡拉·西格曼，伊丽莎白·瑞德尔.(2009).生命全程发展心理学(陈英和 审译).北京：北京师范大学出版社.

李丽.(2005).小学生基本数学能力发展水平研究.博士，华中科技大学.Retrieved from http://guest.cnki.net/grid2008/brief/detailj.aspx? filename＝2005127700.nh&dbname＝CDFD2005 Available from CNKI

李晓东，徐健，刘萍，周双珠.(2008).儿童在错误信念任务上的知识偏差.心理学探新，28(2):53-58.

李晓东，周双珠.(2007)幼儿是如何通过错误信念任务的:信念还是规则？心理发展与教育，3，1-5.

李晓东.(2003).小学生心理学.北京:人民教育出版社.

李丹.(1987).儿童发展心理学.上海:华东师范大学出版社.

李晔，刘贤宇，王晓民.(2002).脑老化与神经系统退变性疾病.基础医学与临床.22(3):193.

林崇德，李其维，董奇.(2006).儿童心理学手册(第六版).上海：华东师范大学出版社.

林崇德.(2002).发展心理学.浙江：浙江教育出版社.

林丹华，方晓义.(2005).不同干预者在青少年吸烟行为预防干预活动中的作用.心理科学3，702-705.

林丹华，范兴华，方晓义，谭卓智，何立群.(2010).自我控制、同伴吸毒行为与态度与工读学校学生毒品使用行为的关系.心理科学，3，732-735.

林丹华，方晓义，冒荣.(2008).父母和同伴因素对青少年饮酒行为的影响.心理发展与教育3，36-42.

刘勤学，方晓义，周楠.(2011).青少年网络成瘾研究现状及未来展望.华南师范大学学报

(社会科学版),3，65-70.

刘姝，宁利苗.(2003).有关亚健康的研究现状.山西体育科技，23(1)：22.

刘永浩.(2011).陕西省城乡中小学学生体质健康总体状况调查.价值工程，13，257.

陆曙民，唐文娟.(2002).中老年男性更年期KAP调查报告.中国男科学杂志，16(4)：321-324

罗伯特·费尔德曼.(2007).发展心理学——人的毕生发展(苏彦捷 译).北京：北京大学出版社.

斯滕伯格.(2007).青春期：青少年的心理发展和健康成长.上海：上海社会科学院出版社.

苏建文 等.(1991).发展心理学.台湾：心理出版社.

王瑞红.(2007).职场白领亚健康的危险信号.精神卫生,28(12)：1080-1083.

王文丽，周明洁，王力，张建新.(2010).亚健康的概念、特点及与慢性疲劳综合征的关系.中华行为医学和脑科学杂志，19(1)：91-93.

王耘，叶忠根，林崇德.(1993).小学生心理学.杭州：浙江教育出版社.

王昱文,王振宏,刘建君.(2011).小学儿童自我意识情绪理解发展及其与亲社会行为、同伴接纳的关系.心理发展与教育,27(1):65－70.

夏磊，贤生，叶元平，郝宗耀等.(2012).合肥地区中老年男性更年期综合征样症状初步调查.中华男科学杂志，18(2):150-154.

许淑莲，申继亮.(2006).成人发展心理学.北京：人民教育出版社.

薛辛东.(2010).儿科学(第二版).北京：人民卫生出版社.

闫剑勇，丁国允，雷达.(2005).亚健康状态及其研究进展.中国国境卫生检疫杂志，28(3)171-173.

颜君，何红.(2006).广州市4770名小学生健康状况调查分析.中国健康教育，9，670-671.

杨雄.(2008).青少年性行为“滞后释放”现象.中国性科学，1，33-37.

杨艺，隋建峰.(2012).脑老化及其相关研究进展.山西医科大学学报，43(2)：154-156.

杨振东，董向荣.(2007).亚健康与慢性疲劳综合症.中国水电医学，5，293-295.

杨治良，周楚，万璐璐，谢锐.(2006).短时间延迟条件下错误记忆的遗忘.心理学报，38(1):1-6.

袁艺.(2002).婴幼儿智力发展影响因素的研究进展.中国优生与遗传杂志，10(4)：126-130.

张坤.(2007). 3～5岁幼儿反事实思维的发展研究. 心理学探新，27(1)：57－60，74.

张文新，郑金香.(1999). 儿童社会观点采择的发展及其子类型间的差异的研究. 心理科学 2，116-119.

张泽申，庞红，徐建兴.(2007). 上海市长宁区本地及外来小学生营养状况调查. 中国儿童保健杂志,3，292-293.

赵瑞芹，宋振峰.(2002). 亚健康问题的研究进展. 国外医学·社会医学分册，19(1)：10-13.

赵雪，牛广明.(2010). 脑老化的MRI研究进展. 内蒙古医学院学报，32(3)：332-336.

赵玉晶，王申连，丁家永.(2009). 新生儿面孔识别中的两种偏好现象. 心理科学进展，17(6):1234-1241.

周兢.(2009). 汉语儿童语言发展研究——国际儿童语料库研究方法的应用与发展. 北京：教育科学出版社.

周迎春.(2012). 2005—2010年江苏省中小学生身体形态变化分析. 体育科技文献通报，2，75-7.

朱智贤.(1993). 儿童心理学. 北京：人民教育出版社.